普通高等学校计算机教育课程"十二五"规划教材·创新系列

网络工程与综合布线

吴　诺　黄承韬　吕景刚　主编

中国铁道出版社
CHINA RAILWAY PUBLISHING HOUSE

内 容 简 介

本教材比较全面地结合网络工程实际,从基础概念、基本知识到网络工程的设计、施工、招投标等内容都做了不同程度的介绍,还根据实际工程需要做了不同篇幅的实验设计。

本教材共分为 7 章,并有一个附录。第 1 章介绍网络工程综合布线的基本概念、基础材料和基础设备知识;第 2 章介绍网络工程的基础概念、常用设备和 IP 地址的基础知识;第 3 章介绍网络工程的需求分析与基本设计的知识,包括招投标的基本程序知识、招投标文件等;第 4 章介绍网络工程施工技术;第 5 章设计网络工程的基本实验;第 6 章是网络工程的综合实验;第 7 章介绍网络工程的竣工文档;附录中收集了网络工程设计施工主要依据的国际、国内标准。整个教材的主题明确,案例基本上采集于真实的网络工程数据,具有较好的实务操作性。

本教材的目的是培养具有动手操作能力的网络工程技术人员,并使他们快速具备实务操作的能力。本教材不仅可以满足高等院校"网络工程"类专业的教学实验需要,还可以满足高职院校相关专业的教学需要,并能够成为企业快速培训网络工程技术人员的主要教程。

图书在版编目(CIP)数据

网络工程与综合布线/吴诺,黄承韬,吕景刚主编.
—北京:中国铁道出版社,2013.9
普通高等学校计算机教育课程"十二五"规划教材·
创新系列
ISBN 978-7-113-17231-2

Ⅰ.①网… Ⅱ.①吴… ②黄… ③吕… Ⅲ.①计算机
网络—高等学校—教材②计算机网络—布线—高等学校—
教材 Ⅳ.①TP393

中国版本图书馆 CIP 数据核字(2013)第 200784 号

书　　名:网络工程与综合布线
作　　者:吴　诺　黄承韬　吕景刚　主编

策　　划:孟　欣　　　　　　　　读者热线:400-668-0820
责任编辑:孟　欣　贾淑媛
封面设计:淡晓库
封面制作:白　雪
责任印制:李　佳

出版发行:中国铁道出版社(100054,北京市西城区右安门西街 8 号)
网　　址:http://www.51eds.com
印　　刷:航远印刷有限公司
版　　次:2013 年 9 月第 1 版　　2013 年 9 月第 1 次印刷
开　　本:787mm×1092mm　1/16　印张:16.5　字数:398 千
印　　数:1~2 000 册
书　　号:ISBN 978-7-113-17231-2
定　　价:32.00 元

FOREWORD ━━━━━━━━━━━━━━━━━━━━━○ **前　言**

　　本教材是在高等院校的工科类专业推行"卓越工程师"计划的背景下，在现有教学实践总结的基础上，在广泛征求了系统网络工程施工企业的管理人员和技术人员需求后编写的。

　　本教材比较全面地结合网络工程实际，从基础概念、基本知识到网络工程的设计、施工、招投标等内容都做了不同程度的介绍，还根据实际工程需要做了不同篇幅的实验设计。本教材的目的是辅助培养具有动手操作能力的网络工程技术人员，并使他们快速具备实务操作的能力。本教材不仅可以满足高等院校"网络工程"类专业的教学实验需要，还可以满足高职院校相关专业的教学需要，并能够成为企业快速培训网络工程技术人员的主要教程。

　　在教材的编制过程中，我们参考了大量国内有关综合布线技术、网络系统集成类的教材，从中获益匪浅。本教材内容设计基本上是按照网络工程的基础布线和设备、原理知识、网络工程的设计与施工知识、网络招投标知识，以及相关实验设计来构成的，主要目的是要涵盖网络工程项目的各个实际环节，使教材不仅能成为一本务实的实验教材，还能成为一本企业工程技术人员的工作参考手册。

　　需要认真说明一下的是，根据实践教学结果发现，单纯的综合布线类实验教程和实验设备对于本科院校的学生教学效益不高，表现为无法模拟各类建筑和场地，因此无法综合运用原理知识完成设计、施工等的应用实验，而单纯性的布线工艺实验价值不高。因此，我们设计这个教材的另一个主要目的就是要支持教师将现有的综合布线实验与网络设备实验融合起来，形成综合性实验，在新的实验环境配合下，大幅度提升网络工程实验教学效益。本教材的编写还得到了天津市德勤和创科技公司的支持，在此一并表示感谢。

　　本教材由吴诺、黄承韬、吕景刚主编。第1～4章由吴诺编写，马勤也参与了第2章的部分内容，第5章由吕景刚编写，第6、第7章由黄承韬编写，华斌教授对全部书稿进行了审读，提出了很多宝贵意见。由于编者的水平限制，虽然我们经过了多次修改，但仍然难免在教材中存在一些问题。我们恳请广大读者批评指正，使本教材不断完善。

编者
2013 年 5 月

CONTENTS 目　　录

第1章 网络综合布线系统基础知识

本章结构

本章首先介绍综合布线系统的基本概念，包括工作区、配线子系统、干线子系统、建筑群子系统、设备间、电信间、进线间和管理等共8个部分，然后详细地介绍综合布线系统中的介质、材料等相关基础知识。

综合布线系统知识是网络工程整体知识的第一部分内容。综合布线的相关知识还涉及强电、弱电的基础知识以及建筑学、通信工程等相关知识，是网络工程师必须了解和掌握的基础知识。本章介绍综合布线的基本概念和基本材料，让学生了解和建立综合布线系统的概貌。

1.1 网络综合布线系统

综合布线系统是一种模块化的、具有灵活配置能力的建筑物内或建筑群之间的信息传输通道。通过它可使语音设备、数据设备、交换设备及各种控制设备与信息管理系统连接起来，形成一个具有高带宽的区域网络系统。综合布线系统由不同系列和规格的部件组成，其中包括：传输介质、相关连接硬件（如配线架、连接器、插座、插头、适配器）以及电气保护设备等。这些部件可用来构建各种子系统，它们都有各自的具体用途，不仅易于实施，而且能随需求的变化而平稳升级。

Bell 实验室于 20 世纪 80 年代末期在美国率先推出了结构化综合布线系统（SCS）。1985 年初，计算机工业协会（CCIA）提出对大楼布线系统标准化的倡仪。1991 年 7 月，ANS/EIA/TIA 568《商业大楼电信布线标准》问世，与布线通道及空间、管理、电缆性能及连接硬件性能等有关的相关标准也同时推出。1995 年底，TIA/EIA 568 标准正式更新为 TIA/EIA 568A，同时，国际标准化组织（ISO）推出相应标准 ISO/IEC/IS 11801。1997 年，TIA 出台 6 类布线系统草案，同期，基于光纤的千兆网标准推出。1999 年至今，TIA 又陆续推出了 6 类布线系统正式标准，ISO 推出 7 类布线标准。2002 年 6 月，正式通过的 6 类布线标准成为 TIA/EIA 568B 标准的附录，它被正式命名为 TIA/EIA 568B.2-1。

我国在 20 世纪 80 年代末期开始引入综合布线系统，20 世纪 90 年代中后期综合布线系统得到了迅速发展。目前，现代化建筑已广泛采用综合布线系统，"综合布线"已成为我国现代化建筑工程中的热门课题，也是建筑工程、通信工程设计及安装施工相互结合的一项十分重要的内容。

1.1.1 综合布线系统的概念

综合布线系统采用了一系列高质量的标准材料，以模块化的组合方式，把语音、数据、图像和部分控制信号系统用统一的传输介质进行综合，经过统一的规划设计，综合在一套标准的、结构化的布线系统中,将现代建筑的三大子系统有机地连接起来,为现代建筑的系统集成提供了物理介质,是智能建筑的重要组成部分。

作为布线系统,美国标准将其划分为建筑群子系统、垂直干线子系统、水平干线子系统、设备间子系统、管理间子系统和工作区子系统 6 个独立的子系统;我国国家标准(GB 50311—2007)将其划分为工作区、配线子系统、干线子系统、建筑群子系统、设备间、进线间、电信间和管理 8 个部分。

美国标准综合布线系统结构如图 1-1(a)所示,我国国家标准(GB 50311—2007)综合布线系统结构如图 1-1(b)所示。

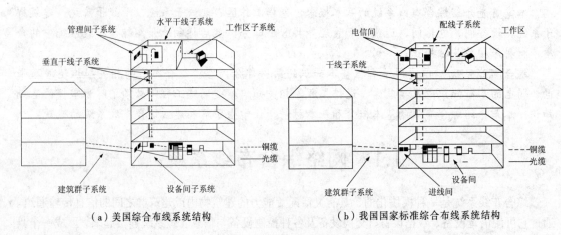

(a)美国综合布线系统结构　　　　　　　　(b)我国国家标准综合布线系统结构

图 1-1　综合布线系统结构

综合布线系统是弱电系统的核心工程,适用场合不仅涉及商务、办公等智能楼宁和建筑群,连高层住宅和居民小区也普遍采用综合布线系统。为适应新的需要,我国国家标准(GB 50311—2007)自 2007 年 10 月 1 日起实施。为了方便工程设计、施工安装,本书在 GB 50311—2007《综合布线系统工程设计规范》的基础上编写综合布线系统的设计与施工技术。

1.1.2　综合布线系统的特点

综合布线系统具有如下特性:

① 可靠、实用性。布线系统要能够充分适应现代和未来技术发展的需要,实现语音传输,高速数据通信,高显像度图片传输,支持各种网络设备、通信协议和包括管理信息系统、商务处理活动、多媒体系统的广泛应用。布线系统还要能够支持其他一些非数据的通信应用,如电话系统等。

② 先进性。布线系统作为整个建筑的基础设施,要采用先进的科学技术,要着眼于未来,保证系统具有一定的超前性,能够支持未来的网络技术和应用。

③ 灵活性。布线系统对于其服务的设备有一定的独立性,能够满足多种应用的要求,每个信息点可以连接不同的设备,如数据终端、模拟或数字式电话机、程控电话或分机、个人计算机、工作站、打印机、多媒体计算机和主机等。布线系统要可以连接成包括星形、环形、总线型等各种不同的逻辑结构。

④ 模块化。布线系统中除去固定于建筑物内的水平线缆外,其余所有的设备都应当是可任意更换、插拔的标准组件,以方便使用、管理和扩充。

⑤ 扩充性。布线系统应当是可扩充的，以便在系统需要改进时可以有充分的余地将设备扩展进去。

⑥ 标准化。布线系统要采用和支持各种相关技术的国际标准、国家标准和行业标准，这样不仅能支持现在的各种应用，还能适应未来的技术发展需要。

1.1.3　综合布线系统的构成

国家标准将布线系统划分为工作区、干线子系统、配线子系统、建筑群子系统、设备间、电信间、进线间和管理等共 8 个部分，下面分别予以介绍。

综合布线系统的构成表示图可分为基本构成表示图、布线子系统构成表示图和布线系统入口设施表示图。布线基本构成表示图如图 1-2 所示。

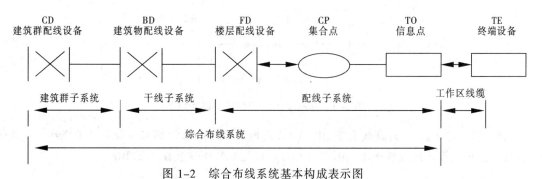

图 1-2　综合布线系统基本构成表示图

布线子系统构成如图 1-3（a）、（b）所示。

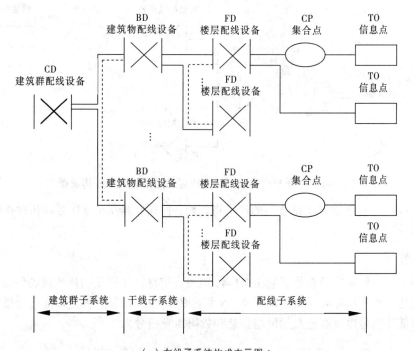

（a）布线子系统构成表示图 1

图 1-3　布线子系统构成表示图

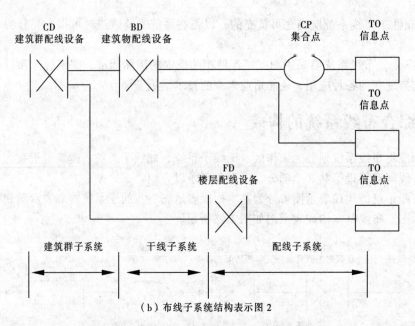

（b）布线子系统结构表示图 2

图 1-3 布线子系统构成表示图（续）

注：图 1-3（a）中的虚线表示 BD 与 BD 之间，FD 与 FD 之间可以设置主干缆线。建筑物 FD 可以经过主干缆线直接连至 CD，TO 也可以经过配线缆线直接连至 BD。

综合布线系统入口设施及引入缆线构成如图 1-4 所示。

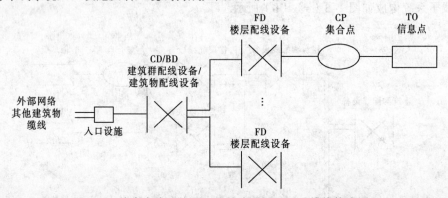

图 1-4 综合布线系统入口设施表示图及引入缆线构成图

在图 1-4 中，对于设置了设备间的建筑物，设备间所在楼层的 FD 可以和设备中的 CD/BD 及入口设施安装在同一场地。

1. 工作区

工作区又称为服务区子系统，它由 RJ-45 跳线、信息插座模块与所连接的终端设备组成。工作区中所使用的连接器必须具备国际 ISDN 标准的 8 位接口，这种接口能接受楼宇自动化系统中的所有低压信号以及高速数据网络信息和数码声频信号。

2．干线子系统

干线子系统也称为垂直干线子系统或骨干子系统，它是整个建筑物综合布线系统的一部分，提供建筑物的干线电缆。干线子系统应由设备间至电信间的干线电缆和光缆，以及安装在设备间的建筑物配线设备及设备缆线和跳线组成。负责连接电信间到设备间的子系统一般使用光缆或非屏蔽双绞线。

干线子系统还包括：

① 干线或远程通信（卫星）接线间、设备间之间的竖向或横向的电缆走向用的通道。

② 设备间和网络接口之间的连接电缆或设备与建筑群子系统各设施间的电缆。

③ 干线接线间与各远程通信（卫星）接线间之间的连接电缆。

④ 主设备间和计算机主机房之间的干线电缆。

3．配线子系统

配线子系统应由工作区的信息插座模块、信息插座模块至电信间配线设备（FD）的配线电缆或光缆、电信间的配线设备及设备缆线和跳线等组成。

配线子系统又称为水平布线子系统，它包括从工作区的信息插座开始到电信间的配线设备及设备缆线和跳线，其一般为星形结构。它与干线子系统的区别在于：配线子系统总是在一个楼层上，仅仅是信息插座与电信间连接。在综合布线系统中，配线子系统由 4 对 UTP（非屏蔽双绞线）组成，能支持大多数现代化通信设备。如果有磁场干扰或信息保密，可用屏蔽双绞线；如果需要高宽带应用，可以采用光缆。

4．电信间

电信间（也称为管理间子系统）由交叉连接、互连和 I/O 组成。电信间为连接其他子系统提供手段，它是连接干线子系统和配线子系统的子系统，其主要设备是配线架、集线器、交换机、机柜和电源。

交叉连接和互连允许将通信线路定位或重定位在建筑物的不同部分，以便能更容易地管理通信线路。I/O 位于用户工作区和其他房间或办公室，使用户在移动终端设备上能够方便地对其进行插拔。

5．建筑群子系统

建筑群子系统也可称为楼宇子系统。它是将一个建筑物中的电缆延伸到另一个建筑物，通常由光缆和相应设备组成。它支持楼宇之间的通信，其中包括导线电缆、光缆以及防止电缆上的脉冲电压进入建筑物的电气保护装置。

在建筑群子系统中，会遇到室外铺设电缆问题，一般有 3 种情况：架空电缆、直埋电缆、地下管道电缆，或者这 3 种电缆的任意组合，具体情况应根据现场的环境来决定。

6．设备间

设备间是在每幢建筑物的适当地点进行网络管理和信息交换的场地。对于综合布线系统工程设计，设备间主要安装建筑物配线设备。电话交换机、计算机主机设备及入口设施也可与配线设备安装在一起。

设备间也称设备间子系统或设备子系统。设备间由电缆、连接器和相关设备组成。它把各种公共系统设备的多种不同设备互连起来，其中包括电信部门的光缆、同轴电缆、程控交换机等。

7. 进线间

进线间也可称为进线间子系统。进线间是建筑物外部通信和信息管线的入口部位，并可作为入口设施和建筑群配线设备的安装场地。

8. 管理

管理是对工作区、电信间、设备间、进线间的配线设备、缆线、信息插座模块等设施按一定的模式进行标识和记录。综合布线系统应有良好的标记系统，如建筑物名称、建筑物位置、区号、起始点和功能等标志。综合布线系统使用了三种标记：电缆标记、场标记和插入标记，其中插入标记最常用。这些标记通常采用硬纸片或其他方式，由安装人员在需要时取下来使用。

1.2　综合布线线材与配套端接设备

在计算机与计算机连网时，首先会遇到通信线路和通道传输问题。目前，计算机通信分为有线通信和无线通信两种。有线通信利用电缆、光缆或电话线来充当传输介质，而无线通信利用卫星、微波、红外线来充当传输介质。

网络通信线路的选择必须考虑网络的性能、价格、使用规则、安装的容易性、可扩展性及其他一些因素。

在网络布线系统中使用的线缆通常分为双绞线、同轴电缆、大对数线缆、光缆等。市场上供应的品种型号很多，工程技术人员应根据实际的工程需求来选购线缆，本节主要就有线通信介质进行介绍。

1.2.1　双绞线

双绞线（Twisted Pair，TP）是一种综合布线工程中最常用的传输介质。双绞线是由两根具有绝缘保护层的铜导线组成。把两根绝缘的铜导线按一定间距互相绞合在一起，可降低信号干扰的程度，每一根导线在传输中辐射出来的电波会被另一根导线上发出的电波抵消。双绞线截面图如图 1-5 所示。

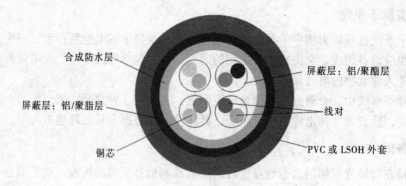

图 1-5　双绞线截面图

1. 双绞线分类

① 从线芯对数上分为：8 芯 4 对、50 芯 25 对、100 芯 50 对。

②　从电气角度上分为：100Ω 双绞线 、120Ω 双绞线、150Ω 双绞线。

③　从结构上分为：UTP（非屏蔽双绞线)、FTP（包铝箔的屏蔽双绞线）、SFTP（包铝箔、加铜编织网的屏蔽双绞线）、STP（每对芯线电缆包铝箔、总体加铜纺织网）。

④　从防火等级上分为：

● CMP：用于压力通风阻燃。

● CMR：用于垂直主干。

● CM：除阻燃和垂直主干外的普通使用。

● CMX：是 UL 防火等级中级别最低的。

● OFNP：非导体压力通风阻燃。

● OFNR：非导体垂直主干。

● OFN：非导体光纤电缆，除阻燃和垂直主干外。

⑤　从级别上分为：

● 非屏蔽双绞线：

  ➢ 3 类（带宽 16 Mbit/s）。

  ➢ 5 类（带宽 100 Mbit/s）。

  ➢ 超 5 类（带宽 100 Mbit/s）。

  ➢ 6 类（带宽 250 Mbit/s）。

● 屏蔽双绞线：

  ➢ 3 类（带宽 16 Mbit/s）。

  ➢ 4 类（带宽 20 Mbit/s）。

  ➢ 5 类（带宽 100 Mbit/s）。

  ➢ 超 5 类（带宽 100 Mbit/s）。

  ➢ 6 类（带宽 250 Mbit/s）。

  ➢ 7 类（带宽 600 Mbit/s）。

（a）超 5 类非屏蔽双绞线　　（b）超 5 类屏蔽双绞线

（c）6 类非屏蔽双绞线　　（d）6 类屏蔽双绞线

部分类别的双绞线如图 1-6 所示。

图 1-6　双绞线

国际电气工业协会（EIA）为双绞线电缆定义了不同质量的型号。

计算机网络综合布线使用第 3、4、5 类、超 5 类（5e）、6 类，这五种分别定义为：

①　第 3 类：指目前在 ANSI 和 TIA/EIA 568 标准中指定的电缆。该电缆的传输特性最高规格为 16 MHz，用于语音传输及最高传输速率为 10 Mbit/s 的数据传输。

②　第 4 类:该类电缆的传输特性最高规格为 20 MHz,用于语音传输和最高传输速率 16 Mbit/s 的数据传输。

③　第 5 类：该类电缆增加了绕线密度，外套是一种高质量的绝缘材料，传输特性的最高规格为 100 MHz，用于语音传输和最高传输速率为 100 Mbit/s 的数据传输。

④　超 5 类：在 5 类双绞线的基础上，增加了额外的参数（ps NEXT、ps ACR）和部分性能提升，但传输速率仍为 100 Mbit/s。

⑤　6 类:在物理上与超 5 类不同，线对与线材之间是分隔的,数据传输的速率为 250 Mbit/s,其标准已于 2002 年 6 月 5 日通过。

2．双绞线的主要技术指标

对于双绞线，用户所关心的是：衰减、串扰、特性阻抗、分布电容、直流电阻等。为了便于理解，首先解释几个名词：

① 衰减（Attenuation）：是沿链路传输的信号损失度量。衰减随频率而变化，所以应测量在应用范围内的全部频率上的衰减。

② 串扰：串扰分近端串扰（NEXT）和远端串扰（FEXT），测试仪主要是测量 NEXT。由于线路损耗，FEXT 的量值影响较小。在 3 类、5 类系统中忽略不计。NEXT 并不表示在近端点所产生的串扰值，它只是表示在近端点所测量到的串扰值。这个量值会随电缆长度的不同而变化，电缆越长值越小。

近端串扰 NEXT 损耗（Near-End Crosstalk Loss）是测量一条 UTP 链路中从一对线到另一对线的信号耦合。对于 UTP 链路来说这是一个关键的性能指标，也是最难精确测量的一个指标，尤其是随着信号频率的增加其测量难度就更大。

③ 直流电阻：直流环路电阻会衰耗一部分信号并转变成热量，它是指一对导线环电阻，11801 的规格不得大于 19.2 Ω，每对间的不平衡电阻小于 0.1 Ω，否则表示接触不良，必须检查连接点。

④ 特性阻抗：与环路直接电阻不同，特性阻抗包括电阻及频率自 1～100 MHz 的电感抗及电容抗，它与一对电线之间的距离及绝缘的电气性能有关。各种电缆有不同的特性阻抗，对双绞线电缆而言，则有 100 Ω、120 Ω 及 150 Ω。

⑤ 衰减串扰比（ACR）：在某些频率范围，串扰与衰减量的比例关系是反映电缆性能的另一个重要参数。ACR 有时也以信噪比（SNR）表示，它由最差的衰减量与 NEXT 量值的差值计算。较大的 ACR 值表示对抗干扰的能力更强，系统要求至少大于 10 dB。

⑥ 电缆特性：通信信道的品质是由它的电缆特性——信噪比（SNR）来描述的。SNR 是在考虑到干扰信号的情况下，对数据信号强度的一个度量。如果 SNR 过低，将导致数据信号在被接收时，接收器不能分辨数据信号和噪声信号，最终引起数据错误。因此，为了使数据错误限制在一定范围内，必须定义一个最小的、可接收的 SNR。

3. 双绞线的绞距

在双绞线电缆内，不同线对具有不同的绞距长度。一般地说，4 对双绞线绞距周期在 38.1 mm 长度内，按逆时针方向扭绞，一对线对的扭绞长度在 12.7 mm 以内。

4. 双绞线的线规

美国线缆线规（American Wire Gauge，AWG）是用于测量铜导线直径及直流电阻的标准。线规号的范围是 0000～28 号，其直径、直流电阻、质量的相互关系如表 1-1 所示。

表 1-1　美国线缆线规

线规号	线规直径		直流电阻/	质量/
	mm	in	（Ω/km）	（kg/km）
28	0.320	0.0126	214	0.716
27	0.361	0.0142	169	0.908
26	0.404	0.0159	135	1.14
25	0.455	0.0179	106	1.44
24	0.511	0.0201	84.2	1.82
23	0.574	0.0226	66.6	2.32

续表

线 规 号	线 规 直 径		直流电阻 (Ω/km)	质量/ (kg/km)
	mm	in		
22	0.643	0.0253	53.2	2.89
21	0.724	0.0285	41.9	3.66
20	0.813	0.0320	33.3	4.61
19	0.912	0.0359	26.4	5.80
18	1.020	0.0403	21.0	7.32
17	1.144	0.045	16.3	9.24
16	1.296	0.051	13.4	11.65
15	1.449	0.057	10.4	14.69
14	1.627	0.064	8.1	18.09
13	1.830	0.072	6.5	23.39
12	2.059	0.081	5.2	29.50
11	2.313	0.091	4.2	37.10
10	2.593	0.102	3.3	46.79
9	2.898	0.114	2.6	59
8	3.254	0.128	2.0	74.5
7	3.660	0.144	1.6	93.87
6	4.118	0.162	1.3	118.46
5	4.626	0.182	1.0	49.00
4	5.186	0.204	0.8	187.74
3	5.821	0.229	0.7	236.91
2	6.558	0.258	0.5	299.49
1	7.346	0.289	0.4	376.97
0	8.261	0.325	0.3	475.31
00	9.278	0.365	0.26	600.47
000	10.422	0.410	0.2	756.92
0000	11.693	0.460	0.16	955.09

5．影响双绞线性能的主要因素

在工程施工过程中，影响网络双绞线的数据传输速率和距离的主要因素有：

① 网络双绞线配线端接工程技术。

② 布线拉力。

③ 布线曲率半径。

④ 布线绑扎技术。

⑤ 电磁干扰。

⑥ 工作温度。

1.2.2 光纤

光纤是光导纤维的缩写，是一种传输光束的细而柔韧的介质。光纤在实际使用前必须由几层保护结构包覆，一组光纤包覆后的缆线即被称为光缆。光纤分为单模光纤（Single-mode Fiber）和多模光纤（Multi-mode Fiber），因此，光缆也分为单模光缆和多模光缆。光缆结构示意图如图1-7所示，光缆的物理规格示意图如图1-8所示。

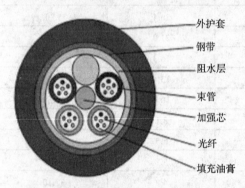

外护套
钢带
阻水层
束管
加强芯
光纤
填充油膏

图1-7 光缆结构示意图

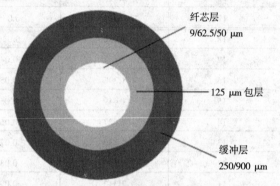

纤芯层
9/62.5/50 μm

125 μm包层

缓冲层
250/900 μm

图1-8 光缆的物理规格示意图

光纤的传输特点：

① 传输损耗低：损耗是传输介质的重要特性，它决定了传输信号所需中继的距离。

② 传输频带宽：光纤的频宽可达1 GHz以上。

③ 抗干扰性强：光纤传输中的载波是光波，不受干扰，尤其是强电干扰。

④ 安全性能高：光纤采用的玻璃材质，不导电，防雷击。

⑤ 重量轻：机械性能好。

⑥ 光纤传输寿命长：使用寿命为30～50年。

1. 单模光纤

单模光纤（Single Mode Fiber）的中心玻璃芯很细，芯径一般为9 μm或10 μm，只能传一种模式的光。因此，其模间色散很小，适用于远程通信，但还存在着材料色散和波导色散，这样单模光纤对光源的谱宽和稳定性有较高的要求，即谱宽要窄，稳定性要好。后来又发现在1.31μm波长处，单模光纤的材料色散和波导色散一为正、一为负，大小也正好相等。这样，1.31μm波长区就成了光纤通信的一个很理想的工作窗口，也是现在实用光纤通信系统的主要工作波段。常规单模光纤的主要参数是由国际电信联盟ITU-T在G652建议中确定的，因此这种光纤又称G652光纤。

单模光纤相比于多模光纤可支持更长的传输距离，在100 Mbit/s的以太网以至1 Gbit/s千兆网，单模光纤都可支持超过5 000 m的传输距离。从成本角度考虑，由于光端机昂贵，故采用单模光纤的成本会比多模光纤电缆的成本高。单模光缆（芯数）有2、4、6、8、12、16、20、24、36、48、60、72、84、96芯单模光纤组成光缆。线缆外护层材料有普通型、普通阻燃性、低烟无卤型、低烟无卤阻燃型。

2. 多模光纤

多模光纤（Multi Mode Fiber）是指在的给定工作波长上，能以多个模式同时传输的光纤。

计算机网络用纤芯直径为 50/62.5 μm，包层为 125 μm。相对于双绞线，多模光纤能够支持较长的传输距离，在 10 Mbit/s 及 100 Mbit/s 的以太网中，多模光纤最长可支持 2 000 m 的传输距离，而于 1Gbit/s 千兆网中，多模光纤最高可支持 550 米的传输距离，在 10 Gbit/s 万兆网中，多模光纤最高可支持 100 m 以内的传输距离。

常用的多模光纤有两种，一种是梯度型（Graded），另一种是阶跃型（Stepped），对于梯度型光纤来说，芯的折射率于芯的外围最小而逐渐向中心点不断增加，从而减少信号的模式色散，而对阶跃型光缆来说，折射率基本上平均不变，而只有在包层表面上才会突然降低。阶跃型光纤一般比梯度型光纤的带宽低。在网络应用上，最受欢迎的多模光纤为 62.5/125，62.5/125 是指光纤芯径为 62.5 μm 而包层直径为 125μm，其他较为普通的为 50/125 及 100/140。

多模光缆（芯数）有 2、4、6、8、12、16、20、24、36、48、60、72、84、96 芯多模光纤组成光缆，多模光缆分为户外型与户内型两大类。户外光缆一般可以通过直埋、悬挂等方式布设，由于外带防护层，故又称铠装光缆。户内光缆只有阻燃外皮，一般需要线槽或者线管防护。

由于光纤的纤芯是石英玻璃的，极易弄断，因此在施工弯曲时，决不允许超过最小的弯曲半径。其次，由于光纤的抗拉强度比电缆小，因此在操作光缆时，不允许超过各种类型光缆抗拉强度。在光缆敷设好以后，在设备间和楼层配线间将光缆捆接在一起，然后才进行光纤连接。可以利用光纤端接装置（OUT）、光纤耦合器、光纤连接器面板来建立模组化的连接。当敷设光缆工作完成，以及在应有的位置上建立互连模组以后，就可以将光纤连接器加到光纤末端上，并建立光纤连接。

3．光缆的种类和机械性能

（1）单芯互连光缆

主要应用范围包括：跳线、内部设备连接、通信柜配线面板、墙上出口到工作站的连接和水平拉线直接端接。

（2）双芯互连光缆

主要应用范围包括：交连跳线，水平走线、直接端接，光纤到桌，通信柜配线面板和墙上出口到工作站的连接。

（3）室外光缆（4～12 芯铠装型与全绝缘型）

主要应用范围包括：

① 园区中楼宇之间的连接。

② 长距离网络。

③ 主干线系统。

④ 本地环路和支路网络。

⑤ 严重潮湿、温度变化大的环境。

⑥ 架空连接（和悬缆线一起使用）、地下管道或直埋。

（4）室内/室外光缆（单管全绝缘型）

主要应用范围包括：

① 无须任何互连的情况下，由户外延伸入户内，线缆具有阻烯特性。

② 园区中楼宇之间的连接。

③ 本地线路和支路网络。

④ 严重潮湿、温度变化大的环境。

⑤ 架空连接。

⑥ 地下管道或直埋。

⑦ 悬吊缆/服务缆。

室内/室外光缆有 4 芯、6 芯、8 芯、12 芯、24 芯、32 芯。

实际使用的光缆类型及使用如下：

① GYXTW：金属加强构件、中心管填充式、夹带钢丝的钢–聚乙烯粘接护层通信用室外光缆，适用于管道及架空敷设。

② GYXTW53：金属加强构件、中心管填充式、夹带钢丝的钢–聚乙烯粘接护套、纵包皱纹钢带铠装、聚乙烯护层通信用室外光缆，适用于直埋敷设。

③ GYTA：金属加强构件、松套层绞填充式、铝–聚乙烯粘接护套通信用室外光缆，适用于管道及架空敷设。

④ GYTS：金属加强构件、松套层绞填充式、钢–聚乙烯粘接护套通信用室外光缆，适用于管道及架空敷设。

⑤ GYTY53：金属加强构件、松套层绞填充式、聚乙烯护套、纵包皱纹钢带铠装、聚乙烯套通信用室外光缆，适用于直埋敷设。

⑥ GYTA53：金属加强构件、松套层绞填充式、铝–聚乙烯粘接护套、纵包皱纹钢带铠装、聚乙烯套通信用室外光缆，适用于直埋敷设。

⑦ GYTA33：金属加强构件、松套层绞填充式、铝–聚乙烯粘接护套、单细圆钢丝铠装、聚乙烯套通信用室外光缆，适用于直埋及水下敷设。

⑧ GYFTY：非金属加强构件、松套层绞填充式、聚乙烯护套通信用室外光缆，适用于管道及架空敷设，主要用于有强电磁危害的场合。

⑨ GYXTC8S：金属加强构件、中心管填充式、8 字形自承式、钢–聚乙烯粘接护套通信用室外光缆，适用于自承式架空敷设。

⑩ GYTC8S：金属加强构件、室外层绞填充式、8 字形自承式、钢–聚乙烯粘接护套通信用室外光缆，适用于自承式架空敷设。

⑪ ADSS–PE：非金属加强构件、松套层绞填充式、圆形自承式、纺纶加强聚乙烯护套通信用室外光缆，适用于高压铁塔自承式架空敷设。

⑫ MGTJSV：金属加强构件、松套层绞填充式、钢–聚乙烯粘接护套、聚氯乙烯外护套煤矿用阻燃通信光缆，适用于煤矿井下敷设。

⑬ GJFJV：非金属加强构件、紧套光纤、聚氯乙烯护套室内用通信光缆，中要用于大楼及室内敷设或做光缆跳线使用。

⑭ GYTS(GYTA)– RV(BV)X*Y：光电混合缆、馈电光缆、节约成本，主要用于通信基站建设。

4. 光纤通信系统简述

（1）光纤通信系统

光纤通信系统是以光波为载体、光导纤维为传输介质的通信方式，起主导作用的是光源、光纤、光发送机和光接收机。

① 光源：光源是光波产生的根源。

② 光纤：光纤是传输光波的导体。

③ 光发送机：光发送机负责产生光束，将电信号转变成光信号，再把光信号导入光纤。

④ 光接收机：光接收机负责接收从光纤上传输过来的光信号，并将它转变成电信号，经

解码后再做相应处理。

（2）光端机

光端机是光通信的一个主要设备，其外观如图 1-9 所示。主要分两大类：模拟信号光端机和数字信号光端机。

模拟信号光端机主要分为调频式光端机和调幅式光端机。由于调频式光端机比调幅式光端机的灵敏度高约 16 dB，所以市场上模拟信号光端机是以调频式 FM 光端机为主导的，调幅式光端机是很少见的。光端机一般按方向分为发射机（T）、接收机（R）、收发机（X）。作为模拟信号的 FM 光端机，现行市场上主要有以下几种类型：

图 1-9　光端机

① 单模光端机/多模光端机：光端机根据系统的传输模式可分为单模光端机和多模光端机。一般来说，单模光端机光信号传输可达几十千米的距离，模拟光端机有些型号可无中继地传输 100 km。而多模光端机光信号一般传输为 25 km。

② 数据/视频/音频光端机：光端机根据传输信号又可分为数据光端机、视频光端机、音频光端机、视频/数据光端机、视频/音频光端机、视频/数据/音频光端机以及多路复用光端机。并且可作为 10～100 Mbit/s 以太网（IP）数据传输使用。

③ 独立式/插卡式标准式光端机：

● 独立式光端机可独立使用，但需要外接电源。主要应用于系统远程设备比较分散的场合。

● 插卡式光端机中的模块可插入插卡式机箱中工作，每个插卡式机箱为 19 英寸（1 英寸 =2.54 cm）机架，具有 18 个插槽，插卡式光端机主要应用在系统的控制中心，便于系统安装和维护。

● 标准式光端机可独立使用，标准 19 英寸 1U 机箱，可安装在系统远程设备及控制中心 19 英寸机柜中。

5．光纤连接器

光纤连接器是光纤与光纤之间进行可拆卸（活动）连接的器件，它把光纤的两个端面精密地对接起来，以使发射光纤输出的光能量能最大限度地耦合到接收光纤中去，并使由于其介入光链路而对系统造成的影响减到最小，这是光纤连接器的基本要求。

在一定程度上，光纤连接器也影响了光传输系统的可靠性和各项性能。光纤连接器按传输媒介的不同可分为硅基光纤的单模、多模连接器，还有其他如以塑胶等为传输媒介的光纤连接器；按连接头结构形式可分为 FC、SC、ST、LC、MT-RJ 等各种形式。其中，ST 连接器通常用于布线设备端，如光纤配线架、光纤模块等，而 SC 和 MT 连接器通常用于网络设备端；按光纤端面形状分有 FC、PC（包括 SPC 或 UPC）和 APC；按光纤芯数划分还有单芯和多芯（如 MT-RJ）之分。光纤连接器应用广泛，品种繁多。在实际应用过程中，一般按照光纤连接器结构的不同来加以区分。下面介绍一些目前比较常见的光纤连接器。

① FC 型光纤连接器：外部加强方式是采用金属套，紧固方式为圆形带螺纹扣，一般在 ODF 侧采用（配线架上用的最多），如图 1-10（a）所示。

② SC 型光纤连接器：连接 GBIC 光模块的连接器，它的外壳呈矩形，紧固方式是采用卡接或方形，不须旋转，如图 1-10（b）所示。该连接器在路由器交换机上使用最多。

③ ST 型光纤连接器：常用于光纤配线架，外壳呈圆形，紧固方式为螺钉，如图 1-10（c）所示。对于 10Base-F 连接来说，连接器通常是 ST 类型，常用于光纤配线架。

④ LC 型光纤连接器：连接 SFP 模块的连接器，它采用操作方便的模块化插孔（RJ）闩锁机理制成，如图 1-10（d）所示，常用于路由器。

⑤ MT-RJ：方形光纤连接器，一头双纤，收发一体，如图 1-10（e）所示。

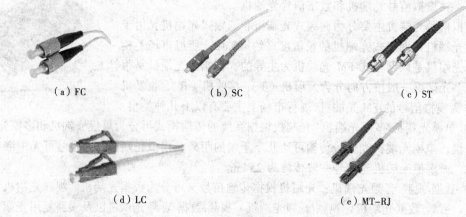

（a）FC　　　　　　　（b）SC　　　　　　　（c）ST

（d）LC　　　　　　　　　　　　（e）MT-RJ

图 1-10　光纤连接器

1.2.3　大对数线缆

1. 大对数线缆的组成

大对数线缆是由 25 对、50 对或更多的具有绝缘保护层的铜导线组成的。它有 3 类 25 对大对数线缆，5 类 25 对大对数线缆等，为用户提供更多的可用线对，并被设计为扩展的传输距离上实现高速数据通信应用，传输速度为由双绞线类别决定。导线色彩由蓝、橙、绿、棕、灰和白、红、黑、黄、紫编码组成。

2. 大对数线缆品种

大对数线缆品种分为屏蔽大对数线缆和非屏蔽大对数线缆，如图 1-11 所示。

3. 大对数线缆示例

图 1-11　大对数线缆

5 类 25 对 24AWG 非屏蔽大对数线缆由 25 对线组成，其电气特性如表 1-2 所示，导线色彩编码组成如表 1-3 所示。

表 1-2　5 类 25 对 24AWG 非屏蔽大对数线缆电气特性

频率需求	阻抗/Ω	最大衰减值/（dB/100m）	NEXT（dB/最差对）	最大直流阻流（100/20℃）
256kHz	—	1.1	—	
512kHz	—	1.5	—	
772kHz		1.8	64	
1MHz		2.1	62	
4MHz		4.3	53	9.38Ω
10MHz		6.6	47	

频 率 需 求	阻抗/Ω	最大衰减值/ （dB/100m）	NEXT （dB/最差对）	最大直流阻流/ （100/20℃）
16MHz	85～115	8.2	44	
20MHz		9.2	42	
31.25MHz		11.8	40	
62.5MHz		17.1	35	
100MHz		22.0	32	

表1-3 导线色彩编码

线 对	色 彩 码	线 对	色 彩 码
1	白/蓝//蓝/白	14	黑/棕//棕/黑
2	白/橙//橙/白	15	黑/灰//灰/黑
3	白/绿//绿/白	16	黄/蓝//蓝/黄
4	白/棕//棕/白	17	黄/橙//橙/黄
5	白/灰//灰/白	18	黄/绿//绿/黄
6	红/蓝//蓝/红	19	黄/棕//棕/黄
7	红/橙//橙/红	20	黄/灰//灰/黄
8	红/绿//绿/红	21	紫/蓝//蓝/紫
9	红/棕//棕/红	22	紫/橙//橙/紫
10	红/灰//灰/红	23	紫/绿//绿/紫
11	黑/蓝//蓝/黑	24	紫/棕//棕/紫
12	黑/橙//橙/黑	25	紫/灰//灰/紫
13	黑/绿//绿/黑		

4．大对数线缆品种

大对数线缆品种分为屏蔽大对数线缆和非屏蔽大对数线缆两类，如表1-4所示。

表1-4 大对数线缆品种

非屏蔽大对数线缆	屏蔽大对数线缆
室内3类25对非屏蔽大对数线缆 室内5类25对非屏蔽大对数线缆 室内3类50对非屏蔽大对数线缆 室内5类50对非屏蔽大对数线缆 室内3类100对非屏蔽大对数线缆 室内5类100对非屏蔽大对数线缆 室外3类25对非屏蔽大对数线缆 室外5类25对非屏蔽大对数线缆 室外3类50对非屏蔽大对数线缆 室外5类50对非屏蔽大对数线缆 室外3类100对非屏蔽大对数线缆 室外5类100对非屏蔽大对数线缆	室外5类25对屏蔽大对数线缆 室外5类20对屏蔽大对数线缆 室内5类25对屏蔽大对数线缆 室内5类20对屏蔽大对数线缆

5．大对数线缆的主要技术指标

大对数线缆的主要技术指标如表 1-5 所示。

表 1-5　大对数线缆的主要技术指标

电缆类别	线　对	导体直径/ mm	绝缘厚度/ mm	绝缘直径/ mm	护套厚度/ mm	铝箔屏蔽	铜线 编织密度	成品外径/ mm
5	25	0.512	0.21	0.93	1.0			12.9
5	25	0.512	0.21	0.93	1.0	纵包	50～60	13.5
5	50	0.512	0.21	0.93	1.2			18.6
5	50	0.512	0.21	0.93	1.2	纵包	60～70	19.3
5	100	0.512	0.21	0.93	1.5			26.3
5	100	0.512	0.21	0.93	1.5	纵包	60～70	27

大对数线缆主要用于语音主干传输，实际工程中，应根据工程对综合布线系统传输频率和传输距离的要求，选择线缆的类别。

1.2.4　跳线

1．跳线的概念

跳线指的是铜连接线，由标准的跳线电缆和连接硬件制成，跳线电缆有 2～8 芯不等的铜芯，连接硬件为 6 针或 8 针的模块插头，或者它们有一个或多个裸线头。一些跳线在一端有一个模块插头，另一端有一个 8 针模块插槽。跳线用在配线架上交接各种链路，可作为配线架或设备连接电缆使用，RJ-45 跳线如图 1-12 所示。

图 1-12　RJ-45 跳线

2．跳线的分类

① 模块化跳线两头均为 RJ-45 接头（术语为连接器，俗称接头），采用 568-A 结构，并有灵活的插拔设计，防止松脱和卡死。模块化跳线长度一般为 0.305～15.25 m，最常用的是 0.915 m、1.525 m、2.135 m 和 3.05 m。模块化跳线在工作区中使用，也可作为配线间的跳线。

② 室内三类语音跳线，用于连接 110 型交叉连接系统终端块之间的电路，适用于管理子系统。

③ 110 跳线，两端均为 110 型接头，有 1 对、2 对、3 对、4 对共 4 种。

④ 117 适配器跳线，仅一端带有 RJ-45 接头，通常应用在电信设施中，用于网络设备与配线架的连接。117 适配器跳线的长度有 4.575 m 和 9.15 m 两种。

⑤ 119 适配器跳线，一端带有 RJ-45 接头，另一端为 1 对、2 对或 4 对的 110 接头，通常应用在电信设施中，用于网络设备与配线架的连接。119 适配器跳线长度范围为 0.61～5.49 m。

⑥ 525 适配器跳线，采用超五类的 25 对双绞线连接，两头为 D 形的 25 对接头。

⑦ 区域布线系统，设计用于模块化设备以及从一个结合点开始的区域布线，线的一端带有 RJ-45 接头，另一端带有 RJ-45 模块。

⑧ 在综合布线智能管理系统中，还用到了一种标识跳线，它实际上是一条复合跳线或多功能跳线，通常除了 4 对线外，还加了一根导线，这根导线由铜缆或光纤组成，用来连接相应的检测设备，对布线系统进行实时检测和管理。

3．特殊跳线

大多数机柜式配线架用于各种不同的功能，如果标上某个功能，则会引起混淆，或限制综合布线系统的灵活性，所以建议使用彩色跳线。通过彩色跳线可以迅速、精确地识别服务，最大限度地减少改动过程中的错误。而且还应为不同应用指明彩色跳线，建议指定的接插电缆色码如下：

灰色：语音；蓝色：局域网（计算机、打印机）；绿色：调制解调器；红色：关键（不能拆卸）；黄色：辅助计算机服务。

在小型办公网络或家庭网络 DIY 安装中，经常提到双机互连跳线。这种跳线并非综合布线中使用的标准跳线，而是一种特殊的硬件设备连接线，当使用双绞线将两台计算机直接连接或两台 Hub 通过 RJ-45 口对接时，就需要 Crossover（又称交叉连接线）。它遵照特定的连接顺序。

RJ-45 线的对接示意图如图 1-13 所示。

A 端（568-B）		B 端（568-A）
pin 白橙	--------	白绿
pin 橙	--------	绿
pin 白绿	--------	白橙
pin 蓝	--------	蓝
pin 白蓝	--------	白蓝
pin 绿	--------	橙
pin 白棕	--------	白棕
pin 棕	--------	棕

图 1-13　RJ-45 线对接示意图

4．跳线的一个重要指标

对于跳线来说，一个重要指标就是弯曲时的性能，由于 UTP 双绞线一般为实线芯，所以它的可管理性能很差。一是线缆较硬，不利于弯曲；二是实线芯线缆在弯曲时会有很明显的回波损耗，导致线缆的性能下降。所以实线芯的电缆一般在弯曲半径上有明显的要求。

1.2.5　光纤跳线

光纤跳线是含有一根或两根纤芯，带缓冲层、渐变折射率的光纤，外套为阻燃聚氯乙烯（PVC）。光纤跳线可端接 ST、SC、LC、MT-RJ、VF-45、Opti-Jack、FDDI 或 Escon 等光纤接头，如图 1-14 所示。

（a）MT-RJ　　　　　　（b）FC-FC　　　　　　（c）LC-LC

图 1-14　光纤跳线

光纤跳线用于光纤设备与光纤设备、光纤设备与信息插座之间的连接。常用的有两种规格的跳线：一种是标准外径 3.0 mm 的跳线；另一种是 1.6 mm 轻型跳线。光纤跳线同样有单模和多模之分。而且多模光纤跳线又包括 50/125 μm 和 62.5/125 μm 两种。

习惯上将尾纤软线也称为跳线。它是一条有一个多模或单模的 ST 或 SC 接头的加固外套单芯光纤。跳线的两头端接了光纤头，而尾纤只是一边进行了端接。尾纤软线主要用于各种非标准终端设备的连接。

需要注意的是，由于光纤收发是成对的，因此大多数网络设备选用的光纤跳线也是成对的，双芯光纤跳线其实是将双芯光纤在 PVC 中进行了内置。

1.2.6　光纤收发器

光纤收发器（Fiber Converter）是一种将短距离的双绞线电信号和长距离的光信号进行互换的以太网传输媒体转换单元，在很多地方也被称之为光电转换器，如图 1-15 所示。产品一般应用在以太网电缆无法覆盖、必须使用光纤来延长传输距离的实际网络环境中，且通常定位于宽带城域网的接入层应用。

图 1-15　光纤收发器

为了保证与其他厂家的网卡、中继器、集线器和交换机等网络设备的完全兼容，光纤收发器产品必须严格符合 10Base-T、100Base-TX、100Base-FX、IEEE 802.3 和 IEEE 802.3u 等以太网标准。

除此之外，光纤收发器在 EMC 防电磁辐射方面应符合 FCC Part15。光纤收发器本身并不属于综合布线系统中的产品，它是布线系统网络周边产品。

典型光纤接收器使用 PIN 或雪崩型光子二极管，结合一个高增益的放大器，把光信号转换为等量的电信号。

光发射器常用激光发射二极管代替发光二极管，以产生更强的信号用于长距离传输。

光纤收发器是为迎合高速以太网络工作组面临的扩展及高速、高带宽需求，由双绞线连接转换成光纤连接的为扩展传输距离而专门设计制造的产品，借助光纤收发器可以实现 0～100 km 内两台交换机或计算机之间的连接。

光纤收发器有单模和多模两种光纤传输模式，连接界面配有多种可选择的光纤接口（ST、SC、MT-RJ 等）和 RJ-45 接口。光纤接收器能够手动设置成全双工、半双工和自动协商工作方式，可用于连接服务器、工作站、集线器和交换机。

光纤收发器除了可以实现光电信号转换外，还可以完成单多模转换，当网络间出现需要单多模光纤连接时，可以用 1 台多模光纤收发器和 1 台单模光纤收发器背对背连接，解决单多模光纤转换问题。更专业的解决方案是利用光纤单、多模转换模块，主要实现光信号在单模光纤与多模光纤之间的透明传输。

一般光纤收发器的光纤收发是成对出现的，因此一个光纤收发器需要接两芯光纤，同样，光纤跳线也是双芯跳线。光纤收发器还有一种单纤收发器。单纤收发器采用光复技术，使光的发射和接收在同一根光纤中完成，结构分为独立式和模块式两种，方便用户配置。

光纤收发器及光纤收发的发展趋势：小型化，低成本、低功耗，高速率，远距离，热插拔，模块的数字化、智能化管理。

1.3　综合布线设备与耗材

综合布线设备与耗材指的是在综合布线工程中使用的配线架、跳线架、理线环、面板、模块等综合布线系统主要构成设备，以及标签、底盒、跳线、水晶头等耗材。这些内容构成了综合布线系统的实务的主体。

1.3.1　配线架

配线架是管理子系统中最重要的组件，是实现垂直干线和水平布线两个子系统交叉连接的枢纽，一般放置在管理区和设备间的机柜中。通过安装附件，配线架可以全线满足 UTP、STP、同轴电缆、光纤、音视频的需要。在网络工程中常用的配线架有双绞线配线架和光纤配线架。

1. 双绞线配线架

双绞线配线架按其操作界面可划分为模块化配线架（Patch Panel）（见图 1-16）和 IDC 式配线架（见图 1-17）。模块化配线架采用模块化跳线（RJ-45 跳线）进行线路连接，IDC 式配线架可采用模块化的 IDC 跳插线（又称"鸭嘴跳线"，如 BIX-BIX、BIX-RJ45 跳插线）以及交叉连接跳线（Jumper Wire，Crossconnect Wire）进行线路连接。模块化跳线和 IDC 跳插线可方便地插拔，而交叉连接跳线则需要用专用的压线工具（如 BIX 压线刀）将跳线压入 IDC 连接器的卡线夹中。

图 1-16　模块化配线架　　　　　　　　　　图 1-17　IDC 配线架

模块化配线架的代表是 110 型配线架，110 型连接管理系统基本部件是配线架、连接块、跳线和标签。110 型配线架如图 1-18 所示，它是 110 型连接管理系统的核心部分。110 型配线架是阻燃、注模塑料器件，布线系统中的电缆线对就端接在其上。

110 型配线架作为综合布线系统的核心产品，起着传输信号的灵活转接、灵活分配以及综合统一管理的作用，又因为综合布线系统的最大特性就是利用同一接口和同一种传输介质，让各种不同的信息在上面传输，而这一特性的实现主要是通过连接不同信息配线架之间的跳接来完成的。

双绞线配线架的型号很多，每个厂商都有自己的产品系列，并且对应 3 类、5 类、超 5 类、6 类和 7 类线缆分别有不同的规格和型号，在具体项目中，应参阅产品手册，根据实际情况进行配置。

配线架按其安装方式又可分为墙装式或架装式。一般的模块化配线架设计成架装式安装，通过墙装支架等附件也可墙装；一般的 IDC 式配线架通常设计用于墙上安装，通过一些架装附件或专门的设计也可用于架装。

2. 光纤配线架

光纤配线架适用于光缆与光通信设备的配线连接，通过配线架内的适配器，用光跳线引出光信号，实观光配线功能，也适用于光缆和配线尾纤的保护性连接，如图1-19所示。

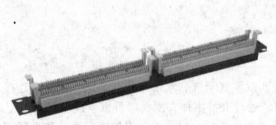

图1-18　110型配线架

图1-19　光纤配线架

1.3.2　跳线架

跳线架是由阻燃的模块塑料件组成，如图1-20所示，其上装有若干齿形条，用于端接线对，用788J1专用工具可将线对按线序依次"冲压"到跳线架上，完成语音主干线缆以及语音水平线缆的端接，常用的规格有：100对、200对、400对等。

图1-20　跳线架

1.3.3　理线架

理线架如图1-21所示，可安装于机架的前端，提供配线或设备用跳线的水平方向线缆管理。理线架简化了交叉连接系统的规划与安装，简言之，就是用于理清网线的，跟网络没直接的关系，只为以后便于管理。

图1-21　理线架

1.3.4　理线环

理线环如图1-22所示，起到理线器的作用。综合布线系统中，有的品牌的跳线盘自带理线环，有的需要单独配理线环。如果需要单独配理线环，可以1对1地配，也可以1对2地配。

图1-22　理线环

1.3.5　标签

1．布线标签的性能要求

布线系统的使用寿命较长，一般在几年至十几年，这就要求标签的寿命应与布线系统一样长。在这么长的时间跨度中，周围环境因素的变化必然会对标识产生影响，出现一系列问题。首先，标签上的字很可能会因光线照射而褪色。其次，纸质标签极易受潮使字迹变得模糊难辨。第三，经常使用的跳线上的标签会受到磨损或有可能沾染其他污迹而损毁。第四，纸质标签背胶的黏性较差，环境温度较高、较低或经常变化都会加剧背胶黏性强度的下降，造成标签脱落丢失。由此可见，标签的选择也是布线系统中一个重要的环节。

作为线缆专用的标签还要满足 UL969 标准所规定的清晰度、磨损性和附着力的要求。UL969的试验由两部分组成：暴露测试和选择性测试。暴露测试包括温度测试（从低到高）、湿度测试和抗磨损测试。选择性测试包括黏性强度测试（ASTMD 1000 测试）、防水性测试、防紫外线测试、抗化学腐蚀测试、耐气候性测试（ASTMG 26 测试）以及抗低温能力测试等。只有经过上述各项严格测试的标签才能用于线缆上，从而在布线系统的整个寿命周期内发挥应有作用。

2．布线标识的范围

TIA/EIA-606 标准（商业及建筑物电信基础结构的管理标准）要求综合布线系统中以下位置需要进行布线标识。

① 电缆标识——水平和主干系统电缆在每一端都要标识。

② 跳接面板/110 块标识——每一个端接硬件都应该标记一个标识符。

③ 插座/面板标识——每一个端接位置都要被标记一个标识符。

④ 路径标识——在所有位于通信柜、设备间或设备入口的末端进行标识。

⑤ 空间标识——所有的空间都要求被标识。

⑥ 结合标识——每一个结合终止处要进行标识。

3．综合布线的标签分类

综合布线中可用的标签种类有控制面板标签、永久保护标签、通用标识标签、电线标签、电线标识标签、电线标识套管、电线临时标签和电线标识并联条带，还有热转移标签类的数据通信标签、工作站标签、配线架标签、机架面板标签和电气应用标签等。

根据标签产品在布线系统中的使用位置和作用，缆标签，预先打印电缆标签，打印型电缆标签，手板标签和表面安装盒标签。

① 110 配线系统标签为 110 配线系统提供标签印或使用专用标签打印机打印。

② 薄片状电缆标签分为线内安装型、吊挂型和旗

③ 预先打印电缆标签是指将常用的标识提前

④ 打印型电缆标签，如图 1-23 所示，用于专

⑤ 手写型电缆标签可在专用标签材料上手工

⑥ 配线架标签，通常安装在配线架前面标签条所示为配线架示意图。

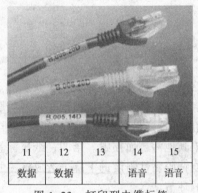

11	12	13	14	15
数据	数据		语音	语音

图 1-23　打印型电缆标签

图 1-24　配线架标签

⑦ 模块标签，用于模块正面下方。

⑧ 面板标签，用于面板的上下方位置，对面板和面板上安装的各个信息出口进行标记。

⑨ 表面安装盒标签，用于表面安装盒正上方，对表面安装盒和表面安装盒上安装的各个信息出口进行标记。

TIA/EIA-606-A 标准推荐使用的还有一类电缆标识是套管和热缩套管。套管类产品只能在布线工程完成前使用，因为需要从线缆的一端套入并调整到适当位置。如果为热缩套管还要使用热枪使其收缩固定。套管线标的优势在于紧贴线缆并可提供最大的绝缘和永久性。另外热收缩制品加热后，可以紧紧包覆在物体之外，起到绝缘、防潮、密封、防腐和标识等多方面作用，因而在能源、电力、通信、石化、交通、军工和家电等领域得到广泛应用，一些特殊行业，如电力、核工业等的综合布线系统产品中也有应用。

4．标签的科学标记内容

在布线施工管理中，标签应与链接和记录结合使用，标签标识是分配给线缆系统每一组件用以进行区别的唯一"字母—数"字顺序。标识与该组件的记录相链接，记录包含任何组件的综合数据。如果组件为线缆线路，记录应确定为线缆类型、两端的设备位置、每端（可以是基座、插孔、面板或配线架）相连各组件的标识和端接位置。记录还应确定线缆贯穿的路径标识，以建立路径记录链路。总的来说，要求做到每一组件有一种标识，每一标识链接一项记录，每项记录包含这一组件的综合信息，这个综合信息与资源组件相互关联的任何其他组

用，可将其分为 110 配线系统标签，薄片状电
手写型电缆标签，配线架标签，模块标签，面

签，有 9 种颜色可供选择，可以手写、激光打

识安装型，以满足不同的空间和视觉方面的要求。
制作完成，以配合不同的安装位置使用。
专用的标签打印机。
书写内容，使用灵活、方便。
放置位，对配线架端口信息进行标记。图 1-24

线，显得过于紧凑，建议在底盒内容纳一两个模块以及它们所对应的双绞线。

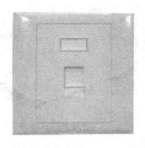 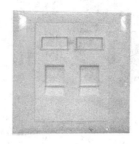

（a）单口　　　　　　　　　　　　　　　（b）双口

图 1-25　面板

（2）面板的安装方式

工作区信息插座面板有 3 种安装方式：第一种是安装在地面上，要求安装在地面的金属盒应当是密封、防水、防尘并带有可升降功能，但其安装造价较高；第二种是安装在分隔板上，此方法适于分隔板位置确定的情况，安装造价较为便宜；第三种安装在墙上，此方法在分隔板未确定的情况下，可沿大开间四周的墙面每隔一定距离均匀地安装 RJ-45 埋入式插座。第三种方式与前两种相比，无论在造价、移动分隔板的方便性、整洁度、安装和维护上都是很好的。

还有几类面板及安装盒应用在一些特殊场合，如表面安装盒、多媒体面板、区域接线盒和家具式模块面板。因本书篇幅有限在此不多做介绍。

2. 底盒

底盒是一种用来安放信息模块，并在其内部连接信息模块与电缆的专用盒，其规格是标准的尺寸，材质有金属、塑料等，对于线缆接口和信息模块具有防护作用。常用底盒分为明装底盒和暗装底盒，如图 1-26 所示。明装底盒通常采用高强度塑料材料制成，突出在墙体外而称为明装底盒，而暗装底盒有塑料材料也有金属材料，用于墙体内安装。

图 1-26　底盒

3. 信息模块

信息模块根据布线系统种类可分为 3 类、超 5 类、6 类，在墙中的网线是通过信息模块与外部网线进行连接的，墙内部网线与信息模块是通过把网线的 8 条芯线按 T568A 或 T568B 线序规定卡入信息模块的对应线槽中连接的。模块按照是否屏蔽可分为非屏蔽模块和屏蔽模块，如图 1-27 所示，按照模块连接双绞线是否使用工具还可分为打线式模块和免打线模块。

（a）非屏蔽信息模块　　　　　　　　　　（b）屏蔽信息模块

图 1-27　信息模块

4. 信息插座

信息插座一般是安装在墙面上的，也有桌面型和地面型的，借助于信息插座，不仅方便计算机等设备的移动，使布线系统变得更加规范和灵活，而且也更加美观、方便，不会影响房间原有的布局和风格，并且保持整个布线的美观。

（1）电缆信息插座

电缆信息插座有墙面型、地面型和桌面型，如图 1-28 所示，它由信息模块、面板与底盒组成。

（a）墙面型信息插座　　　　（b）地面型信息插座　　　　　　（c）桌面型信息插座

图 1-28　信息插座

（2）光纤信息插座

光纤信息插座如图 1-29 所示。按照接口不同，它可分成 ST、SC、LC、MT-RJ 和其他几种类型。按连接的光纤类型，光纤信息插座可分成单模和多模。信息插座的规格有单孔、二孔、四孔、多用户等。每条光纤传输通道包括两根光纤，一根用来接收信号，另一根用来发送信号，也就是光信号只能是单向传输。如果只是收对收、发对发，光纤传输系统肯定不能工作。如何保证正确的极性就是在综合布线中需要考虑的问题。ST 型可通过繁冗的编号方式保证光纤极性；SC 型为双工接头，在施工中对号入座就可以完全解决极性问题。综合布线采用的光纤连接器配有单工和双工光纤软线。

图 1-29　光纤信息插座示意图

5. 水晶头

水晶头是一种能沿固定方向插入并自动防止脱落的塑料接头，主要用于连接网卡端口、集线器、交换机、电话等，专业术语为 RJ-45 连接器，之所把它称之为"水晶头"，是因为它的外表晶莹透亮。水晶头适用于设备间或水平布线子系统的现场端接，外壳材料采用高密度聚乙烯。每条双绞线两头通过安装水晶头与网卡和集线器（或交换机）相连。

（1）RJ-45 插头

每条双绞线两头通过安装 RJ-45 连接器（水晶头）与网卡和集线器或交换机相连，进行网络通信，RJ-45 插头如图 1-30 所示。

（2）RJ-11 插头

RJ-11 接口和 RJ-45 接口很类似，但只有 4 根针脚（RJ-45 为 8 根）。在计算机系统中，RJ-11 主要用来连接 Modem（调制解调器），日常应用中，RJ-11 常见于电话线。RJ-11 插头如图 1-31 所示。

图 1-30　RJ-45 插头　　　　　　　图 1-31　RJ-11 插头

1.4　综合布线系统辅料

综合布线系统辅料包括金属管、塑料管、桥架、线槽等，实际上是综合布线工程的主要载体和防护体。综合布线施工中很大一部分工作是安装这些材料为线缆敷设做准备。了解这些材料的知识有利于正确选择工程用料、保证工程质量。

1.4.1　线管

1. 金属管

金属管是用于分支结构或暗埋的线路，它的规格也有多种，以外径毫米（mm）为单位。管的外形如图 1-32 所示。工程施工中常用的金属管有：D16、D20、D25、D32、D40、D50、D63 等规格。

在金属管内穿线比线槽布线难度更大一些，在选择金属管时要注意管径选择大一点的，一般管内填充物占 30% 左右，以便于穿线。金属管还有一种是软管（又称蛇皮管），供弯曲的地方使用。

2. 塑料管

综合布线常用的塑料管有聚氯乙烯管材（PVC-U 管）、双壁波纹管、子管、铝塑复合管、高密度聚乙烯管材（HDPE 管）、硅芯管、混凝土管等。

（1）聚氯乙烯管

聚氯乙烯管（PVC-U 管，见图 1-33）是综合布线工程中使用最多的一种塑料管，管长通常为 4 m、5.5 m 或 6 m，PVC-U 管具有优异的耐酸、耐碱、耐腐蚀性，其耐外压强度、耐冲击强度等都非常高，还具有优异的电气绝缘性能，适用于各种条件下电线、电缆的保护套管配管工程。

图 1-32　金属管外形

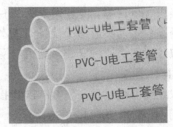

图 1-33　PVC-U 管

（2）双壁波纹管

双壁波纹管如图 1-34 所示，是一种新型轻质管材，内壁光滑平整，外壁呈梯形波纹状，内、外壁间有夹壁中空层，其独特的管壁结构设计使此类管材具有质量轻、耐高压、韧性好、耐腐蚀、耐磨性好、施工方便、安装成本低、使用寿命长等特点，是其他材质管的最佳替代产品。

双壁波纹管耐压强度高于同等规格的普通塑料管；质量是同规格普通塑料管的一半，从而方便施工，减轻工人劳动强度；密封好，在地下水位高的地方使用更能显示其优越性；波纹结构能加强管道对土壤负荷抵抗力，便于连续敷设在凹凸不平的地面上；使用双壁波纹管工程造价比普通塑料管降低 1/3。

（3）子管

子管如图 1-35 所示，口径小、管材质软，具有耐腐蚀、抗老化、抗冲击、机械强度高、使用寿命长、电气绝缘性能优良等特点，适用于光纤电缆的保护。子管管材颜色多样，通常为红色、白色、黑色、蓝色等。

图 1-34　双壁波纹管

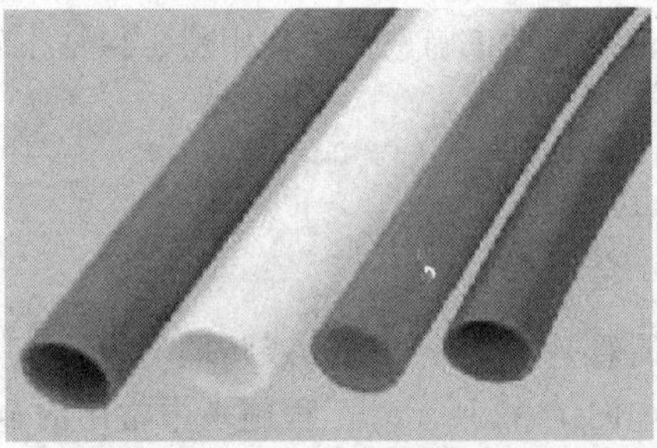

图 1-35　子管

（4）铝塑复合管

铝塑复合管如图 1-36 所示，内外壁不易腐蚀，因内壁光滑，对流体阻力很小。又因可随意弯曲，所以安装施工方便。作为供水管道，铝塑复合管有足够的强度，但是如果横向受力太大时，会影响强度，所以宜作明管施工或埋于墙体内，通常不宜埋入地下。但是铝塑复合管也可以埋入地下使用，如地暖中所用的管子其中一种就是铝

图 1-36　铝塑复合管

塑复合管。铝塑复合管的连接是卡套式的（也可以是卡压式的），因此施工中一是要通过严格的试压，检验连接是否牢固；二是防止经常振动，以防卡套松脱；三是长度方向应留足安装量，以免拉脱。

1.4.2　线槽

线槽如图 1-37 所示，它是一种带盖板封闭式的管槽材料，盖板和槽体通过卡槽合紧。金属线槽用来屏蔽电磁干扰，塑料槽（PVC 线槽）用在电磁干扰不明显的地方可以节约工程成本。用来将电源线、数据线等线材规范整理的常见线槽有绝缘配线槽、拨开式配线槽、迷你型配线槽、分隔型配线槽、室内装潢配线槽、一体式绝缘配线槽、电话配线槽、明线配线槽、圆形配线槽、展览会用隔板配线槽、圆形地板配线槽、软式圆形地板配线槽、盖式配线槽等。

图 1-37　线槽

布线系统中除了线缆外，槽管是一个重要的组成部分，可以说：金属槽、PVC 槽、金属管、PVC 管是综合布线系统的基础性材料。在综合布线系统中主要使用的线槽有以下几种：

1. 金属槽

金属槽由槽底和槽盖组成，每根槽一般长度为 2 m，槽与槽连接时使用相应尺寸的铁板和螺丝固定。

在综合布线系统中一般使用的金属槽的规格有：50 mm×100 mm、100 mm×100 mm、100 mm×200 mm、100 mm×300 mm、200 mm×400 mm 等多种规格。

2. 塑料槽

塑料槽的外形与金属槽类似，但它的品种规格较多，从型号上讲有：PVC-20 系列、PVC-25 系列、PVC-25F 系列、PVC-30 系列、PVC-40 系列、PVC-40Q 系列等。从规格上讲有：20 mm×12 mm、25 mm×12.5 mm、25 mm×25 mm、30 mm×15 mm、40 mm×20 mm 等。

与 PVC 槽配套的附件有：阳角、阴角、直转角、平三通、左三通、右三通、连接头、终端头、接线盒（暗盒、明盒）等。

1.4.3　桥架

桥架是布线行业的一个术语，是建筑物内布线不可缺少的一个部分。电缆桥架是使电线、电缆、管缆铺设达到标准化、系列化、通用化的电缆铺设装置。它是承载导线的一个载体，使导线到达建筑物内很多位置，且不会影响建筑物美观，是应用在水平布线和垂直干线子系统的安装通道。桥架是由托盘、梯架的直线段、弯通、附件以及支架、吊架等构成，用以支持电缆的具有连续刚性结构的系统的总称。

桥架与线槽存在很大的区别，桥架主要用于敷设电力电缆和控制电缆，线槽用于敷设导线和通信线缆；桥架相对大，线槽相对较小；桥架拐弯半径比较大，线槽大部分拐弯部分为直角；桥架跨距比较大，线槽比较小；桥架与线槽的固定、安装方式不同；在某些场所，桥架没盖，线槽通常全是带盖封闭的线槽来走线，桥架则是用来走电缆的。桥架的外形如图 1-38 所示。

图 1-38　桥架

桥架的分类可以分为槽式、托盘式和梯级式桥架，下面对于桥架进行一个简要的举例说明。

1. 槽式桥架

槽式桥架是全封闭电缆桥架，它适用于敷设计算机线缆、通信线缆、热电偶电缆及其他高灵敏系统的控制电缆等。它对屏蔽干扰和在重腐蚀环境中电缆的防护都有较好的效果，适用于室外和需要屏蔽的场所。图 1-39 为槽式桥架空间布置示意图。

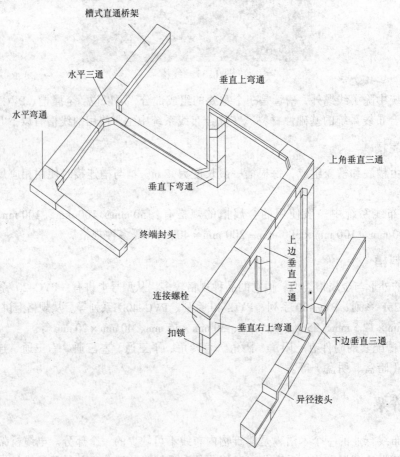

图 1-39　槽式桥架空间布置示意图

2. 托盘式电缆桥架

托盘式电缆桥架具有重量轻、载荷大、造型美观、结构简单、安装方便等优点，既适用于动力电缆的安装，也适用于控制电缆的敷设。图1-40为托盘式桥架空间布置示意图。

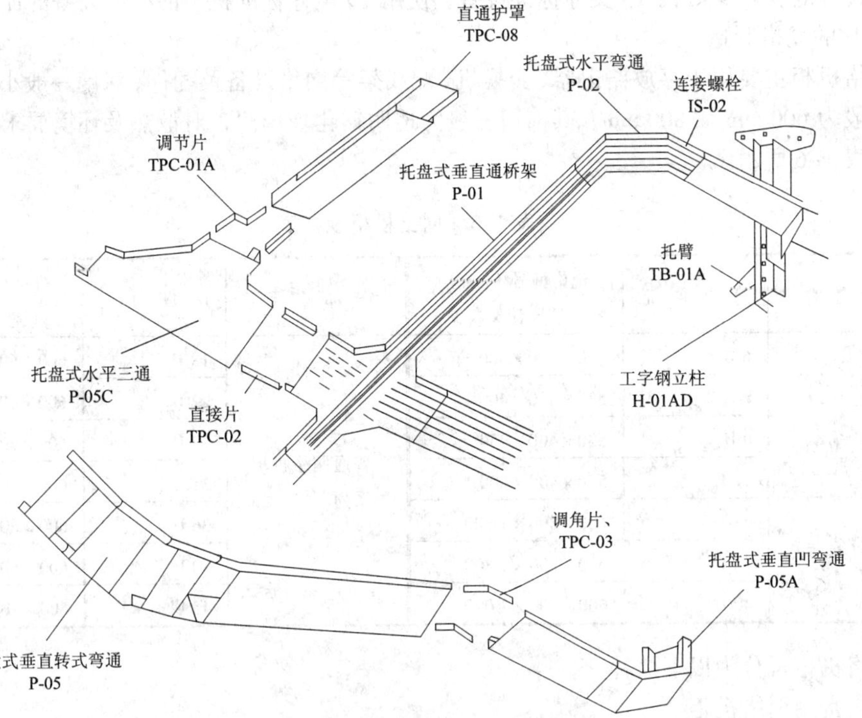

图1-40　托盘式桥架空间布置示意图

3．梯级式电缆桥架

梯级式电缆桥架适用于一般直径较大电缆的敷设，特别适用于高、低动力电缆的敷设，适用于地下层、竖井、活动地板下和设备间的线缆敷设。

1.4.4　光纤沟

在建筑物之间布设光纤，需要开挖光纤沟。光纤沟必须按设计要求开挖并砌筑，以避免破坏燃气管线、电缆沟、自来水管道等基础设施。光纤沟原则上可以是管道沟、水泥砌筑沟或者干脆是铠装光缆的裸埋方式，而承重、耐腐蚀是其关键技术需求。光纤沟的技术指标可以参考电缆沟或者其他电信管线的技术指标。

1.4.5　网络机柜和机架

随着计算机与网络技术的发展，服务器、网络通信设备等IT设备正在向着小型化、网络化、机架化的方向发展，机房对机柜管理的需求将日益增长。机柜与机架将不再只是用来容纳服务器等设备的容器，不再是IT应用中的低值、附属产品。在综合布线领域，机柜正逐渐成为其建设中的重要组成部分，因而越来越受到关注。

1．网络机柜

机柜具有增强电磁屏蔽、削弱设备工作噪声、减少占地面积等优点。19英寸标准机柜内，设备安装所占高度用一个特殊单位"U"来表示，1U=44.45 mm。U是指机柜的内部有效使用空间，也就是能装多少 U 的 19 英寸标准设备，使用 19 英寸标准机柜的标准设备的面板一般都是按 n 个 U 的规格制造。

网络机柜主要用于存放路由器、交换机、配线架等网络设备及配件，深度一般小于 800 mm，宽度一般为 600 mm 或 800 mm，其前门一般为透明钢化玻璃门，对散热及环境要求较低。具体规格如表 1-6 所示。

表 1-6　网络机柜规格表

产 品 名 称	用 户 单 元	规格型号（mm）（宽×深×高）	产 品 名 称	用 户 单 元	规格型号（mm）（宽×深×高）
普通机柜系列	6 U	530 × 400 × 300	普通网络机柜系列	18 U	600 × 600 × 1 000
	8 U	530 × 400 × 400		22 U	600 × 600 × 1 200
	9 U	530 × 400 × 450		27 U	600 × 600 × 1 400
	12 U	530 × 400 × 600		31 U	600 × 600 × 1 600
普通服务器机柜系列（加深）	31 U	600 × 800 × 1 600		36 U	600 × 600 × 1 800
	36 U	600 × 800 × 1 800		40 U	600 × 600 × 2 000
	40 U	600 × 800 × 2 000		45 U	600 × 600 × 2 200

网络机柜可分为以下两种：

（1）常用网络机柜

① 安装立柱尺寸为 480 mm（19 英寸）。内部安装设备的空间高度一般为 1850 mm（42U），如图 1-41 所示。

② 采用优质冷轧钢板，独特表面静电喷塑工艺，耐酸碱，耐腐蚀，保证可靠接地、防雷击。

③ 走线简洁，前后及左右面板均可快速拆卸，方便各种设备的走线。

④ 上部安装有 2 个散热风扇。下部安装有 4 个转动轴辘和 4 个固定地脚螺栓。

⑤ 适用于 IBM、HP、DELL 等各种品牌导轨上安装的机架式服务器，也可以安装普通服务器和交换机等标准 U 设备。一般安装在网络机房或者楼层设备间。

（2）壁挂式网络机柜

主要用于摆放轻巧的网络设备，外观轻巧美观，全柜采用全焊接式设计，牢固可靠。机柜背面有 4 个挂墙的安装孔，可将机柜挂在墙上节省空间，如图 1-42 所示。

2．机架

机架与机柜一样，都是用来放置 19 英寸设备的，但机架是敞开式的，前后左右没有门，便于相关设备的安装与施工（见图 1-43）。但机架的防尘性比较差，相对机柜而言，对外部环境要求也更高一些。两柱机架配件都是悬臂安装，两点固定。与机柜相比，机架具有价格相对便宜、搬动方便的优点。但由于是敞开式结构，所以机架不具备增强电磁屏蔽、削弱设备工作噪声等特性。

图 1-41　网络机柜

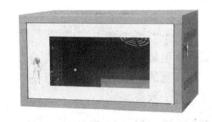
图 1-42　壁挂网络机柜

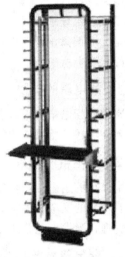
图 1-43　机架

1.5　配套强电的基础知识

综合布线系统涉及楼层配线间和楼宇集中管理间的知识，设备间的配电往往也是工程中的一个组成部分，了解这部分知识可以有效避免由于电力系统故障造成的各类安全威胁。

1.5.1　地线

地线是用来将电流引入大地的导线；电气设备漏电或电压过高时，电流通过地线进入大地。

1. 供电地线

从变压器中性点接地后引出主干线，根据标准每间隔 20～30 m 重复接地，在电路中起安全保护作用。在漏电的情况下，用电者和地线形成了一个并联电路，由于地线的电阻比较小，电流会迅速流入大地，可使用电者避免因触电而导致伤残。在实际中供电地线通常是一根黄绿相间的导线，有些地区的供电网中没有地线，可以用如下方法补救：在屋外找一个地方，拿一条 50～70 mm 宽，1～2 m 长的角铁打入地下，然后把地线连接到该角铁上，连接时最好用螺栓固定，连接电线尽可能粗一点，6～10 mm²，如果希望再减低接地电阻，可以在角铁周围再灌注一点盐水。

2. 电路地线

在电路设计时，主要是防止干扰与提高无线电波的辐射效率。地线被广泛作为电位的参考点，为整个电路提供一个基准电位。此时，地线未必与真正的大地相连，而往往与输入电源线的一根相连（通常是零线），其电位也与大地电位无关。

1.5.2　配电箱

配电箱是按电气接线要求将开关设备、测量仪表、保护电器和辅助设备组装在封闭或半封闭金属柜中，构成低压配电装置，如图 1-44 所示。正常运行时可借助手动或自动开关接通或

分断电路。故障或不正常运行时借助保护电器切断电路或报警。借测量仪表可显示运行中的各种参数，还可对某些电气参数进行调整，对偏离正常工作状态进行提示或发出信号，常用于各发、配、变电所中。

1. 配电箱的类别

常用的配电箱有木制和金属制两种，因为金属配电箱防护等级要高一些，所以使用得较多。

2. 配电箱的用途

配电箱的用途有：合理的分配电能，方便对电路的开合操作；有较高的安全防护等级，能直观的显示电路的导通状态；便于管理，当发生电路故障时有利于检修。

图 1-44　配电箱

3. 配电箱根据其结构特征和用途不同的分类

① 固定面板式开关柜是一种有面板遮拦的开启式开关柜，正面有防护作用，背面和侧面仍能触及带电部分，防护等级低，只能用于对供电连续性和可靠性要求较低的工矿企业作变电室集中供电用。

② 防护式（即封闭式）开关柜，指除安装面外，其他所有侧面都被封闭起来的一种低压开关柜。这种柜子的开关、保护和监测控制等电气元件，均安装在一个用钢或绝缘材料制成的封闭外壳内，可靠墙或离墙安装。柜内每条回路之间可以不加隔离措施，也可以采用接地的金属板或绝缘板进行隔离。通常门与主开关操作有机械联锁。另外还有防护式台型开关柜（即控制台），面板上装有控制、测量、信号等电器。防护式开关柜主要用作工艺现场的配电装置。

③ 抽屉式开关柜，通常采用钢板制成封闭外壳，进出线回路的电器元件都安装在可抽出的抽屉中，构成能完成某一类供电任务的功能单元。功能单元与母线或电缆之间，用接地的金属板或塑料制成的功能板隔开，形成母线、功能单元和电缆三个区域。每个功能单元之间也有隔离措施。抽屉式开关柜有较高的可靠性、安全性和互换性，是比较先进的开关柜。它们适用于供电可靠性要求较高的工矿企业、高层建筑作为集中控制的配电中心。

④ 动力、照明配电控制箱多为封闭式垂直安装。因使用场合不同，外壳防护等级也不同。它们主要作为工矿企业生产现场的配电装置。

4. 配电箱在建筑现场的注意事项

① 施工用电配电系统应设置总配电箱、分配电箱、开关箱，并按照"总—分—开"顺序作分级设置，并形成"三级配电"模式。

② 施工用配电系统各配电箱、开关箱的安装位置要合理。总配电箱要尽量靠近变压器或外电源处，以便电源的引入。分配电箱应尽量安装在用电设备或负荷相对集中的中心地带，确保三相负荷保持平衡。开关箱安装的位置应视现场情况和工况尽量靠近其控制的用电设备。

③ 为保证临时用电配电系统三相负荷平衡，施工现场的动力用电和照明用电应形成两个用电回路，动力配电箱与照明配电箱应该分别设置。

④ 施工现场所有用电设备必须有各自的专用的开关箱。

⑤ 各级配电箱的箱体和内部设置必须符合安全规定，开关电器应标明用途，箱体应统一

编号。停止使用的配电箱应切断电源，箱门上锁。固定式配电箱应设置围栏，并有防雨防砸措施。

1.5.3　空气断路器

空气断路器，又称空气开关，是指触头在大气压力下的空气中分合的断路器，是断路器的一种，如图 1-45 所示。空气断路器是低压配电网络和电力拖动系统中非常重要的一种电器，它集控制和多种保护功能于一身，除能完成接触和分断电路外，还能对电路或电气设备发生的短路、严重过载及欠电压等进行保护，同时也可以用于不频繁地启动电动机。

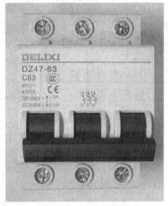

图 1-45　空气断路器

挑选空气断路器的时候最重要的参数有三个：框架电流 In_{max} 越大越好；额定极限短路分断能力 I_{cu} 越大越好；额定运行短路分断能力 I_{cs}，它越接近 I_{cu} 越好。

① 框架电流：断路器的主触头允许通过的最大额定电流。

② 额定极限短路分断能力：按规定的实验程序所规定的条件，不包括断路器继续承载其额定电流能力的分断能力。

③ 额定运行短路分断能力：按规定的实验程序所规定的条件，包括断路器继续承载其额定电流能力的分断能力。

1.5.4　线径与功率

网络工程中经常需要铺设电力线，铺设电力线之前必须计算检测每一条线的电流最值，以保证在未来的应用中不因为线径过细而产生安全隐患。电流的计算方法就是负载功率的瓦数除以电压。

一般铜线安全电流最大为：

① 2.5 mm² 铜电源线的安全载流量：28 A。

② 4 mm² 铜电源线的安全载流量：35 A。

③ 6 mm² 铜电源线的安全载流量：48 A。

④ 10 mm² 铜电源线的安全载流量：65 A。

⑤ 16 mm² 铜电源线的安全载流量：91 A。

⑥ 25 mm² 铜电源线的安全载流量：120 A。

铝线截面积要取铜线的 1.5～2 倍，如果铜线电流小于 28 A，按 10 A/mm² 来取肯定安全；如果铜线电流大于 120 A，可按 5 A/mm² 来取。

1.5.5　负载

负载是指连接在电路中消耗电能的电源两端的电子元件，它是用电能进行工作的装置，又称"用电器"。负载的功能是把电能转变为其他形式能。通常使用的照明器具、家用电器、机床等都可称为用电器。电压表、电流表等不属于用电器，只是维修或维护的工具。

1．网络工程中常见的负载

网络工程中常见的负载包括冰箱、空调、电风扇、换气扇、冷热风器、吸尘器、电热水器、微型投影仪、电视机、电铃、电灯、计算机、机柜中的设备等。

2．负载分类

（1）感性负载

即和电源相比，当负载电流滞后负载电压一个相位差时负载为感性（如负载为电动机、变压器）。

（2）容性负载

即和电源相比，当负载电流超前负载电压一个相位差时负载为容性（如负载为补偿电容）。

（3）阻性负载

即和电源相比，当负载电流负载电压没有相位差时负载为阻性（如负载为白炽灯、电炉）。

第2章 网络工程常用基础知识

本章结构

本章首先介绍常用网络设备的基础知识，包括交换机、路由器、防火墙、服务器、无线网络设备知识等，还介绍了 IPv4、子网掩码与 IPv6 的基础知识。学生要深入学习设备原理和相关知识，需要参考相关资料。

在了解了综合布线的基础知识后，网络工程师还需要了解和掌握常用网络设备的基础知识，以及 IP 地址的基础知识，为实施网络工程奠定良好的基础。本章将介绍网络工程主要的设备以及 IP 地址的基础知识，让学生了解并掌握这些设备的常识。

2.1 集线器与交换机

1. 集线器与交换机基本概念

（1）共享式 Hub

共享式 Hub 实际上是一个多端口物理层中继器，Hub 的每一个端口可以连接一个设备并采用广播式通信的方式实现网络通信。Hub 的价格低廉，普遍适用于家庭、小型办公室等局部环境，也适用于小型局域网络的局部末端连接。

（2）交换机

交换机是一种用于信号转发的网络设备。它可以为接入交换机的任意两个网络结点提供独享的电信号通路。

一般交换机工作在数据链路层。交换机拥有一条很高带宽的背部总线和内部交换矩阵。交换机中所有的端口都挂接在这条背部总线上，控制电路收到数据包以后，处理端口会查找内存中的地址对照表以确定目的 MAC（网卡的硬件地址）的 NIC（网卡）挂接在哪个端口上，通过内部交换矩阵迅速将数据包传送到目的端口。若目的 MAC 不存在，则广播到所有的端口，接收端口回应后交换机会"学习"新的地址，并把它添加入内部 MAC 地址表中。

使用交换机也可以把网络"分段"，通过对照 MAC 地址表，交换机只允许必要的网络流量通过交换机。通过交换机的过滤和转发，可以有效地减少冲突域，但它不能划分网络层广播，即广播域。交换机在同一时刻可进行多个端口对之间的数据传输，每一端口都可视为独立的网段，连接在其上的网络设备独自享有全部的带宽，无须同其他设备竞争使用。总之，交换机是一种基于 MAC 地址识别，能完成封装转发数据包功能的网络设备。交换机可以"学习"MAC 地址，并把其存放在内部地址表中，通过在数据帧的始发者和目标接收者之间建立临时的交换路径，使数据帧直接由源地址到达目的地址。

第二层交换机的原理如图 2-1 所示。

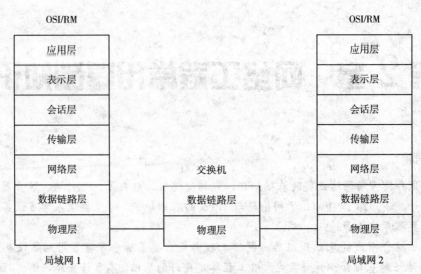

图 2-1　交换机在 OSI/RM 中的位置

交换机按照其工作方式可分为二层交换机、三层交换机和四层交换机。其中，二层交换机工作在 OSI 参考模型的第二层，只提供端口间的线速交换；三层交换机工作在 OSI 参考模型的第三层，将 IP 地址信息用于网络路径选择，并实现不同网段的数据交换；三层交换机具有路由器的功能；四层交换机则使用传输层包含在每个 IP 包包头的服务进程里进行交换和传输处理，实现带宽分配、故障诊断等。

2．局域网交换机的种类及选择

局域网交换机根据使用的网络技术可以分为以太网交换机、令牌环交换机、FDDI 交换机、ATM 交换机及快速以太网交换机等。

局域网交换机是组成网络系统的核心设备。对用户而言，局域网交换机最主要的指标是端口的配置、数据交换能力、包交换速度等因素。因此，在选择交换机时要注意以下事项：

① 交换端口的数量。
② 交换端口的类型。
③ 系统的扩充能力。
④ 主干线连接手段。
⑤ 交换机总交换能力。
⑥ 是否需要路由选择能力。
⑦ 是否需要热切换能力。
⑧ 是否需要容错能力。
⑨ 能否与现有设备兼容，顺利衔接。
⑩ 网络管理能力。

3．交换机应用中几个值得注意的问题

（1）交换机网络中的瓶颈问题

交换机本身的处理速度可以达到很高，用户往往迷信厂商宣传的每秒吉比特级的高速背板。其实这是一种误解，连接入网的工作站或服务器使用的网络是以太网，它遵循 CSMA/CD

介质访问规则。在当前的客户/服务器模式的网络中多台工作站会同时访问服务器，因此非常容易形成服务器瓶颈，用户可以通过设计多台服务器（进行业务划分）或追加多个网卡来消除瓶颈。交换机还可支持生成树算法，方便用户架构容错的冗余连接。

（2）网络中的广播帧

目前广泛使用的网络操作系统有 NetWare、Windows NT 等，而 LAN Server 的服务器是通过发送网络广播帧来向客户机提供服务的。这类局域网中广播包的存在会大大降低交换机的效率，这时可以利用交换机的虚拟网功能（并非每种交换机都支持虚拟网）将广播包限制在一定范围内。

每台交换机的端口都支持一定数目的 MAC 地址，这样交换机能够"记忆"住该端口一组连接站点的情况，厂商提供的定位不同的交换机端口支持 MAC 数也不一样，用户使用时一定要注意交换机端口的连接端点数。如果超过厂商给定的 MAC 数，交换机接收到一个网络帧时，如果其目的站的 MAC 地址不存在于该交换机端口的 MAC 地址表中，那么该帧会以广播方式发向交换机的每个端口。

（3）虚拟网的划分

虚拟网是交换机的重要功能，通常虚拟网的实现形式有三种：

① 静态端口分配：静态虚拟网的划分通常是网管人员使用网管软件或直接设置交换机的端口，使其直接从属某个虚拟网。这些端口一直保持这些属性，除非网管人员重新设置。这种方法虽然比较麻烦，但比较安全，容易配置和维护。

② 动态虚拟网：支持动态虚拟网的端口，可以借助智能管理软件动态确定它们的从属。端口是通过借助网络包的 MAC 地址、逻辑地址或协议类型来确定虚拟网的从属。当一网络结点刚连接入网时，交换机端口还未分配，于是交换机通过读取网络结点的 MAC 地址动态地将该端口划入某个虚拟网。这样一旦网管人员配置好后，用户的计算机可以灵活地改变交换机端口，而不会改变该用户的虚拟网的从属性，而且如果网络中出现未定义的 MAC 地址，则可以向网管人员报警。

③ 多虚拟网端口配置：该配置支持一用户或一端口可以同时访问多个虚拟网。这样可以将一台网络服务器配置成多个业务部门（每种业务设置成一个虚拟网）都可同时访问，也可以同时访问多个虚拟网的资源，还可以许多个虚拟网间的连接只需一个路由端口即可完成。但这样会带来安全上的隐患。虚拟网的业界规范正在制定中，因而各个公司的产品还谈不上互操作性。Cisco 公司开发了 Inter-Switch Link（ISL）虚拟网络协议，该协议支持跨骨干网（ATM、FDDI、Fast Ethernet）的虚拟网。但该协议被认为缺乏安全性考虑。传统的计算机网络中使用了大量的共享式集线器，通过灵活接入计算机端口也可以获得好的效果。

2.2　路　由　器

路由器（Router）是连接因特网中各局域网、广域网的设备（见图 2-2），它会根据信道的情况自动选择和设定路由，以最佳路径、按前后顺序发送信号。路由器是互联网络的关键节点。路由和交换之间的主要区别就是交换工作在 OSI 参考模型第二层（数据链路层），而路由工作在第三层，即网络层。这一区别决定了路由和交换在移动信息的过程中须使用不同的控制信息，所以两者实现各自功能的方式是不同的。

图 2-2　路由器

路由器的一个作用是连通不同的网络，另一个作用是选择信息传送的线路。选择通畅快捷的近路，能大大提高通信速度、减轻网络系统通信负荷、节约网络系统资源、提高网络系统畅通率，从而让网络系统发挥出更大的效益。一般说来，异种网络互联与多个干网互联都应采用路由器来完成。

路由器的主要工作就是为经过路由器的每个数据分组寻找一条最佳传输路径，并将该数据有效地传送到目的站点。由此可见，选择最佳路径的策略即路由算法是路由器的关键所在。为了完成这项工作，路由器中保存着各种传输路径的相关数据——路径表（Routing Table），供路由选择时使用。路径表中保存着子网的标志信息、网上路由器的个数和下一个路由器的名字等内容。路径表可以是由系统管理员固定设置好的，也可以由系统动态修改；可以由路由器自动调整，也可以由主机控制。

（1）静态路径表

由系统管理员事先设置好固定路径的路径表称为静态（Static）路径表，一般是在系统安装时就根据网络的配置情况预先设定的，它不会随未来网络结构的改变而改变。

（2）动态路径表

动态（Dynamic）路径表是路由器根据网络系统的运行情况自动调整的路径表。路由器根据路由选择协议（Routing Protocol）提供的功能，自动学习和记忆网络运行情况，在需要时自动计算数据传输的最佳路径。

2.3　防　火　墙

由于网络通信协议的开放性和标准化，网络的安全问题已经成为严重的威胁。网络系统配备防火墙已经成为网络防护的一个基础手段。

2.3.1　防火墙的定义

防火墙（Firewall）是一种协助进行信息安全防护的设备，它会依照特定的规则在 OSI 的第三层或第七层上允许或是限制传输的数据通过或者限制非法连接的实现。

防火墙可以在内部网和外部网之间、专用网与公共网之间的界面上构造保护屏障，这个称谓是一种获取安全性方法的形象说法。

2.3.2　防火墙的类型

防火墙从技术类型上可以分为：数据包过滤防火墙、电路层网关防火墙、应用层网关防火墙。

1．数据包过滤防火墙

数据包过滤防火墙在网络层对数据包进行选择，选择的依据是防火墙里设置的过滤规则，这个规则被称为访问控制列表（Access Control Table）。它针对每一个数据报的报头，按照包过滤规则进行判定，与规则相匹配的包依据路由信息继续转发，否则丢弃。包过滤是在 IP 层实现的，包过滤根据数据包的源 IP 地址、目的 IP 地址、协议类型（TCP 包、UDP 包、ICMP 包）、源端口、目的端口等报头信息及数据包传输方向等信息来判断是否允许数据包通过。包过滤也包括与服务相关的过滤，这是指基于特定的服务进行包过滤，由于绝大多数服务的监听都驻留在特定 TCP/UDP 端口，因此，为阻断所有进入特定服务的链接，防火墙只需要将所有包含特定 TCP/UDP 目的端口的包丢弃即可。

（1）基本的包过滤策略如下：

① 拒绝来自某主机或某网段的所有连接。

② 允许来自某主机或某网段的所有连接。

③ 拒绝来自某主机或某网段的指定端口的连接。

④ 允许来自某主机或某网段的指定端口的连接。

⑤ 拒绝本地主机或本地网络与其他主机或其他网络的所有连接。

⑥ 允许本地主机或本地网络与其他主机或其他网络的所有连接。

⑦ 拒绝本地主机或本地网络与其他主机或其他网络的指定端口的连接。

⑧ 允许本地主机或本地网络与其他主机或其他网络的指定端口的连接。

（2）包过滤的简单过程

① 包过滤规则必须被包过滤设备端口存储起来。

② 当包到达端口时，对包报头进行语法分析。大多数包过滤设备只检查 IP、TCP 或 UDP 报头中的字段。

③ 包过滤规则以特殊的方式存储。应用于包的规则的顺序与包过滤器规则存储顺序必须相同。

④ 若一条规则阻止包传输或接收，则此包便不被允许。

⑤ 若一条规则允许包传输或接收，则此包便可以被继续处理。

⑥ 若包不满足任何一条规则，则此包便被阻塞。

2．电路层网关防火墙

电路层网关防火墙也称为会话层防火墙。电路层网关在网络的传输层上实施访问策略，是在内外网络主机之间建立一个虚拟电路进行通信的，不像应用层防火墙那样能严密地控制应用层的信息，如图 2-3 所示。

电路层网关只依赖于 TCP 连接，监控受信任的客户或服务器与不受信任的主机之间的 TCP 握手信号，判断这些信息是否符合逻辑，一旦电路层网关防火墙认为这些握手信号是合法的，就为这个 TCP 服务建立连接。建立连接后，网关只进行复制、传递信息，不进行任何包的过滤。电路层网关就像电线一样，只是在内部连接和外部连接之间来回复制字节。

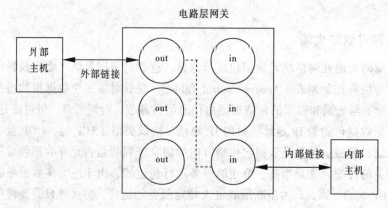

图 2-3　电路层网关

电路层网关还提供一个重要的安全功能——网络地址转移（Network Address Translation, NAT）, NAT 是将访问 IP 数据报报头中的 IP 地址转换为另一个 IP 地址的过程。在电路层网关中, NAT 将访问 Internet 的数据包的 IP 都换成防火墙的 IP, 这样将所有公司内部的 IP 地址都映射到一个"安全"的 IP 地址, 使所有的连接似乎都是起源于防火墙, 从而隐藏了受保护网络的有关信息。

电路层网关常用于向外连接, 这时网络管理员对内部用户是信任的。其优点是堡垒主机可以被设置成混合网关, 对于内连接支持应用层或代理服务, 而对于外连接支持电路层功能。这使防火墙系统对于要访问 Internet 服务的内部用户来说使用起来很方便, 而同时又能提供保护内部网络免于外部攻击的功能。

3．应用层网关防火墙

应用层网关防火墙又称为代理服务型防火墙, 它在网络应用层上建立协议过滤和转发功能。

当用户将浏览器配置成使用代理功能时, 防火墙就将该浏览器的请求转给互联网; 当互联网返回响应时, 代理服务器再把它转给浏览器。使用代理服务器后, 内部网络与外部网络之间不存在直接连接。

代理服务器的功能主要在应用层实现。当代理服务器收到一个客户的连接请求时, 先核实该请求, 然后将处理后的请求转发给真实服务器, 在接受真实服务器应答并做进一步处理后, 再将回复交给发出请求的客户。代理服务器在外部网络和内部网络之间, 发挥了中间转接的作用, 所以代理服务器有时也称为应用层网关。

代理服务器可对网络上任一层的数据包进行检查并经过身份认证, 让符合安全规则的包通过, 并丢弃其余的包。它允许通过的数据包由网关复制并传递, 防止在受信任服务器和客户机与不受信任的主机间直接建立联系。

2.4　无线网络的互连设备

目前, 无线通信技术应用领域已经越来越广阔, 在局域网技术的最后端接时, 无线技术越来越成为用户的选择。为此, 我们在这里简要介绍一些无线网络技术的设备, 便于学生了解并在工程中进行科学的选择。

1．无线网卡

（1）无线网卡的硬件组成

无线网卡的硬件组成包括 RF、IF、SS 和 NIC 等几部分，如图 2-4 所示。

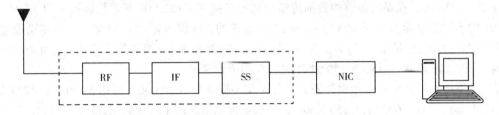

图 2-4　无线网卡的硬件组成示意图

NIC 是网络接口控制单元，它完成 SS 单元与计算机之间的接口控制。SS 是扩频解扩频及解调单元，它完成对发送数据的频谱扩展和对接收信号的解扩解调。同时，它还具有对数据进行解扰处理的功能，在 QRSK 时还要进行并峰和串/并变换。在 SS 单元，还要对发射功率和分集接收进行相应的控制，并具有信道能量检测（ED）和载波强度（CS）、实际信号质量（SQ）检测等功能。IF 是中频单元，它完成对已扩频信号的调制（BPSK/QPSK）和对接收信号的变频及其他处理。RF&Antenna 单元完成对发送中频信号的向上和向下变频、功率放大（PA）及低噪声放大等功能，一般包括 Antenna 及分集开关、T/R 开关、LAN 和 PA。Local oscillator、向上/向下混频器、滤波器几个部分。

RF&Antenna、IF 和 SS 单元构成了扩频通信机（SS Transceiver）。

（2）无线网卡的工作原理

按照 IEEE 802.11 协议，无线局域网卡分为媒体访问控制（MAC）层和物理层（PHY Layer），两者之间还定义了一个媒体访问控制——物理（MAC-PHY）子层（Sublayer）。MAC 层提供主机与物理层之间的接口，并管理外部存储器，它与无线网卡硬件的 NIC 单元相对应。物理层具体实现无线电信号的接收与发射，它与无线网卡硬件中的扩频 MAC 层一起决定是否可以发送信号，通过 MAC 层的控制来实现无线网络的 CSMA/CA 协议，而 MAC-PHY 子层主要实现数据的打包与拆包，把必要的控制信息放在数据包的前面。

IEEE 802.11 协议指出，物理层必须有至少一种提供空闲信道估计 CCA 信号的方法。

2．无线网桥

无线网桥是为使用无线（微波）进行远距离点对点网间互连而设计。它是一种在链路层实现局域网互连的存储转发设备，可用于固定数字设备与其他固定数字设备之间的远距离（可达 20 km）、高速（可达 11 Mbit/s）无线组网。

无线网桥从通信机制上分为电路型网桥和数据型网桥：

① 电路型网桥无线传输机制采用 PDH/SDH 微波传输原理，接口协议采用桥接原理实现，具有数据速率稳定、传输时延小的特点，适用于多媒体需求的融合网络解决方案，适用于作为 3G/4G 移动通信基站的互连互通。

② 数据型网桥采用 IP 传输机制，接口协议采用桥接原理实现，具有组网灵活、成本低廉的特征，适合于网络数据传输和低等级监控类图像传输，广泛应用于各种基于纯 IP 构架的数据

网络解决方案。

无线网桥除了具备有线网桥的基本特点之外，无线网桥工作在 2.4 G 或 5.8 G 的免申请无线执照的频段，因而比其他有线网络设备更方便部署。不同类型网桥的数据传输特点如下：

① 数据型网桥传输速率根据采用的标准不同，具体如下：

无线网桥传输标准常采用 802.11b 或 802.11g、802.11a 和 802.11n 标准，802.11b 标准的数据速率是 11Mbit/s，在保持足够的数据传输带宽的前提下，802.11b 通常能够提供 4 Mbit/s 到 6 Mbit/s 的实际数据速率，而 802.11g、802.11a 标准的无线网桥都具备 54 Mbit/s 的传输带宽，其实际数据速率可达 802.11b 的 5 倍左右，目前通过 Turb 和 Super 模式最高可达 108 Mbit/s 的传输带宽；802.11n 通常可以提供 150～600 Mbit/s 的传输速率。

② 电路型网桥传输速率根据调制方式和带宽不同决定，PTP C400 可达 64 Mbit/s，PTP C500 可达 90 Mbit/s，PTP C600 可达 150 Mbit/s；可以配置电信级的 E1、E3、STM-1 接口。

a. 点对点方式。点对点型（PTP），即"直接传输"。无线网桥设备可用来连接分别位于不同建筑物中两个固定的网络。它们一般由一对桥接器和一对天线组成。两个天线必须相对定向放置，室外的天线与室内的桥接器之间用电缆相连，而桥接器与网络之间则是物理连接。

b. 中继方式。中继方式，即"间接传输"。B、C 两点之间不可视，但两者之间可以通过一座 A 楼间接可视。并且 A、C 两点和 B、A 两点之间满足网桥设备通信的要求。可采用中继方式，A 楼作为中继点。B、C 各放置网桥，定向天线。A 点可选方式有：放置一台网桥和一面全向天线，这种方式适合对传输带宽要求不高、距离较近的情况；如果 A 点采用的是单点对多点型无线网桥，可在中心点 A 的无线网桥上插两块无线网卡，两块无线网卡分别通过馈线接两部天线，两部天线分别指向 B 网和 C 网；放置两台网桥和两面定向天线。

c. 点对多点传输。无线网桥往往由于构建网络时的特殊要求，很难就近找到供电。因此，具有 POE（以太网供电）能力就非常重要，如可以支持 802.3af 国际标准的以太网供电，可以通过 5 类线为网桥提供 12 V 的直流电源。一般网桥都可以通过 Web 方式来进行管理，或者通过 SNMP 方式管理。它还具有先进的链路完整性检测能力，当其作为 AP（网桥）使用的时候，可以自动检测上联的以太网连接是否工作正常，一旦发现上联线路断线，就会自动断开与其连接的无线工作站，这样被断开的工作站可以及时被发现，并搜寻其他可用的 AP，明显地提高了网络连接的可靠性，并且也为及时锁定并排除问题提供了方便。总之随着无线网络的成熟和普及，无线网桥的应用也将会大大普及。

3. 无线局域网接入点

正如它的名称一样，无线 AP（网桥）是一个无线接入点，其主要起到一个接入作用，通常用于有线网络和无线网络的结点，一般工程中不方便布线的地方就可采用无线 AP 连接该区域的终端，通过 AP 接入到有线网络中，一般自带天线。在一般发射功率下，无线 AP 的传输距离（覆盖范围）比较小，即便外接天线和功放，其传输距离也往往不超过十几千米，而且由于抗多径干扰能力差，因此信号也不十分稳定。

由于这种特点，网络工程中常常将无线 AP 使用在公共区域用来支持移动设备上网，作为网络的延伸和补充。校园、车站、机场、公园等公共场所普遍使用这类设备。

4. 无线宽带路由器

无线路由器工作于网络层，可用于完成计算机网络互连和不同协议的转换、网络地址的过滤。

无线路由器由工业级微机、无线网卡、有线网卡及相应软件构成，视需要可有许多种变型的配置，它可以有多个有线接口和多个无线接口，用于进行网间（有线或无线）的路由选择与桥接，借助于技术，把地理上分离的、目前流行的多种有线或无线网相连。

5. 无线交换机

无线交换机是把无线网络的流量集中起来，在布线间内与有线以太网交换机相连接，通过无线交换机整合无线网络的安全、管理和连接等各种功能，与无线交换机连接的是哑接入点，哑接入点与无线工作站或用户相连，哑接入点的成本仅为普通接入点 AP 的一半。

使用无线交换机和哑接入点的结构如图 2-5 所示。

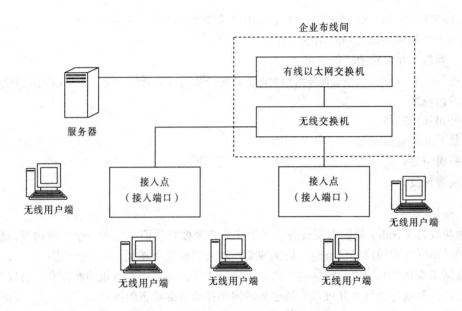

图 2-5　使用无线交换机的系统结构

6. 无线网关

广义上的网关是指一个网络连接到另一个网络的接口，比如一个企业的内部网与外部互联网相连，就需要一个网关加以管理和控制。它是一种复杂的网络连接设备，如图 2-6 所示，可以支持不同协议之间的转换，实现不同协议网络之间的互联。

无线网关是指集成有简单路由功能的无线 AP，即无线网关通过不同设置可完成无线网桥和无线路由器的功能，也可以直接连接外部网络（如 WAN），同时实现 AP 功能。无线网关一般具有一个 10 Mbit/s 或 10/100 Mbit/s 的广域网口（WAN）、多个（4～8）10/100 Mbit/s 的局域网口（LAN）、一个支持 IEEE 802.11b、802.11g 或 802.11a/g 标准的无线局域网接入点，且具有网络地址转换功能（NAT）。无线网关可以实现多用户的 Internet 共享接入。无线网关应用的场合如图 2-7 所示。

7. 无线 EI/TI 调制解调器

无线 EI/TI 调制解调器是一种全双工的无线调制解调器，EI/TI 为其他同步数据设备的应用提供了解决方案。

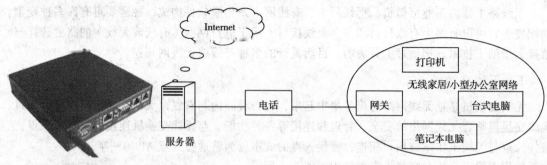

图 2-6　无线网关　　　　　　　　　图 2-7　网关应用的场合

它支持 DTE 速率从 64 kbit/s 到 2 048 kbit/s，射频数据速率可达 3 Mbit/s。

无线 EI/TI 调制解调器的应用场合有：

① "到端"和农村地区的连接。

② 用于扩充、立即部署或临时安装蜂窝通信系统、SMR、个人通信系统、寻呼或其他的服务系统。

③ 校园网络。

④ 公司私用网络。

⑤ 临时基础通信设施。

⑥ 备份链路。

⑦ 灾难恢复。

8．无线集线器

无线集线器（Hub）是物理层设备，当很多用户需要在他们工作的一个区域内灵活移动，而且能随时访问他们的网络设备时，以无线集线器来完成这个连接。

无线网络系列产品可以有很多适宜的组合使用方式，与有线计算机网相配合，可以实现网络的最佳设计和快速连网，并可以支持远程联网和移动漫游状态的连网。

无线网络产品具有 2~54 Mbit/s 的高速率，并能在如此高的速率时具有极高的抗干扰性和 10^{-8} 以下的误码率。

2.5　服　务　器

服务器存储并处理网络上 80%以上的数据和信息，是网络上一种为客户端计算机提供各种服务的高可用性计算机，如图 2-8 所示，它在网络操作系统的控制下，为用户提供文件服务、WWW 服务、FTP 服务、数据库服务和 E-mail 服务等多种服务，也能为网络用户提供集中计算、信息发布及数据管理等服务。网络终端设备要想获得任何信息都需要到一个指定的服务器上去获得信息。如果两个用户要想通过网络进行通话，也必须经过服务器进行身份的认证。

服务器的构成与微机基本相似，有处理器、硬盘、内存、系统总线等，但它是针对具体的网络应用特别制定的，因而服务器与微机在处理能力、稳定性、可靠性、安全性、可扩展性、可管理性等方面差异很大。

图 2-8　服务器

2.5.1　服务器分类

1. 按体系架构划分

目前，按体系架构划分，服务器主要分为两类：

（1）非 x86 服务器

非 x86 服务器包括大型机、小型机和 UNIX 服务器，它们是使用 RISC（精简指令集）或 EPIC（并行指令代码）处理器，并且主要采用 UNIX 和其他专用操作系统的服务器。精简指令集处理器主要有 IBM 公司的 POWER 和 PowerPC 处理器、SUN（已被甲骨文收购）与富士通公司合作研发的 SPARC 处理器；并行指令代码处理器主要有 Intel 研发的奔腾处理器等。这种服务器价格昂贵、体系封闭，但是稳定性好、性能强，主要用在金融、电信等大型企业的核心系统中。

（2）x86 服务器

x86 服务器又称 CISC（复杂指令集）架构服务器，即通常所讲的 PC 服务器，它是基于 PC 体系结构，使用 Intel 或其他兼容 x86 指令集的处理器芯片和 Windows 操作系统的服务器，如 IBM 的 System X 系列服务器、Dell 的 PowerEdge 系列服务器、HP 的 Proliant 系列服务器等。这种服务器价格便宜、兼容性好，但稳定性差、不够安全，因而主要用在中小企业和非关键业务中。

从当前的网络发展状况看，以"小、巧、稳"为特点的 x86 架构的 PC 服务器得到了更为广泛的应用。

2. 按应用层次划分

按应用层次划分，通常也称为"按服务器档次划分"或"按网络规模分"，是服务器最为普遍的一种划分方法。要注意的是，这里所指的服务器档次并不是按服务器 CPU 主频高低来划分，而是依据整个服务器的综合性能，特别是所采用的一些服务器专用技术来衡量的。按这种划分方法，服务器可分为：入门级服务器、工作组服务器、部门级服务器、企业级服务器。

（1）入门级服务器

这类服务器是最基础的一类服务器，也是最低档的服务器。随着 PC 技术的日益提高，现在许多入门级服务器与 PC 的配置差不多，所以目前也有部分人认为入门级服务器与"PC 服务器"等同。这类服务器所包含的服务器特性并不是很多，通常只具备以下几方面特性：

① 有一些基本硬件的冗余，如硬盘、电源、风扇等，但不是必需的。

② 通常采用 SCSI 接口硬盘，现在也有采用 SATA 串行接口的。

③ 部分部件支持热插拔，如硬盘和内存等，这些也不是必需的。

④ 通常只有一个 CPU，但不是绝对。

入门级服务器所连的终端比较有限（通常为 20 台左右），而且稳定性、可扩展性以及容错冗余性能较差，因而仅适用于没有大型数据库数据交换、日常工作网络流量不大、无须长期不间断开机的小型企业。

（2）工作组服务器

工作组服务器是一类比入门级高一个层次的服务器，但仍属于低档服务器之列。从这个名字也可以看出，它只能连接一个工作组（50 台左右）那么多的用户，而且网络规模较小，服务器的稳定性也不像下面要讲的企业级服务器那样高，当然它在其他性能方面的要求相应要低一些。工作组服务器具有以下几个方面的主要特点：

① 通常仅支持单或双 CPU 结构的应用服务器。

② 可支持大容量的 ECC 内存和增强服务器管理功能的 SM 总线。

③ 功能较全面、可管理性强，且易于维护。

④ 采用 Intel 服务器 CPU 和 Windows/NetWare 网络操作系统，但也有一部分采用 UNIX 系列操作系统。

⑤ 可以满足中小型网络用户的数据处理、文件共享、Internet 接入及简单数据库应用的需求。

（3）部门级服务器

这类服务器属于中档服务器之列，一般都是支持双 CPU 以上的对称处理器结构，具备比较完全的硬件配置，如磁盘阵列、存储托架等。部门级服务器的最大特点就是除了具有工作组服务器的全部服务器特点外，还集成了大量的监测及管理电路，因而其具有全面的服务器管理能力，可监测如温度、电压、风扇、机箱等状态参数，结合标准服务器管理软件，使管理人员及时了解服务器的工作状况。同时，大多数部门级服务器具有优良的系统扩展性，能够满足用户在业务量迅速增加时及时在线升级系统，从而充分保护了用户的投资。它是企业网络中分散的各基层数据采集单位与最高层的数据中心保持顺利连通的必要环节，一般为中型企业的首选，也可用于金融、邮电等行业。

部门级服务器可连接 100 个左右的计算机用户，适用于对处理速度和系统可靠性高一些的中小型企业网络，其硬件配置相对较高，可靠性比工作组级服务器要高一些。

（4）企业级服务器

企业级服务器属于高档服务器行列，企业级服务器最起码采用 4 个以上 CPU 的对称处理器结构，有的高达几十个，另外一般还具有独立的双 PCI 通道和内存扩展板设计，具有高内存带宽、大容量热插拔硬盘和热插拔电源、超强的数据处理能力和群集性能等。这种企业级服务器的机箱比前几种服务器大，一般为机柜式，有的还由几个机柜来组成，像大型机一样。企业级服务器产品除了具有部门级服务器的全部特性之外，最大的特点就是它还具有高度的容错能力、优良的扩展性能、故障预报警功能、在线诊断功能等。除此之外，它的 RAM、PCI、CPU 等还具有热插拔性能。企业级服务器适合运行在需要处理大量数据、高处理速度和对可靠性要求极高的金融、证券、交通、邮电、通信行业或大型企业。它主要用于联网计算机在数百台以上、对处理速度和数据安全要求非常高的大型网络。它的硬件配置最高，系统可靠性也最强。

2.5.2　服务器的基本外部结构

服务器一般有塔式、机架式和刀片式这 3 种外部结构。

1. 塔式服务器

塔式服务器应该是大家见得最多，也最容易理解的一种服务器结构类型，因为它的外形以及结构都跟我们平时使用的立式 PC 差不多，当然，由于服务器的主板扩展性较强，插槽也多出一堆，所以个头比普通主板大一些，因此塔式服务器的主机机箱也比标准的 ATX 机箱要大，一般都会预留足够的内部空间以便日后进行硬盘和电源的冗余扩展。

2．机架式服务器

机架式服务器是一种外观按照统一标准设计的服务器，配合机柜统一使用。可以说机架式是一种优化结构的塔式服务器，它的设计宗旨主要是为了尽可能减少服务器空间的占用，而减少空间的直接好处就是在机房托管的时候价格会便宜很多。

3．刀片式服务器

刀片式服务器是指在标准高度的机架式机箱内可插装多个卡式的服务器单元，实现高可用性和高密度。每一块"刀片"实际上就是一块系统主板。它们可以通过"板载"硬盘启动自己的操作系统，如 Windows Server、Linux 等，类似于一个个独立的服务器，在这种模式下，每一块母板运行自己的系统，服务于指定的不同用户群，相互之间没有关联。不过，管理员可以使用系统软件将这些母板集合成一个服务器集群。在集群模式下，所有的母板可以连接起来提供高速的网络环境，并同时共享资源，为相同的用户群服务。在集群中插入新的"刀片"，就可以提高整体性能，而由于每块"刀片"都是热插拔的，所以系统可以轻松地进行替换，并且将维护时间减少到最小。

这些刀片式服务器在设计之初都具有低功耗、空间小、单机售价低等特点，同时它还继承发扬了传统服务器的一些技术指标，比如把热插拔和冗余运用到刀片式服务器之中，这些设计满足了密集计算环境对服务器性能的需求；有的还通过内置的负载均衡技术，有效地提高了服务器的稳定性和核心网络性能。而从外表看，与传统的机架式/塔式服务器相比，刀片式服务器能够最大限度地节约服务器的使用空间和费用，并为用户提供灵活、便捷的扩展升级手段。

2.6　网络存储设备

在网络中，要处理并保存大量的数据。早期的数据都是存放到文件服务器和数据库服务器中，这种存储方式除了浪费服务器资源外，最大的缺点是一旦服务器发生故障，这些数据就不能存取了。网络存储技术和网络存储设备的出现，很好地解决了以上不足。

网络存储技术是基于数据存储的一种通用网络术语。网络存储结构大致分为 3 种：DAS（Direct Attached Storage）、NAS（Network Attached Storage）和 SAN（Storage Area Network）。

2.6.1　磁盘阵列

任何种类的存储设备，无论是 DAS、NAS 还是 SAN，都离不开磁盘阵列，数据最终都要存储到磁盘上，磁盘阵列是在阵列管理器的管理下，将多个磁盘集成到一起，形成一个整体的系统。冗余磁盘阵列（Redundant Arrays of Indexpensive Disk，RAID），有"价格便宜且多余的磁盘阵列"之意，其原理是利用数组方式来做磁盘组，配合数据分散排列的设计，提升数据的安全性。磁盘阵列是由很多便宜、容量较小、稳定性较高、速度较慢的磁盘，组合成一个大型的磁盘组，并利用个别磁盘提供数据所产生的加成效果提升整个磁盘系统效能。它利用这项技术，将数据切割成许多区段，分别存放在各个硬盘上。磁盘阵列还能利用同位检查（Parity Check）的观念，在数组中任一颗硬盘故障时，仍可读出数据，并在数据重构时，将数据经计算后重新置入新硬盘中。

RAID 技术主要包含 RAID 0～RAID 7 等几个规范，它们的侧重点各不相同，常见的规范有如下几种：

（1）RAID 0

RAID 0 以位或字节为单位连续分割数据，并行读/写于多个磁盘上，因此具有很高的数据传输率，但它没有数据冗余，因此并不能算是真正的 RAID 结构。RAID 0 只是单纯地提高性能，并没有为数据的可靠性提供保证，而且其中的一个磁盘失效将影响到所有数据，因此 RAID 0 不能应用于数据安全性要求高的场合。

（2）RAID 1

RAID 1 是通过磁盘数据镜像实现数据冗余，在成对的独立磁盘上产生互为备份的数据。当原始数据繁忙时，可直接从镜像副本中读取数据，因此 RAID 1 可以提高读取性能。RAID 1 是磁盘阵列中单位成本最高的，但提供了很高的数据安全性和可用性。当一个磁盘失效时，系统可以自动切换到镜像磁盘上读写，而不需要重组失效的数据。

（3）RAID 0+1

RAID 0+1 也被称为 RAID 10 标准，它实际是将 RAID 0 和 RAID 1 标准结合的产物，在连续地以位或字节为单位分割数据并且并行读/写多个磁盘的同时，为每一块磁盘作磁盘镜像进行冗余。它的优点是同时拥有 RAID 0 的超凡速度和 RAID 1 的数据高可靠性，但是这样一来 CPU 占用率会更高，磁盘的利用率比较低。

（4）RAID 2

将数据条块化地分布于不同的硬盘上，条块单位为位或字节，并使用称为"加重平均纠错码（海明码）"的编码技术来提供错误检查及恢复。这种编码技术需要多个磁盘存放检查及恢复信息，使得 RAID 2 技术实施更复杂，因此在商业环境中很少使用。

（5）RAID 3

RAID 3 同 RAID 2 非常类似，都是将数据条块化分布于不同的硬盘上，区别在于 RAID 3 使用简单的奇偶校验，并用单块磁盘存放奇偶校验信息。如果一块磁盘失效，奇偶盘及其他数据盘可以重新产生数据；如果奇偶盘失效则不影响数据使用。RAID 3 对于大量的连续数据可提供很好的传输率，但对于随机数据来说，奇偶盘会成为写操作的瓶颈。

（6）RAID 4

RAID 4 同样也将数据条块化并分布于不同的磁盘上，但条块单位为块或记录。RAID 4 使用一块磁盘作为奇偶校验盘，每次写操作都需要访问奇偶盘，这时奇偶校验盘会成为写操作的瓶颈，因此 RAID 4 在商业环境中也很少使用。

（7）RAID 5

RAID 5 不单独指定奇偶盘，而是在所有磁盘上交叉地存取数据及奇偶校验信息。在 RAID 5 上，读/写指针可同时对阵列设备进行操作，这样就提供了更高的数据流量。RAID 5 更适合于小数据块和随机读写的数据。RAID 3 与 RAID 5 相比，最主要的区别在于 RAID 3 每进行一次数据传输就需涉及所有的阵列盘；而对于 RAID 5 来说，大部分数据传输只对一块磁盘操作，并可进行并行操作。在 RAID 5 中有"写损失"，即每一次写操作将产生 4 个实际的读/写操作，其中两次读旧的数据及奇偶信息，两次写新的数据及奇偶信息。

（8）RAID 6

与 RAID 5 相比 RAID 6 增加了第二个独立的奇偶校验信息块。两个独立的奇偶系统使用不同的算法，数据的可靠性非常高，即使两块磁盘同时失效也不会影响数据的使用；但 RAID 6 需要分配给奇偶校验信息更大的磁盘空间，相对于 RAID 5 有更大的"写损失"，因此"写性能"非常差。较差的性能和复杂的实施方式使得 RAID 6 很少得到实际应用。

（9）RAID 7

这是一种新的 RAID 标准，其自身带有智能化实时操作系统和用于存储管理的软件工具，可完全独立于主机运行，不占用主机 CPU 资源。RAID 7 可以视为一种存储计算机（Storage Computer），它与其他 RAID 标准有明显区别。除了以上的各种标准，我们可以如 RAID 0+1 那样结合多种 RAID 规范来构筑所需的 RAID 阵列，例如 RAID 5+3（RAID 53）就是一种应用较为广泛的阵列形式。用户一般可以通过灵活配置磁盘阵列来获得更加符合其要求的磁盘存储系统。

（10）RAID 5E（RAID 5 Enhancement）

RAID 5E 是在 RAID 5 级别基础上的改进，与 RAID 5 类似，数据的校验信息均匀分布在各硬盘上，但在每个硬盘上都保留了一部分未使用的空间，这部分空间没有进行条带化，最多允许两块物理硬盘出现故障。看起来，RAID 5E 和 RAID 5 加一块热备盘好像差不多，其实由于 RAID 5E 是把数据分布在所有的硬盘上，性能会比 RAID 5 加一块热备盘要好。当一块硬盘出现故障时，有故障硬盘上的数据会被压缩到其他硬盘上未使用的空间，逻辑盘保持 RAID 5 级别。

（11）RAID 5EE

与 RAID 5E 相比，RAID 5EE 的数据分布更有效率，每个硬盘的一部分空间被用做分布的热备盘，它们是阵列的一部分，当阵列中一个物理硬盘出现故障时，数据重建的速度会更快。

（12）RAID 50

RAID 50 是 RAID 5 与 RAID 0 的结合。此配置在 RAID 5 的子磁盘组的每个磁盘上进行包括奇偶信息在内的数据的剥离。每个 RAID 5 子磁盘组要求三个硬盘。RAID 50 具备更高的容错能力，因为它允许某个组内有一个磁盘出现故障，而不会造成数据丢失，而且因为奇偶位分布于 RAID 5 于磁盘组上，故重建速度有很大提高。它的优势在于有更高的容错能力，并具备更快数据读取速率的潜力，但需要注意的是磁盘故障会影响吞吐量，故障后重建信息的时间比镜像配置情况下要长。

2.6.2　DAS

DAS（见图 2-9）一般称为直连式存储，它依赖服务器主机操作系统进行数据的读写和存储维护管理，数据备份和恢复要求占用服务器主机资源（包括 CPU、系统 I/O 等），数据流需要回流主机再到服务器连接着的磁带机（库），数据备份通常占用服务器主机资源的 20%～30%，因此许多企业用户的日常数据备份常常在深夜或业务系统不繁忙时进行，以免影响正常业务系统的运行。直连式存储的数据量越大，备份和恢复的时间就越长，对服务器硬件的依赖性和影响就越大。

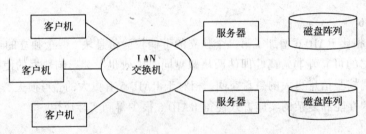

图 2-9　DAS 体系结构

直连式网络存储是与服务器主机连接的磁盘阵列,这些磁盘阵列通道通常采用 SCSI 接口与服务器相连接,带宽为 10 MB/s、20 MB/s、40 MB/s、80 MB/s 等,随着服务器 CPU 的处理能力越来越强,存储硬盘空间越来越大,阵列的硬盘数量越来越多,SCSI 通道将会成为 I/O 瓶颈,服务器主机 SCSI ID 资源有限,能够建立的 SCSI 通道连接有限。

2.6.3　NAS

NAS(见图 2-10)是一种采用与网络介质直接相连的特殊设备实现数据存储的机制。这些设备都有网络接口并分配有 IP 地址,在网络中与交换机直接相连,客户机通过充当数据网关的服务器可以对其进行存取访问,甚至在某些情况下,不需要任何中间介质,客户机也可以直接访问这些设备。

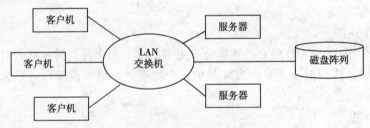

图 2-10　NAS 体系结构

NAS 是一种专业的网络文件存储及文件备份设备,它是基于 LAN(局域网)的,按照 TCP/IP 协议进行通信,以文件的 I/O(输入/输出)方式进行数据传输。在 LAN 环境下,NAS 已经完全可以实现不同平台之间的数据级共享,比如 Windows、UNIX 等平台的共享。一个 NAS 系统,包括处理器、文件服务管理模块和多个硬盘驱动器(用于数据的存储)。

NAS 可以应用在任何网络环境当中,主服务器和客户端可以非常方便地在 NAS 上存取任意格式的文件,包括 SMB 格式(Windows)、NFS 格式(UNIX、Linux)和 CIFS 格式(Common Internet File System)等。通过任何一台计算机,采用 IE 或 Netscape 浏览器就可以对 NAS 设备进行直观方便的管理。

2.6.4　SAN

SAN 是指存储设备相互连接且与一台服务器或一个服务器群相连的网络,其中的服务器用做 SAN 的接入点。在有些配置中,SAN 也与网络相连。SAN 中将特殊交换机当作连接设备。它们看起来很像常规的以太网络交换机,是 SAN 中的连通点。SAN 使得在各自网络上实现相互通信成为可能，同时也带来了很多有利条件。

　　SAN 是一个专有的、集中管理的信息基础结构，它支持服务器和存储之间任意的点到点的连接，SAN 集中体现了功能分析的思想，提高了系统的灵活性和数据的安全性。SAN 以数据存储为中心，采用可伸缩的网络拓扑结构，通过具有较高传输速率的光通道连接方式，提供 SAN 内部任意结点之间的多路可选择的数据交换，并且将数据存储管理集中在相对独立的存储区域网内。在多种光通道传输协议逐渐走向标准化并且跨平台群集文件系统投入使用后，SAN 最终将实现在多种操作系统下，最大限度的数据共享和数据优化管理，以及系统的无缝扩充。SAN 在结构上独立出一个数据存储网络，网络内部的数据传输率很快，但操作系统仍停留在服务器端，用户不是在直接访问 SAN 的网络，因此这就造成 SAN 在异构环境下不能实现文件共享。为了很好地理解 SAN，我们可以通过图 2-11 来看其结构。我们可以看到，SAN 的特点是将数据的存储移到了后端，采用了一个专门的系统来完成，并进行了 RAID 数据保护。

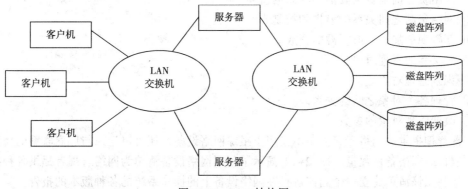

图 2-11　SAN 结构图

　　网络存储通信中使用到的相关技术和协议包括 SCSI、RAID、iSCSI 以及光纤信道。一直以来，SCSI 支持高速、可靠的数据存储。RAID（独立磁盘冗余阵列）指的是一组标准，提供改进的性能和/或磁盘容错能力。光纤信道是一种提供存储设备相互连接的技术，支持高速通信（将来可以达到 10 Gbit/s）。与传统存储技术，如与 SCSI 相比，光纤信道也支持较远距离的设备相互连接。

　　一个真正意义上的 SAN 网络早已超越了任意连通性、任意服务器到任意存储系统的连通的观念。事实上，通过将所有存储系统从一个高速的网络主干上隔离出来，或是通过在数据、存储管理和使用这些数据的应用之间引入逻辑层/物理层，这种好处是相当巨大的。

2.7　网　管　系　统

　　网络管理指监督、组织和控制网络通信服务以及信息处理所必需的各种活动的总称。其目标是确保计算机网络的持续正常运行，并在计算机网络运行出现异常时能及时响应和排除故障。

1. 网络管理的目标

　　网络管理的目标是最大限度地增加网络的可用时间，提高网络设备的利用率、网络性能、服务质量和安全性，简化多厂商混合网络环境下的管理和控制网络运行的成本，并提供网络的长期规划。通过提供单一的网络操作控制环境，网络管理可以在多厂商混合网络环境下管理所有的子网和设备，以统一的方式控制网络、排除故障和配置网络设备。

2．网络管理的功能

网络管理包括 5 个功能域，即配置管理、故障管理、性能管理、计费管理和安全管理。下面介绍这 5 个功能域的内容以及设计和实现的方法。

（1）配置管理

配置管理的目标是掌握和控制网络和系统的配置信息以及网络内各设备的状态和连接关系。现代网络设备是由硬件和设备驱动程序组成的，合理配置设备参数可以更好地发挥设备的作用，获得优良的整体性能。

配置管理的内容主要包括：

① 网络资源的配置及其活动状态的监视。

② 网络资源之间关系的监视和控制。

③ 新资源的加入，旧资源的释放。

④ 定义新的管理对象。

⑤ 识别管理对象。

⑥ 管理各个对象之间的关系。

⑦ 改变管理对象的参数。

配置管理提供的网络元素清单不仅用于跟踪网络设备，还可以记录与厂商联系的信息、租用线路数目或网络备件数量。图 2-12 演示了利用网络设备清单为网络管理者提供各种报告的实例，如利用该清单建立一个当前运行在网络设备上的操作系统的各种版本的报告。

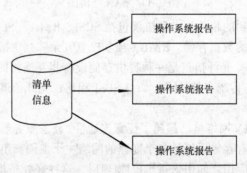

图 2-12　利用网络设备清单产生各种报告

（2）故障管理

故障就是出现大量或者严重错误，需要修复的异常情况。故障管理是对计算机网络中的问题或故障进行定位的过程。

故障管理的目标是自动监测网络硬件和软件中的故障并通知用户，以便网络能有效地运行。当网络出现故障时，要进行故障的确认、记录、定位，并尽可能排除这些故障。

故障都有一个形成、发展和消亡的过程，可以用故障选项卡对故障的整个生命周期进行跟踪。故障选项卡就是一个监视网络问题的前端进程，它对每个可能形成故障的网络问题、甚至偶然事件都赋予唯一的编号，自始至终对其进行监视，并且在必要时调用有关的系统管理功能解决问题。

以故障选项卡为中心，结合问题输入系统、报告和显示系统、解决问题的系统和数据库管理系统，形成从发现问题、记录故障到解决问题的完整过程链，这样组成的故障管理系统如图 2-13 所示。

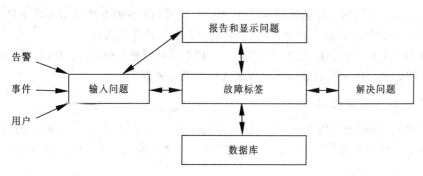

图 2-13　故障选项卡

（3）性能管理

性能管理功能允许网络管理者查看网络运行的好坏。性能管理的目标是衡量和呈现网络特性的各个方面，使网络的性能维持在一个可以接受的水平上。性能管理使网络管理人员能够监视网络运行的关键参数，如吞吐率、利用率、错误率、响应时间、网络的一般可用度等，此外，性能管理能够指出网络中哪些性能可以改善以及如何改善。

（4）计费管理

计费管理的目标是跟踪个人和团体用户对网络资源的使用情况，对其收取合理的费用。这一方面可以促使用户合理地使用网络资源，维持网络正常的运行和发展，另一方面，管理者也可以根据情况更好地为用户提供所需的资源。

（5）安全管理

安全管理的目标是按照一定的策略控制对网络资源的访问，以保证网络不被侵害，并保证重要的信息不被未授权的用户访问。

安全管理是对网络资源以及重要信息的访问进行约束和控制，包括验证用户的访问权限和优先级、监测和记录未授权用户企图进行的非法操作。安全管理的许多操作都与实况密切相关，依赖于设备的类型和所支持的安全等级。安全管理中涉及的安全机制有身份验证、加密、密钥管理、授权等。

网管系统通常是交换机、路由器生产厂商提供的一套软件，由于缺乏国际标准对于网管软件的约束，各个厂家的设备智能使用自己的网管软件。网管软件一般需要运行在一台特定的网管机器上，使网管人员能够轻松地查看网络拓扑、发现故障结点以及异地管理网络设备。对于规模较大的网络系统，网管软件具有不可或缺的重要地位。

2.8　IPv4 地址的基本概念

IP 地址是用来唯一标识因特网上计算机的逻辑地址，每台连网的计算机都依靠 IP 地址来标识自己，IP 地址又被称为因特网地址。按照 TCP/IP 规定，IP 地址用二进制来表示，每个 IP 地址长 32 比特，即 4 字节。Internet 上的每台主机都有一个唯一的 IP 地址。IP 是 Internet 能够运行的基础，每台连网计算机都依靠 IP 地址来互相区分、相互联系。

TCP/IP 需要针对不同的网络进行不同的设置，每个结点一般需要一个"IP 地址"、一个"子网掩码"和一个"默认网关"。给局域网中每台计算机合理地分配 IP 地址能够给日常的管理工作带来很大便捷。

目前的全球因特网所采用的协议族是 TCP/IP 协议族。IP 是 TCP/IP 协议族中互联层的协议，是 TCP/IP 协议族的核心协议。IPv4 是则因特网协议 IP 协议的第四版。

IPv4 是第一个被广泛使用的协议，它构成了现今因特网技术的基石。IPv4 可以运行在各种各样的底层网络上，比如端对端的串行数据链路和卫星链路等。

1. IPv4 地址的协议结构

IPv4 的英文是 Internet Protocol version 4，中文为因特网协议版本 4，简称"网协版 4"。

IPv4 易于实现且互操作性良好，要了解 IPv4 首先要掌握其协议结构，如图 2-14 所示。

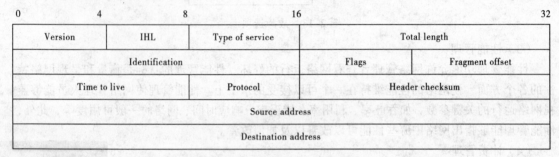

0	4	8	16	32
Version	IHL	Type of service	Total length	
Identification			Flags	Fragment offset
Time to live		Protocol	Header checksum	
Source address				
Destination address				

图 2-14　IPv4 协议结构

下面对 IPv4 协议结构的各个参数进行简单的介绍。

① Version ：4 位字段，指出当前使用的 IP 版本。

② IP Header Length （IHL）：指数据报协议头长度，具有 32 位字长。指向数据起点，正确协议头最小值为 5。

③ Type of Service：指出上层协议对处理当前数据报所期望的服务质量，并对数据报按照重要性级别进行分配。这些 8 位字段用于分配优先级、延迟、吞吐量以及可靠性（即TOS）。

④ Total Length：指定整个 IP 数据包的字节长度，包括数据和协议头。其最大值为 65 535字节。典型的主机可以接收 576 字节的数据报。

⑤ Identification：包含一个整数，用于识别当前数据报。该字段由发送端分配，帮助接收端集中数据报分片。

⑥ Flags：由 3 位字段构成，其中低两位（最不重要）控制分片。中间位（DF）指出数据包是否可进行分片。低位（MF）指出在一系列分片数据包中数据包是否是最后的分片。第三位即最高位不使用。

⑦ Fragment Offset：13 位字段，指出与源数据报的起始端相关的分片数据位置，支持目标IP 适当重建源数据报。

⑧ Time to Live ：是一种计数器，在丢弃数据报的每个点值依次减 1 直至减少为 0。这样确保数据包无止境的环路过程（即 TTL）。

⑨ Protocol ：指出在 IP 处理过程完成之后，由哪种上层协议接收导入数据包。

⑩ Header Checksum ：帮助确保 IP 协议头的完整性。由于某些协议头字段的改变，如生

存期（Time to Live），这就需要对每个点重新计算和检验。Internet 协议头需要进行处理。

⑪ Source Address ：源主机 IP 地址。

⑫ Destination Address：目标主机 IP 地址。

⑬ IPv4 中规定 IP 地址长度为 32 ，即有 $2^{32}-1$ 个地址。

2．IPv4 地址表示

在 IPv4 系统中，IP 地址是一个 32 位的二进制地址，如：11001010011100011000000001100111。为便于记忆，将其划为 4 组，每组 8 位，由小数点分开，用 4 个字节来表示。如：11001010.01110001.10000000.01100111。用点分开的每个字节的数值范围是 0～255，如：202.113.128.103。

IPv4 的 IP 地址包括两个部分：网络标识 NetID 和主机标识 HostID，NetID 标识一个网络，HostID 标识在该网络上的一个主机。IP 地址格式为：NetID+HostID。其中：NetID 表示主机所在网络，HostID 表示主机在网段中的唯一标识。通常又将 IP 地址分为以下 5 种类型：

（1）IPv4 的 A 类地址

A 类地址通常被分配给拥有大量主机的网络，如一些大的公司或一些主干网络。其地址的前缀长度只有 8 位，这个较短的前缀长度将可接受 A 类网络地址的网络数量限制为 126 个，剩余的 24 位可用来标识多达 16 777 214 个主机标识。关于 A 类地址还需要注意以下几个问题：

① A 类网络地址的高序位总是设置为 0，此约定将 A 类网络地址的数量从 256 个减少到 128 个。

② A 类地址当中被保留的网络地址不能使用，一个是首八位设置成 00000000 的地址，另一个是为环回地址保留的首八位设置成 01111111（十进制的 127）的地址。所以，这一项的两个约定将 A 类网络 ID 的数量从 128 个减少到 126 个。

A 类地址范围是 1.0.0.0～126.255.255.255。

（2）IPv4 的 B 类地址

B 类地址被分配给中型和大型网络，如区域网。用 14 位表示 B 类网络标识，用 16 位表示主机标识。可以将 B 类地址分配给 16 384 个网络，每个网络可以有 65 534 个主机。

B 类地址范围是 128.1.0.0～191.254.255.255。

（3）IPv4 的 C 类地址

C 类地址被分配给小型网络，如校园网等。C 类地址的 3 个高序位总是设置为 110，前 24 位中剩余 21 位指定特定的网络，后 8 位指定了特定的主机。可以将 C 类地址分配给 2 097 152 个网络，每个网络可以有 254 个主机。

C 类地址范围是 192.0.1.0～223.255.255.255。

（4）IPv4 的 D 类地址

D 类地址是为 IPv4 多播地址保留，目前视频会议等应用系统都采用了组播技术进行传输。D 类地址的 4 个高序位总是设置为 1110。

D 类地址范围是 224.0.0.0～239.255.255.255。

（5）IPv4 的 E 类地址

E 类地址的前 4 位为 1111，保留作研究之用。因此 Internet 上没有可用的 E 类地址。

有效的地址范围是 240.0.0.0～255.255.255.255。

2.9 子 网 掩 码

子网掩码（subnet mask）又称网络掩码、地址掩码、子网络遮罩，是一个应用于 TCP/IP 网络的 32 位二进制值，子网掩码用于屏蔽 IP 地址的一部分以区别网络标识和主机标识，并说明该 IP 地址是在局域网上还是在远程网上。

2.9.1 子网掩码的作用

随着互联网的发展，越来越多的网络随之产生，有的网络仅有几台主机，有的网络则多达成千上百台主机，这样无形中就浪费了很多 IP 地址，因此划分子网可以提高网络应用的效率，减少 IP 地址的浪费。

子网一个最显著的特征就是具有子网掩码。子网掩码是一个 32 位地址，是与 IP 地址结合使用的一种技术。子网掩码不能单独存在，它必须结合 IP 地址一起使用，子网掩码和 IP 地址是一一对应的。将子网掩码和 IP 地址都转化成二进制，则子网掩码中的每一个二进制位都唯一地对应着 IP 地址的一个二进制位，子网掩码中值为"1"的二进制位对应的 IP 地址部分即为网络 ID，子网掩码中值为"0"的二进制位对应的 IP 地址部分即为主机 ID。

子网掩码的主要作用有两个：

① 用于屏蔽 IP 地址的一部分以区别网络标识和主机标识，并说明该 IP 地址是在局域网上，还是在远程网上，便于网络设备尽快地区分本网段地址和非本网段的地址。

② 将子网进一步划分，缩小子网地址空间。将一个网段划分多个子网段，便于网络管理。只有通过子网掩码，才能表明一台主机所在的子网与其他子网的关系，使网络正常工作。

子网掩码的设定必须遵循一定的规则。与二进制 IP 地址相同，子网掩码由 1 和 0 组成，且 1 和 0 分别连续，例如 1111 1111.1111 1111.1111 1111.0000 0000。子网掩码的长度也是 32 位，左边是网络位，用二进制数字"1"表示，1 的数目等于网络位的长度；右边是主机位，用二进制数字"0"表示，0 的数目等于主机位的长度。图 2-15 为 A 类地址的子网掩码，图 2-16 为 B 类地址的子网掩码，图 2-17 为 C 类地址的子网掩码。

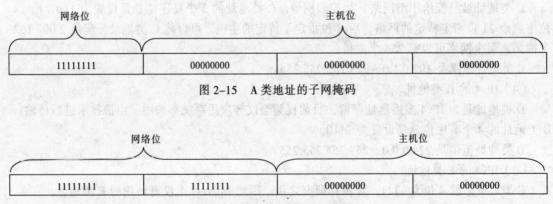

图 2-15　A 类地址的子网掩码

图 2-16　B 类地址的子网掩码

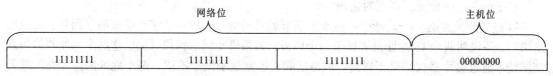

图 2-17 C 类地址的子网掩码

这样做的目的是为了让掩码与 IP 地址做 AND 运算时用 0 遮住原主机数，而不改变原网络段数字，而且很容易通过 0 的位数确定子网的主机数。

子网掩码同样也以 4 个字节来表示，默认子网掩码如下所示（以十进制表示）：

A 类 255.0.0.0

B 类 255.255.0.0

C 类 255.255.255.0

利用子网掩码可以把大的网络划分成子网，即 VLSM（可变长子网掩码），也可以把小的网络归并成大的网络，即超网。

子网掩码通常有以下 2 种表示方法：

①通过与 IP 地址格式相同的点分十进制表示。如：255.0.0.0 或 255.255.255.103。

②在 IP 地址后加上"/"符号以及 1～32 的数字，其中 1～32 的数字表示子网掩码中网络标识位的长度。

如：192.168.1.4/24 的子网掩码也可以表示为 255.255.255.0。

2.9.2 子网掩码的计算方法

由于子网掩码的位数决定了可能的子网数目和每个子网的主机数目。在定义子网掩码前，必须弄清楚本来使用的子网数目和主机数目。

1. 定义子网掩码

定义子网掩码的步骤为：

① 确定哪些组地址可以使用。比如我们申请到的网络号为"192.168.1.89"，该网络地址为 C 类 IP 地址，网络标识为"192.168.1"，主机标识为"89"。

② 根据现在所需的子网数以及将来可能扩充到的子网数，用宿主机的一些位来定义子网掩码。比如现在需要 12 个子网，将来可能需要 16 个。用第 4 个字节的前 4 位确定子网掩码。前四位都置为"1"，即第四个字节为"11110000"，这个数暂且称作新的二进制子网掩码。

③ 把对应初始网络的各个位都置为"1"，即前 3 个字节都置为"1"，第 4 个字节都置为"11110000"，则子网掩码的间断二进制形式为：11111111.11111111.11111111.11110000。

④ 把这个数转化为间断十进制形式为：255.255.255.240。这个数为该网络的子网掩码。

2. IP 地址的子网掩码的标注

IP 地址的子网掩码有以下几种标注方法：

（1）无子网的标注法

对无子网的 IP 地址，可写成主机号为 0 的掩码。如 IP 地址 202.113.103.5，子网掩码为 255.255.255.0，也可以只写 IP 地址，省略掩码。

（2）有子网的标注法

有子网时，一定要二者配对出现。

以 C 类地址为例，IP 地址中的前 3 个字节表示网络号，后一个字节既表明子网号，又说明主机号，还说明两个 IP 地址是否属于一个网段。如果属于同一网络区间，这两个地址间的信息交换就不通过路由器。如果不属同一网络区间，也就是子网号不同，两个地址的信息交换就要通过路由器进行。子网掩码是说明有子网和有几个子网，但子网数只能表示为一个范围，不能确切讲具体几个子网。

例如：对于 IP 地址为 202.113.128.10 的主机来说，其主机标识为 00001010，对于 IP 地址为 210.58.122.16 的主机来说它的主机标识为 00010000，以上两个主机标识的前面 3 位全是 000，说明这两个 IP 地址在同一个网络区域中，这两台主机在交换信息时，不需要通过路由器进行。202.113.128.242 的主机标识为 11110010，210.58.122.1 的主机标识为 00000001，这两个主机标识的前面 3 位 111 与 000 不同，说明二者在不同的网络区域，要交换信息需要通过路由器。其子网上主机号各为 242 和 1。

3．子网掩码的计算方法

（1）利用子网数来计算

在求子网掩码之前必须先搞清楚要划分的子网数目，以及每个子网内的所需主机数目。

① 将子网数目转化为二进制来表示。

② 取得该二进制的位数，为 N。

③ 取得该 IP 地址的类子网掩码，将其主机地址部分的前 N 位置 1 即得出该 IP 地址划分子网的子网掩码。

如欲将某小区的 C 类 IP 地址 202.113.128.10 划分成 10 个子网：

① $(10)_{10}=(1010)_2$。

② 该二进制为五位数，$N=4$。

③ 将 C 类地址的子网掩码 255.255.255.0 的主机地址前 4 位置 1，得到 255.255.240.0

即为划分成 10 个子网的 C 类 IP 地址 202.113.128.10 的子网掩码。

（2）利用主机数来计算

① 将主机数目转化为二进制来表示。

② 如果主机数小于或等于 254（注意去掉保留的两个 IP 地址），则取得该主机的二进制位数，为 N，这里肯定 N 小于 8。如果主机数大于 254，则 N 大于 8，这就是说主机地址将占据不止 8 位。

③ 使用 255.255.255.255 来将该类 IP 地址的主机地址位数全部置 1，然后从后向前的将 N 位全部置为 0，即为子网掩码值。

如欲将 C 类 IP 地址 202.113.128.10 划分成若干子网，每个子网内有主机 100 台：

① $(100)_{10}=(1100100)_2$。

② 该二进制为 7 位数，$N=7$。

③ 将该 C 类地址的子网掩码 255.255.255.0 的主机地址全部置 1，得到 255.255.255.255。然后再从后向前将后 7 位置 0，即为：11111111.11111111.11111111.10000000。即 255.255.255.128。这就是该 B 类 IP 地址 202.113.128.10 的子网掩码。

2.10　IPv6 地址基本概念

IPv6 的英文是 Internet Protocol version 6，中文为网际协议版本 6。由于 IPv4 的网络地址资源有限，不能长久满足互联网发展的需要，因此正处在不断发展和完善过程中的 IPv6 将会在不久的将来取代目前被广泛使用的 IPv4，以解决地址资源数量受限制的问题。下面对 IPv6 技术进行简单的介绍。

2.10.1　IPv6 概述

近年来，随着互联网的飞速发展，用户的急剧增加，连网设备的大规模增多，导致 IPv4 地址空间几近耗竭，IP 地址变得越来越稀缺，因此，从地址空间上彻底缓解网络地址匮乏的压力显得尤为重要。相比 IPv4 技术，IPv6 具有更大的地址空间，其地址长度为 128 位，比 IPv4 的地址空间增加了 2^{96} 个。除了地址空间的增加，IPv6 还具有以下特点：

① 使用灵活的 IP 报文头部格式，简化和加速了路由选择过程。

② 简化了报文头部格式，字段只有 8 个，加快报文转发，提高了吞吐量。

③ 提高了安全性，身份认证和隐私权是 IPv6 的关键特性。

④ 允许扩充，如果新的技术或应用需要时，IPv6 允许协议继续演变，增加新的功能。

⑤ 支持更多的服务类型。

2.10.2　IPv6 地址及协议结构

1. IPv6 的地址表示

IPv6 地址通常由两个逻辑部分组成，一个 64 位的网络前缀和一个 64 位的主机地址，主机地址通常根据物理地址自动生成。

IPv6 地址为 128 位，通常写作 8 组，其地址可表示为：xxxx:xxxx:xxxx:xxxx:xxxx:xxxx:xxxx:xxxx，其中每个 x 是代表一个 4 位的十六进制数字。IPv6 地址范围从 0000:0000:0000:0000:0000:0000:000:0000 至 ffff:ffff:ffff:ffff:ffff:ffff:ffff:ffff。例如：FE60:0000:0000:AA03:0000:0C01:0AC2:0001 是一个合法的 IPv6 地址。

除此格式之外，IPv6 地址还可以其他两种短格式：

（1）省略前导零

通过省略前导零来指定 IPv6 的协议地址。例如，IPv6 地址 FE60:0000:0000:AA03:0000:C01:0AC2:0001 可写为 FE60:0:0:AA03:0:C01:AC2:1。

（2）通过使用双冒号"::"代替一系列零来指定 IPv6 的地址

如果几个连续段位的值都是 0，那么这些 0 就可以简单地以"::"来表示，一个 IP 地址中只可使用一次双冒号，并且只能简化连续的段位的 0，其前后的 0 都要保留。例如，IPv6 地址 FE60:0000:0000:AA03:0000:0C01:0AC2:0001 可写为 FE60::AA03:0:0C01:AC2:0001。又例如，IPv6 地址 FE60:0:0:0:0:0:0: 0001 则可简写为 FE60::1。

2. IPv6 的协议结构

在 IPv4 中，包头最短长度为 20 字节，根据添加的选项，以 4 个字节长度递增，最长为 60

字节。IPv6 使用新的头部格式，其选项与基本头部分开，如果需要，可将选项插入到基本头部与上层数据之间。IPv6 报头固定为 40 字节，源和目的地址各占 16 字节（128 位），剩余 8 字节用于普通报头。相较于 IPv4，IPv6 在普通报头中去掉了 IPv4 报头中的 5 个字段，分别是：

① IP Header Length（IHL）：指定 IPv4 的报头长度。

② Identification。

③ Flags。

④ Fragment Offset。

⑤ Header Checksum。

IPv6 协议结构的首部格式如图 2-18 所示。

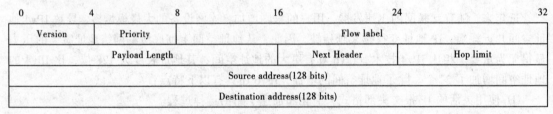

图 2-18　IPv6 协议结构的首部格式

下面对 IPv6 报头中的字段进行简单的介绍：

① Version：协议的版本，在 IPv6 中，该数为 6。

② Priority：流量优先级类型，长度为 8 比特，代替了 IPv4 中的服务类型。

③ Flow Label：流标签，长度为 20 比特，标记属于同一数据流的数据包。

④ Payload Length：IP 报头后携带的数据长度。IPv4 中的 Length 字段包含 IPv4 报头的长度，IPv6 中的 Payload Length 字段只包含数据长度。

⑤ Next Header：长度为 1 比特，与 IPv4 中的 Protocol 相同，说明下一个扩展报头的类型。

⑥ Hop Limit：长度为 1 字节，与 IPv4 中 TTL 类似，IPv4 中该数值为数据包存活时间，单位是秒，IPv6 中该数值为数据包最大转发次数。

⑦ Source Address：源主机 IP 地址，长度为 16 字节。

⑧ Destination Address：数据包目的接收者的 IP 地址，长度为 16 字节，区别于 IPv4 的是，IPv4 在中为数据包最终接收地址，IPv6 中如果提供了 Routing 报头，该字段未必是最终地址。

了解了 IPv6 普通报头与 IPv4 的区别，下面简单介绍一下 IPv6 的扩展报头。IPv6 报头简单，把选项变为一些扩展报头功能，加快了处理过程。6 个扩展报头分别为：

① Hop-by-Hop Options 报头。

② Routing 报头。

③ Fragment 报头。

④ Destination Options 报头。

⑤ Authentication 报头。

⑥ Encrypted Security Payload 报头。

IPv6 报头和上层协议报头之间可以有一个或多个扩展报头，也可以没有。扩展报头的字段长为 8 的整数倍。每个扩展报头有前面报头的 Next Header 标识。扩展报头只被 IPv6 报头的 Destination Address 字段指定的结点处理，如果 Destination Address 字段中的地址是多播地址，则扩展报头可被属于该多播组的所有结点检查或处理。扩展报头在数据包报头中有严格的排列顺序。如果有 Hop-by-Hop Options 报头，必须紧接在 IPv6 报头之后，其信息被经过的每个结点处理。

IPv6 协议正处在不断完善的发展过程当中，目前被广泛使用的仍然是 IPv4 协议，对 IPv6 协议做简单的了解即可。对 IPv6 的初步了解有助于更好地了解互联网的发展趋势，IPv6 巨大的地址空间以及它诸多的优势和功能，会使其成为构筑下一代网络的重要基础。

第3章 网络工程项目需求分析与设计

本章结构

本章以网络工程招标的知识开始，介绍了网络工程的需求分析、逻辑设计、施工设计、工程概预算和投标的知识，全面展示了在工程实施前的网络工程过程。

网络工程设计是网络工程师最为重要的任务，在前面了解了综合布线基础知识和网络设备知识的基础上，本章将介绍网络工程的需求分析及与设计相关的基础知识，介绍招投标的基本概念和常识，让学生了解并掌握网络工程的一般过程。

3.1 网络工程项目招标

网络工程的招标往往是网络工程的一个开始，熟悉一般的招标程序有利于学生快速进入网络工程这个技术领域。

3.1.1 网络工程项目招标的基本概念

1. 什么是网络工程招标

网络工程招标通常是指需要投资建设网络工程系统的单位（一般称为招标人），通过招标公告或投标邀请书等形式邀请具备承担招标项目能力的系统集成施工单位（一般称为投标人）投标，最后选择其中对招标人最有利的投标人进行工程总承包的一种经济行为。

网络工程招标也可以委托工程招标代理机构来进行。

2. 招标人

招标人是指提出招标项目、进行招标的法人或者其他组织。

3. 招标代理机构

招标代理机构是指依法设立、从事招标代理业务并提供相关服务的社会中介组织。

招标代理机构应当具备下列条件：

① 有从事招标代理业务的营业场所和相应资金。

② 有能够编制招标文件和组织评标的相应专业力量。

③ 有符合投标法第 37 条第 3 款规定条件，可以作为评标委员会成员人选的技术、经济等方面的专家库。

3.1.2　网络工程项目招标的方式

工程项目招标的方式主要有以下 4 种。

1．公开招标

公开招标，也称无限竞争性招标，是指招标人或招标代理机构以招标公告的方式邀请不特定的法人或者其他组织投标。

公开招标的条件：

① 招标人或招标代理机构通过国家指定的报刊、信息网络或者其他媒介发布项目的招标公告。招标公告应当标明招标人的名称和地址、招标项目的性质、数量、实施地点和时间，以及获取招标文件的办法等事项。任何认为自己符合招标人要求的法人或其他组织都有权向招标人索取招标文件并届时投标。招标人不得以任何借口拒绝向符合条件的投标人出售招标文件，不得以地区或者部门不同等借口违法限制任何潜在投标人参加投标。

② 公开招标必须采取公告的方式，向社会公众明示其招标要求，使尽量多的潜在投标商获取招标信息，前来投标，从而保证公开招标的公开性。

2．竞争性谈判

竞争性谈判，是指招标人或招标代理机构以投标邀请书的方式邀请 3 家以上特定的法人或者其他组织直接进行合同谈判。一般在用户有紧急需要，或者由于技术复杂而不能规定详细规格和具体要求时采用。

竞争性谈判的特点：

① 招标时间短，招标项目可以更快地发挥作用。

② 招标工作量少，省去了大量的开标、投标工作，有利于提高工作效率，降低成本。

③ 招标人和投标人双方能够进行更为灵活的谈判。

3．询价采购

询价采购，也称货比三家，是指招标人或招标代理机构以询价通知书的方式邀请 3 家以上特定的法人或者其他组织进行报价，通过对报价进行比较来确定中标人。询价采购是一种简单快速的采购方式，一般在采购货物的规格和标准统一、货源充足且价格变化幅度小时采用。

询价采购的特点：

① 邀请报价的法人或者其他组织不得少于 3 家。

② 邀请报价的法人或者其他组织只能提供一个报价，其报价不能更改。

询价采购的方式：

① 公开邀请：是指招标人或招标代理机构在政府采购管理机关指定的政府采购信息发布媒体上公布采购信息，刊登询价公告，邀请 3 家以上不特定的法人或者其他组织进行报价，比如网上询价等。

② 邀请方式：是指招标人或招标代理机构在政府采购供应商信息库中采取随机方式公开选择 3 家以上法人或者其他组织，以报价邀请函的方式邀请报价。

4．单一来源采购

单一来源采购，是指招标人或招标代理机构以单一来源采购邀请函的方式邀请生产、销售垄断性产品的法人或其他组织直接进行价格谈判。单一来源采购是一种非竞争性采购，一般适用于独家生产经营、无法形成比较和竞争的产品。

3.1.3　网络工程项目招标的程序

一个完整的工程项目招标程序一般为：首先由招标人进行项目报建，并提出招标申请，同时送交招投标代理机构审查；审查通过后，由招标人编制工程标底和招标文件，并发布招标公告或投标邀请书；在对投标人进行资格审查之后，召开招标会，发放招标文件；最后开标、评标、定标，直至签订合同。一般招标流程如下：

1．发布招标公告或投标邀请书

发布招标公告或投标邀请书时应注意以下两点：

① 招标人或招标代理机构可以根据招标项目本身的要求，在招标公告或者投标邀请书中，要求潜在投标人提供有关资质证明文件和业绩情况，并对潜在投标人进行资格审查。

② 招标人或招标代理机构在招标公告或投标邀请书中，不得以不合理的条件限制或者排斥潜在投标人，不得对潜在投标人实行歧视待遇。

2．开标

开标应当在招标文件预先确定的时间和地点公开进行，由招标人主持，邀请所有投标人参加。开标时，由投标人或者其推选的代表检查投标文件的密封情况，也可以由招标人委托的公证机构检查并公证；经确认无误后，由工作人员当众拆封，宣读投标人名称、投标价格和投标文件的其他主要内容。开标过程应当记录，并存档备查。

3．评标

评标由招标人依法组建的评标委员会在严格保密的情况下进行。评标委员会由招标人的代表和有关技术、经济等方面的专家组成，成员人数为 5 人以上单数，其中技术、经济等方面的专家不得少于成员总数的 2/3。

评标委员会按照招标文件确定的评标标准和方法，对投标文件进行评审和比较；评标委员会完成评标后，向招标人提出书面评标报告，并推荐合格的中标候选人。招标人根据评标委员会提出的书面评标报告和推荐的中标候选人确定中标人。招标人也可以授权评标委员会直接确定中标人。

中标人的投标应当符合下列条件之一：

① 能够最大限度地满足招标文件中规定的各项综合评价标准。

② 能够满足招标文件的实质性要求，并且经评审的投标价格最低，但是投标价格低于成本的除外。

4．定标

中标人确定后，招标人应当向中标人发出中标通知书，并同时将中标结果通知所有未中标的投标人。中标通知书对招标人和中标人具有法律效力。中标通知书发出后，招标人改变中标结果的，或者中标人放弃中标项目的，应当依法承担法律责任。

5. 签订合同

招标人和中标人应当自中标通知书发出之日起 30 日内,按照招标文件和中标人的投标文件订立书面合同。同时,招标人应当自确定中标人之日起 15 日内,向有关行政监督部门提交招标投标情况的书面报告。

中标人应当按照合同约定履行义务,完成中标项目。不得向他人转让中标项目,也不得将中标项目肢解后分别向他人转让。

3.1.4　招标文件

招标文件范本

第一部分　投标邀请函

受采购人委托,天津市政府采购中心就天津××大学网络工程建设项目进行公开招标,欢迎合格的投标人参加投标。

一、项目名称及编号

(一)项目名称:天津××大学网络工程建设项目

(二)项目编号:TGPC-2009

二、采购内容

见第二部分招标项目需求。

三、时间要求

(一)网上应答时间:2013 年 7 月 5 日 9:00 至 2013 年 7 月 19 日 8:30 在天津市政府采购中心网"电子投标"中进行应答。

(二)购买招标文件的时间及地点:2013 年 7 月 5 日至 2013 年 7 月 8 日,每日 9:00—12:00,13:30—17:00(法定节假日除外)在天津市行政许可服务中心二楼大厅××号窗口。

(三)递交纸质投标文件时间、地点:2009 年 7 月 29 日 8:30 至 9:15 在天津市行政许可服务中心二楼政府采购服务区××号窗口(需使用天津市政府采购中心发出的 U-KEY)。

(四)网上开标解密时间:2009 年 7 月 19 日 9:15 至 9:30,在规定的时间内完成开标解密的投标为有效投标。

四、采购代理机构

天津市政府采购中心

联系地址:天津市河东区红星路 79 号天津市行政许可服务中心二楼

邮政编码:300161

网　　址:http://www.tjgpc.gov.cn

电子邮箱:pc@tjgpc.gov.cn

联系电话:022 - 2453××××; 2453××××

传　　真:022 - 24538304

联 系 人:×××

开户银行（天津市政府采购中心）：光大银行××支行

账　　　号（天津市政府采购中心）：6838-×××××-0169-××

天津市政府采购中心

天津市公明招标有限责任公司

2009 年 7 月 15 日

第二部分　招标项目要求

本项目就"天津××大学网络工程建设项目"进行公开招标，投标人按照招标文件要求所投产品的技术标准应符合国家标准（对于没有国家标准的应符合行业标准或企业标准），其中有国家强制性技术标准要求的产品，还应符合国家强制性技术标准。凡符合《中华人民共和国政府采购法》第二十二条规定的供应商，均可参加投标。本部分内容若与其他部分内容有不同之处，以本部分内容为准。

一、项目内容

项目：天津××大学网络工程建设项目

二、资格要求

（一）实质性资质文件

1. 营业执照副本复印件，要求资质有效且注册资金大于 500 万。

2. 具有系统集成三级资质或以上资质。

3. 具有软件企业资质、ISO 9000 系列的质量认定资质。

4. 联合体投标无效。

（二）资信文件

1. 税务登记证复印件。

2. 经会计师事务所审计的上年度财务报告。

3. 2012 年度依法缴纳税收的记录。

4. 2012 年度依法缴纳社会保障资金的记录。

5. 支持社会公益事业的证明。

三、技术要求

（一）具体需求详见第二部分附件——项目需求书（略）。

（二）投标产品所需的必要技术要求见第二部分附件——项目需求书（略）。

（三）投标人按照项目需求书中的要求，须在投标文件中对所投产品的名称、品牌、生产厂家、产地、主要技术性能指标及其在技术、安全、性能、管理、使用年限及售后服务、培训等方面情况提供详细的技术文件、图纸及产品彩图等相关资料。

（四）投标人须提供所投产品详细的配置清单（见附件——项目需求清单（略））。

四、商务要求

（一）报价要求

1. 投标报价以人民币填列。

2. 投标人的报价应包括：设备主机及附件货款、运输费、运输保险费、装卸费、安装调试费及其他应有的费用并分别单列。投标人所报价格为货到现场的最终优惠价格（见附件——投标价格表（略））。

3. 验收及相关费用由投标人负责。

（二）服务要求

1. 投标方应负责所售产品的售后服务，提供 3 年的免费保修，按照厂商提供的升级规则提供原厂软件升级维护服务。保修期自系统正式验收合格之日起计算。

2. 投标人提供 7×24 小时技术响应服务。所供产品出现故障需上门服务时，应保证市区 48 小时到达现场，外阜两个工作日之内到达现场，48 小时内无法解决问题应在 7 天内提供备机并解决问题，以保证设备正常运行。

3. 投标人应对所供产品负责终身维修，并提供主要设备的备品、备件供应年限证明材料。

（三）交货要求

1. 交货期：自合同签订之日起 30 天内完成（特殊情况以合同为准）。

2. 交货地点：采购人指定地点。

3. 提供生产厂家完整的随机资料，包括完整的使用和维修手册等。

4. 特别要求：交货时采购人有权要求供应商就产品的合法供货渠道进行说明；采购人认为有必要的，供应商应提供有效的书面证明材料。如果供应商提供非法渠道的商品，视为欺诈，为维护采购人合法权益，供应商要承担商品价值双倍的赔偿；同时，采购人保留依据现行的国家法律法规追究其他责任的权利。

（四）付款方式

按照政府采购要求执行。

第三部分　投标须知（略）

3.2　项目需求分析与逻辑设计

网络工程项目的需求分析往往从招标开始，项目需求来自于招标文件。需求分析就是要求网络工程的承担者根据用户使用需要形成专业化的设计需求，为设计者提供专业的设计约束。

3.2.1　项目需求分析的基本过程

网络工程项目的需求分析是网络工程设计的最基础、最重要的工作。网络工程项目的需求分析一般需要有专业背景知识的技术人员主持完成，需要经过如下过程实现：

1. 对招标文件的阅读和理解

对招标文件的阅读和理解往往是接触用户需求的第一个环节，通过对于招标文件中用户对于项目技术需求和使用需求部分内容的详细理解，有助于设计人员在头脑中建立用户需求的基本概念。这些概念包括网络工程的规模、系统构成的概念、用户对于基础使用带宽的需要、接入互联网的方式与安全需求等，需要分门别类加以标注，形成基础素材。

2. 搜集采购人有关工程实施的有关基础资料

在第一个阶段的基础上，设计者需要搜集采购人有关工程实施的各类基础数据，包括施工场地的详细图纸、各类设备的布放位置、场地约束条件、施工约束条件、供电系统以及网络使用的各类基础技术指标，形成完整的前期设计数据基础文档。

3. 现场勘查和核对

在资料齐备的基础上，设计者必须到用户工程现场与用户进行各类条件的核对，并详细进行现场勘查。现场勘查特别需要重视发现用户没有表达清晰的实际问题并现场与用户交流，形成解决方案。现场勘查往往需要有经验的施工人员、设计人员与用户共同进行现场勘查，以确保设计的方案满足用户需求。

现场勘查从某种意义上说，一方面是查找用户提供的需求中所遗漏或者忽略的问题，另一方面是了解和确认施工环境与施工方案，确保施工材料使用正确、施工设备能够在现场发挥效率等。

4. 网络系统的逻辑设计、设备选择

在以上工作的基础上，设计人员具备了在图纸上完成系统逻辑设计的条件。所谓系统的逻辑设计，就是在图纸上依据计算机网络的技术知识、综合布线技术的规范，运用标准的设计符号与工具，形成一个完整的系统原理设计图的工作。这个逻辑设计图应该包括：系统的设备连接结构、主要设备选型与数量、主要连接介质、设备物理位置标识、地址分配表示等。在此基础上，设计人员可以检验用户需求的各个方面，确保设计能够满足需求。

（1）外网网络方案

某医院项目逻辑设计示意图如图 3-1 所示。

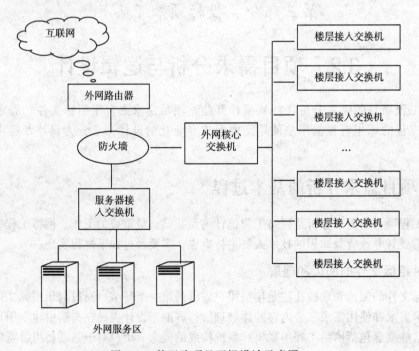

图 3-1　某医院项目逻辑设计示意图

方案说明：

① 接入层。采用具备三层功能的交换机 S3424C/S3448。S3448 具备 48 个百兆端口，提供信息点的接入，具备 4 个独立千兆 SFP 光口，用来上联核心交换机；S3424C 具备 24 个百兆口，提供信息点的接入，另外具备 4 个千兆光电复用端口，用来上联核心交换机。根据××医院内部信息点的部署情况，各个楼层安装不同数量的 S3424C、S3448。交换机通过千兆多模光纤汇聚到核心交换机上，从而实现千兆主干、千兆到桌面的规划要求。

由于 S3424C 和 S3448 具备三层功能，所以在接入层，我们还可以应用安全策略来提高内网的安全性，例如启用 ARP 主动防御、端口隔离、端口安全、端口线速等功能；另外，还可以通过实施 ACL 或 QoS 对网络平台做更加深入的优化。

② 核心层。采用万兆核心级路由交换机 S6810。S6810 具备 6 个业务扩展槽位，最多可支持 384 个千兆端口和 32 个万兆端口。根据××医院内部的信息点数量，S6810 配置了两块业务板，共 36 个千兆光口或电口。其中，30 个千兆光口用来连接每个楼层的接入交换机（如果对于具备多个接入交换机的楼层，多台交换机之间使用堆叠，通过一个光口上联到核心路由交换机 S6810）。S6810 其余 6 个千兆电口用来连接防火墙以及服务器区的汇聚交换机。

核心交换机 S6810 具有硬件识别冲击波、蠕虫、震荡波等病毒报文，并通过专有芯片对此类报文进行处理，将病毒报文与正常报文隔离，从而避免网络瘫痪。另外，通过 VLAN 技术，可以将网络平台根据接入用户的逻辑关系进一步细化，从而能够更加针对性的实施安全策略和控制策略。

③ 网络出口。采用防火墙 + 路由器的组合模式，用来提供互联网的接入以及安全防护功能。根据××医院的网络规模，为防止网络出口设备的性能成为整个网络的瓶颈，我们推荐使用千兆级的路由器 R3806 及千兆防火墙 F3040。R3806 具备 6 个独立的千兆端口，可以用来连接多条互联网接入线路，并能高速连接本地局域网。F3040 具备 4 个独立的千兆端口，可以灵活的划分 trust/untrust/dmz 区域，并通过应用相关安全策略实现对本地局域网以及服务器区的安全防护要求。

防火墙的应用可以有效抵御外网的攻击和入侵，以充分保障信息化平台内部数据的安全性和私密性。除具有安全防护功能之外，防火墙还具备垃圾邮件过滤、不良网站过滤，并结合路由器实施各项策略，实现防 BT 下载以及通过 ABSC 和 CBC 功能进行流量控制等功能，能够灵活控制用户对带宽的占用，从而提高整个网络平台的可用性。

④ 服务器区。考虑到将来的应用扩展，我们采用一台全千兆交换机提供所有服务器的千兆高速接入，并可以通过多条千兆捆绑连接到防火墙的 DMZ 区，从而既能实现本地以及远程用户对服务器的高速访问，又能实现基于防火墙安全策略的安全防护。

（2）内网网络方案

内网网络方案设计示意图如图 3-2 所示。

方案说明：整体网络规划按照"千兆到桌面、万兆传输主干、万兆扩展"的宗旨。

① 接入层。接入层设备主要使用全千兆接入交换机，以保证用户的千兆到桌面的网络需求。同时，所选用的产品具有光电复用接口，使得光电的接入更加方便，博达全千兆交换机具有较完善的安全防护功能，比如令网络管理人员头痛的 ARP 欺骗，使用博达相关交换机就能够很好的防治，相关的方法可以通过在交换机中设置基于端口的 Ip+MAC 绑定，或通过非可信任端口对网关回应性报文进行过滤等方式来对 ARP 进行防治。同时，丰富的风暴抑制功能也是博

达 2500 系列交换机的一大特色,比如对广播、组播、单播等风暴进行抑制。为了能够对整个网络的核心设备减小负担,我们推荐使用博达 3928GX 万兆路由汇聚交换机,该交换机具有万兆扩展能力,同时高效的转发性能可为核心交换机减少大部分的负担。

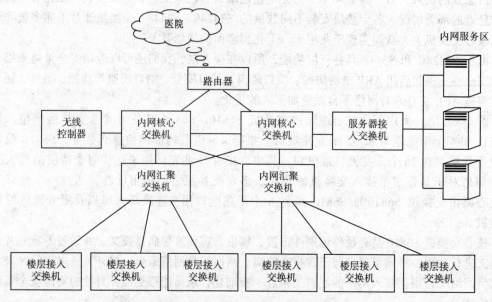

图 3-2 内网网络方案设计示意图

② 汇聚层。汇聚层设备主要使用万兆交换机 S33928GX,以保证千兆接入交换机汇接的需求。同时,所选用的产品具有 24 个千兆 GSFP 光口,同时在每台汇聚交换机上配置 2 个万兆端口分别用于和两台核心 S6810 通过万兆相连,博达万兆交换机 S33928GX 具有较完善的安全防护功能。

③ 核心层。采用两台万兆核心级路由交换机 S6810,通过双机热备和负载均衡技术提高整个网络的可靠性和安全性。S6810 具备 6 个业务扩展槽位,最多可支持 384 个千兆端口和 32 个万兆端口。根据 ×× 医院内部的信息点数量,每台 S6810 配置了两块业务板,共 36 个千兆光口或电口。其中,30 个千兆光口用来连接每个楼层的接入交换机(如果对于具备多个接入交换机的楼层,多台交换机之间使用堆叠,通过一个光口上联到核心路由交换机 S6810)。S6810 其余6 个千兆电口用来连接防火墙以及服务器区的汇聚交换机。

两台核心交换机分别与接入层交换机互联,在设备以及线路上具备冗余,提高了网络的可靠性和安全性。

核心交换机 S6810 具有硬件识别冲击波、蠕虫、震荡波等病毒报文,并通过专有芯片对此类报文进行处理,将病毒报文与正常报文隔离,从而避免网络瘫痪。另外,通过 VLAN 技术,可以将网络平台根据接入用户的逻辑关系进一步细化,从而能够更加针对性地实施安全策略和控制策略。

④ 服务器区。考虑到将来的应用扩展,建议采用一台全千兆交换机提供所有服务器的千兆高速接入,并可以通过多条千兆捆绑连接到核心交换机区,从而既能实现本地以及远程用户对服务器的高速访问,又能实现基于安全策略的安全防护。

⑤ 无线设计。考虑到的应用的便捷，建议采用博达的 WAP1101PD 无线 AP 提供全网的无线接入服务，提供一台无线控制器做为无线 AP 的配置控制服务。

⑥ 方案特点。整个网络结构采用星形构架，按照核心、汇聚和接入三层模型将整个网络进行规划，根据每层所担负的任务以及要求进行产品的选型。

接入层提供各结点的接入服务，千兆到桌面。对接入层的交换机而言，其功能是向客户机提供稳定、可靠的网络接口，基于交换机端口进行限速，按照不同的业务部门/公司划分相应的 VLAN 并启用 QoS。

核心层主要是完成 VLAN 间的路由以及 VLAN 间的访问控制，以通过 QoS 对流量分类（打标签）并放入不同的服务队列。为了增强网络的健壮性和可靠性，核心层采用双机热备的方式提供网络服务。

核心层是整个网络的关键部位，是网络的"心脏"，因此，对于核心设备而言，必须要求其高性能、高可靠性。因此，在此方案当中我们采用双核心（双机热备）来增强其核心的稳定性与可靠性。核心交换机的主要功能是对信息网络平台内的数据流进行高速转发和交换，因此，VLAN 间的访问控制并不是在此处实现。核心层设备主要是运行路由协议（动态或者静态），应用策略路由以及 QoS。

核心设备双机冗余热备份，采用两台核心设备相互连接，运行 VRRP 协议。两台核心设备对外部采用一个虚拟网关地址，并根据优先级算法确定主设备和备份设备，当客户向核心设备和虚拟网关地址发送 ARP 请求时，正常情况下，主设备以其 MAC 地址应答，从而担负数据交换任务，备份设备处于热备份状态，但时刻侦测主设备运行情况，一旦主设备出现故障，备份设备将以其 MAC 地址公告并应答客户的 ARP 请求，立即接替其担负数据交换任务，并在主设备恢复时，重新返回到热备份状态。

添加汇聚层交换机，利用汇聚交换机将各个接入交换机接入进来，同时减小了核心交换机的负担。

对于接入层到核心层的链路也存在冗余，也就是接入交换机到每台核心交换机之间都有物理链路。

通过上述设计，可以实现核心层的高可靠性。

5．用户交流与重要事项的确认

逻辑设计完成后，理论上应该与用户进行一次交流，让用户了解网络系统的整体构成和逻辑结构，对于招标文件中的各类、各项技术指标进行复核，以确保网络系统的设计不存在原理上的缺陷。

3.2.2　项目需求分析重要文档的编制

项目需求分析过程中需要同时完成一系列设计文件的制作，以形成设计依据。在这里，我们将最重要的设计文档罗列如下，以便未来学生在工作中参考。

1．设计需求文档

设计需求文档来自于对用户招标文件的理解以及与用户的沟通，在充分理解用户实际需要的基础上形成。文档可以用表格、文字混合形成，以清晰易读为基础，主要描述用户系统构成、各个子系统的规模、区域、设计要求等主要物理的和技术的标准，作为逻辑设计的最基础依据。

例如：××医院网络工程设计需求文档包括以下几部分内容：

① 系统构成说明。

② 施工环境与物理位置图表。

③ 网络管理与安全防护需求说明。

2．施工场地平面图与标识图文档

施工场地平面图由用户提供，设计人员在设计需求文档支持下通过现场勘查与用户确认各个建筑、建筑中各个楼层、各间房屋的具体设备安装位置，确认主干线缆的走向与环境，以及确认各类配线间的场地等，在图上进行明确的标识与说明，最后形成标示图文档。

例如：一个信息点数表的样例如表 3-1 所示。

表 3-1 信 息 点 数

点 数 房 间 号	信息点数量	信息点到配线间平均距离/m	房 屋 面 积/m²
101	5	80	30
102	3	85	30
103	4	90	30
104	6	90	30
201	3	60	30
202	6	65	30
203	7	70	30
204	3	75	30
205	2	80	30

3．选型设备技术指标文档

逻辑设计中所选择的技术产品如交换机、路由器、防火墙、服务器等较复杂的技术设备均需要采集厂商提供的技术指标形成档案，以备后期检查和为用户提供。

4．逻辑设计图与设计说明文档

逻辑设计图是设计者根据设计需求说明、施工环境图以及计算机网络工程的综合性、原理性知识形成的网络系统逻辑设计。表示了网络系统的全貌和技术构成的基础。对于逻辑设计的说明前面已有样例，在这里就不再重复。

5．IP 地址规划设计文档

IP 地址空间分配，要与网络拓扑层次结构相适应，既要有效地利用地址空间，又要体现出网络的可扩展性和灵活性，同时能满足路由协议的要求，以便于网络中的路由聚类，减少路由器中路由表的长度，减少对路由器 CPU、内存的消耗，提高路由算法的效率，加快路由变化的收敛速度，同时还要考虑到网络地址的可管理性。

具体分配时要遵循以下原则：

① 唯一性：一个 IP 网络中不能有两个主机采用相同的 IP 地址；这就需要选择一个足够大

的 IP 地址范围，不但能够满足现有的需要，同时能够满足未来网络的扩展。

② 简单性：地址分配应简单易于管理，降低网络扩展的复杂性，简化路由表项；一般我们可以使用 10.×.×.×；172.16.×.×；192.168.×..×这样的地址规划，简单而且容易记忆。

③ 连续性：连续地址在层次结构网络中易于进行路径叠合，大大缩减路由表，提高路由算法的效率。

④ 可扩展性：地址分配在每一层次上都要留有余量，在网络规模扩展时能保证地址叠合所需的连续性。

⑤ 灵活性：地址分配应具有灵活性，以满足多种路由策略的优化，充分利用地址空间。

IP 地址规划方法概要：

① 每个工作区根据设备数量选择使用一个 B 类地址或者 C 类地址，保证足够满足各种需要。

② 我们可以使用 802.1Q 的 VLAN 划分实现灵活的网络配置。

③ 如果设备多，预留一个网段和 VLAN 给交换机、路由器等网络设备使用，以便于对整个网络的管理。

3.3　网络工程项目施工设计

网络工程项目的施工设计受到施工标准、实施环境与选择材料等多种要素的约束，一个优秀的施工设计不仅能保证质量，还能因地制宜节约成本，受到用户欢迎。

3.3.1　水平布线子系统设计

水平布线子系统是综合布线系统工程中最大的一个子系统，也是普通用户直接使用的一个子系统。由于水平布线子系统的环境差异大，不同线路的路径、工艺、材料都可能具有差异，信息点的安装位置又直接决定了未来的可用性。因此，需要设计者不仅具有综合布线的标准知识，还要具备建筑装修知识以及施工工艺知识。

1．水平布线子系统的设计步骤

水平布线子系统的设计步骤为：需求分析（现场考察）→用户交流→阅读建筑物图纸→规划和设计→完成信息点数表和材料规格和数量统计表。下面对前 3 步进行介绍：

（1）需求分析

水平布线子系统的需求分析主要涉及布线距离、布线路径、布线方式和材料的选择。设计结果直接决定后续水平布线子系统的施工难度和工作量，也直接影响网络综合布线系统工程的质量、工期，甚至影响最终工程造价。

智能化建筑每个楼层的使用功能往往不同，甚至同一个楼层不同区域的功能也不同，有多种用途和功能，这就需要针对每个楼层，甚至每个区域进行分析和设计。例如，地下停车场、商场、餐厅、写字楼、宾馆等楼层信息点的水平布线子系统有非常大的区别。

需求分析首先按照楼层进行分析，根据未来装修状态、电源线路状态、使用状态等多种因素分析每个楼层的设备间到信息点的布线距离、布线路径，逐步明确和确认每个工作区信息点的布线距离、位置和路径，形成草图上的初步设计。

（2）用户交流

在进行需求分析后，要与用户进行交流，由于水平布线子系统往往覆盖每个楼层的立面和平面，布线路径也经常与照明线路、电器设备线路、电器插座、消防线路、暖气或者空调线路有多次的交叉或者并行，因此不仅要与技术负责人交流，也要与项目或者行政负责人进行交流。在交流中重点了解每个信息点路径上的电路、水路、气路和电器设备的安装位置等详细信息。在交流过程中必须进行详细的书面记录，每次交流结束后要及时整理书面记录。

（3）阅读建筑物图纸

索取和认真阅读建筑物设计图纸是不能省略的程序，通过阅读建筑物图纸掌握建筑物的土建结构、强电路径、弱电路径，特别是主要电器设备和电源插座的安装位置，重点掌握在综合布线路径上的电器设备、电源插座、暗埋管线等。在阅读图纸时，进行记录或者标记，正确处理水平布线子系统布线与电路、水路、气路和电器设备的直接交叉或者路径冲突问题。

2．水平布线子系统缆线的布线距离规定

按照 GB 50311—2007 国家标准的规定，水平布线子系统对于缆线的长度做了统一规定，配线子系统各缆线长度应符合图 3-3 所示的划分并应符合下列要求。

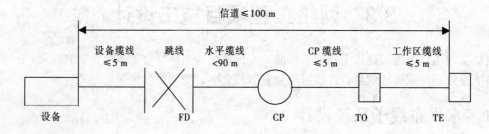

图 3-3　配线子系统缆线划分

① 配线子系统信道的最大长度不应大于 100 m，其中水平缆线长度不大于 90 m，一端工作区设备连接跳线不大于 5 m，另一端设备间（电信间）的跳线不大于 5 m。如果两端的跳线之和大于 10 m 时，水平缆线长度（90 m）应适当减少，保证配线子系统信道最大长度不应大于 100 m。

② 信道总长度不应大于 2 000 m，信道总长度包括了综合布线系统水平缆线和建筑物主干缆线及建筑群主干 3 部分缆线之和。

③ 建筑物或建筑群配线设备之间（FD 与 BD、FD 与 CD、BD 与 BD、BD 与 CD 之间）组成的信道出现 4 个连接器件时，主干缆线的长度不应小于 15 m。

3．CP 集合点的设置

如果在水平布线布线系统施工中，需要增加 CP 集合点时，同一个水平电缆上只允许有一个 CP 集合点，而且 CP 集合点与 FD 配线架之间水平线缆的长度应大于 15 m。

CP 集合点的端接模块或者配线设备应安装在墙体或柱子等建筑物固定的位置，不允许随意放置在线槽或者线管内，更不允许暴露在外边。

CP 集合点只允许在实际布线施工中应用，规范了缆线端接作法，适合解决布线施工中个别线缆穿线困难时中间接续，实际施工中尽量避免出现 CP 集合点。在前期项目设计中不允许出现 CP 集合点。

4．管道缆线的布放根数

在水平布线系统中，缆线必须安装在线槽或者线管内。

在建筑物墙或者地面内暗设布线时，一般选择线管，不允许使用线槽。

在建筑物墙明装布线时，一般选择线槽，很少使用线管。

选择线槽时，建议宽高之比为 2:1，这样布出的线槽较为美观、大方。

选择线管时，建议使用满足布线根数需要的最小直径线管，这样能够降低布线成本。

缆线布放在管与线槽内的，管径与截面利用率，应根据不同类型的缆线做不同的选择。管内穿放大对数电缆或 4 芯以上光缆时，直线管路的管径利用率应为 50%～60%，弯管路的管径利用率应为 40%～50%。管内穿放 4 对对绞电缆或 4 芯光缆时，截面利用率应为 25%～35%。布放缆线在线槽内的截面利用率应为 30%～50%。

常规通用线槽（管）内布放线缆的最大条数也可以按照以下公式进行计算和选择。

（1）对槽（管）大小选择的计算方法及槽（管）可放线缆的条数计算。

① 线缆截面积计算：网络双绞线按照线芯数量分，有 4 对、25 对、50 对等多种规格，按照用途分有屏蔽和非屏蔽等多种规格。但是综合布线系统工程中应用最多的是 4 对双绞线，由于不同厂家生产的线缆外径不同，下面按照线缆直径 6 mm 计算双绞线的截面积。

$$S=d^2 \times 3.14/4$$
$$=6^2 \times 3.14/4$$
$$=28.26$$

式中：S 为表示双绞线截面积；d 为双绞线直径。

② 线管截面积计算：线管规格一般用线管的外径表示，线管内布线容积截面积应该按照线管的内直径计算，以管径 25 mm PVC 管为例，管壁厚 1 mm，管内部直径为 23 mm，其截面积计算为：

$$S=d^2 \times 3.14/4$$
$$=23^2 \times 3.14/4$$
$$=415.265$$

式中：S 为表示线管截面积；d 为线管的内直径。

③ 线槽截面积计算：线槽规格一般用线槽的外部长度和宽度表示，线槽内布线容积截面积计算按照线槽的内部长和宽计算，以 40×20 线槽为例，线槽壁厚 1 mm，线槽内部长 38 mm，宽 18 mm，其截面积计算为：

$$S=L \times W$$
$$=38 \times 18$$
$$=684$$

式中：S 为线管截面积；L 为线槽内部长度；W 为线槽内部宽度。

（2）容纳双绞线最多数量计算：布线标准规定，一般线槽（管）内允许穿线的最大面积 70%，同时考虑线缆之间的间隙和拐弯等因素，考虑浪费空间 40%～50%。因此容纳双绞线根数计算公式为：

$$N=槽（管）截面积 \times 70\% \times (40\%～50\%)/线缆截面积$$

式中：N 为容纳双绞线最多数量；70%表示布线标准规定允许的空间；40%～50%表示线缆之间浪费的空间。

例：30×16 线槽容纳双绞线最多数量计算如下：

$$N=线槽截面积×70\%×50\%/线缆截面积$$
$$=(28×14)×70\%×50\%/(6^2×3.14/4)$$
$$=392×70\%×50\%/28.26$$
$$=5（根）$$

说明：上述计算的是使用 30×16 PVC 线槽铺设网线时，槽内容纳网线的数量。

具体计算分解如下：

30×16 线槽的截面积是：长×宽=28×14=392 mm²。

70%是布线允许的使用空间。

50%是线缆之间的空隙浪费的空间。

线缆的直径 D 为 6 mm，它的截面积是：$D^2π/4=6^2×3.14/4=28.26$ mm²。

5. 布线弯曲半径要求

布线中如果不能满足最低弯曲半径要求，双绞线电缆的缠绕节距会发生变化，严重时，电缆可能会损坏，直接影响电缆的传输性能。例如，在铜缆系统中，布线弯曲半径直接影响回波损耗值，严重时会超过标准规定值。在光纤系统中，则可能会导致高衰减。因此在设计布线路径时，尽量避免和减少弯曲，增加电缆的拐弯曲率半径值。管线允许的弯曲半径如表 3-2 所示。

表 3-2 管线敷设允许的弯曲半径

缆 线 类 型	弯 曲 半 径
4 对非屏蔽电缆	不小于电缆外径的 4 倍
4 对屏蔽电缆	不小于电缆外径的 4 倍
大对数主干电缆	不小于电缆外径的 4 倍
2 芯或 4 芯室内光缆	>25 mm
其他芯数和主干室内光缆	不小于光缆外径的 4 倍
室外光缆、电缆	不小于缆线外径的 4 倍

注：当缆线采用电缆桥架布放时，桥架内侧的弯曲半径不应小于 300 mm。

缆线的弯曲半径应符合下列规定：

① 非屏蔽 4 对对绞电缆的弯曲半径应至少为电缆外径的 4 倍。

② 屏蔽 4 对对绞电缆的弯曲半径应至少为电缆外径的 8 倍。

③ 主干对绞电缆的弯曲半径应至少为电缆外径的 10 倍。

④ 2 芯或 4 芯水平光缆的弯曲半径应大于 25 mm。

⑤ 光缆容许的最小曲率半径在施工时应当不小于光缆外径的 20 倍，施工完毕应当不小于光缆外径的 15 倍。

其他芯数的水平光缆、主干光缆和室外光缆的弯曲半径应至少为光缆外径的 10 倍。

6. 网络缆线与电力电缆的间距

在水平布线子系统中，经常出现综合布线电缆与电力电缆平行布线的情况，为了减少电力电缆电磁场对网络系统的影响，综合布线电缆与电力电缆接近布线时，必须保持一定的距离。

GB 50311—2007 国家标准规定的间距应符合表 3-3 的规定。

表 3-3　综合布线电缆与电力电缆的间距

类　　别	与综合布线接近状况	最小间距/mm
380 V 以下电力电缆<2 kV·A	与缆线平行敷设	130
	有一方在接地的金属线槽或钢管中①	70
	双方都在接地的金属线槽或钢管中	10
380 V 电力电缆 2 ~ 5 kV·A	与缆线平行敷设	300
	有一方在接地的金属线槽或钢管中	150
	双方都在接地的金属线槽或钢管中②	80
380 V 电力电缆>5 kV·A	与缆线平行敷设	600
	有一方在接地的金属线槽或钢管中	300
	双方都在接地的金属线槽或钢管中②	150

注：① 当 380V 电力电缆<2 kV·A，双方都在接地的线槽中，且平行长度≤10 m 时，最小间距可为 10 mm。

② 双方都在接地的线槽中，系指两个不同的线槽，也可在同一线槽中用金属板隔开。

7．缆线与电器设备的间距

综合布线电缆与附近可能产生高电平电磁干扰的电动机、电力变压器、射频应用设备等电器设备之间应保持必要的间距，为了减少电器设备电磁场对网络系统的影响，综合布线电缆与这些设备布线时，必须保持一定的距离。GB 50311—2007 国家标准规定的综合布线系统缆线与配电箱、变电室、电梯机房、空调机房之间的最小净距宜符合表 3-4 的规定。

表 3-4　综合布线缆线与电气设备的最小净距

名　　称	最小净距/m	名　　称	最小净距/m
配电箱	1	电梯机房	2
变电室	2	空调机房	2

当墙壁电缆敷设高度超过 6 000 mm 时，与避雷引下线的交叉间距应按下式计算：

$$S \geqslant 0.05L$$

式中：S 为交叉间距（mm）；L 为交叉处避雷引下线距地面的高度（mm）。

8．缆线与其他管线的间距

墙上敷设的综合布线缆线及管线与其他管线的间距应符合表 3-5 的规定。

表 3-5　综合布线缆线及管线与其他管线的间距

其 他 管 线	平行净距/mm	垂直交叉净距/mm	其 他 管 线	平行净距/mm	垂直交叉净距/mm
避雷引下线	1 000	300	热力管（不包封）	500	500
保护地线	50	20	热力管（包封）	300	300
给水管	150	20	煤气管	300	20
压缩空气管	150	20			

9．其他电气防护和接地

① 综合布线系统应根据环境条件选用相应的缆线和配线设备，或采取防护措施，并应符合下列规定：

- 当综合布线区域内存在的电磁干扰场强低于 3V/m 时，宜采用非屏蔽电缆和非屏蔽配线设备。
- 当综合布线区域内存在的电磁干扰场强高于 3V/m 或用户对电磁兼容性有较高要求时，可采用屏蔽布线系统和光缆布线系统。
- 当综合布线路由上存在干扰源，且不能满足最小净距要求时，宜采用金属管线进行屏蔽，或采用屏蔽布线系统及光缆布线系统。

② 在电信间、设备间及进线间应设置楼层或局部等电位接地端子板。

③ 综合布线系统应采用共用接地的接地系统，如单独设置接地体时，接地电阻不应大于 4Ω。如布线系统的接地系统中存在两个不同的接地体时，其接地电位差不应大于 1Vr.m.s（Vr.m.s，电压有效值）。

④ 楼层安装的各个配线柜（架、箱）应采用适当截面的绝缘铜导线单独布线至就近的等电位接地装置，也可采用竖井内等电位接地铜排引到建筑物共用接地装置，铜导线的截面应符合设计要求。

⑤ 缆线在雷电防护区交界处，屏蔽电缆屏蔽层的两端应做等电位连接并接地。

⑥ 综合布线的电缆采用金属线槽或钢管敷设时，线槽或钢管应保持连续的电气连接，并应有不少于两点的良好接地。

⑦ 当缆线从建筑物外面进入建筑物时，电缆和光缆的金属护套或金属件应在入口处就近与等电位接地端子板连接。

⑧ 当电缆从建筑物外面进入建筑物时，GB 50311—2007 规定应选用适配的信号线路浪涌保护器，信号线路浪涌保护器应符合设计要求。

10．缆线的选择原则

（1）系统应用

① 同一布线信道及链路的缆线和连接器件应保持系统等级与阻抗的一致性。

② 综合布线系统工程的产品类别及链路、信道等级确定应综合考虑建筑物的功能、应用网络、业务终端类型、业务的需求及发展、性能价格、现场安装条件等因素，应符合表 3-6 的要求。

表 3-6　布线系统等级与类别的选用

业务种类	配线子系统		干线子系统		建筑群子系统	
	等级	类别	等级	类别	等级	类别
语音	D/E	5e/6	C	3（大对数）	C	3（室外大对数）
数据	D/E/F	5e/6/7	D/E/F	5e/6/7(4 对)		
	光缆（单模或多模）	62.5 μm 多模/50 μm 多模/<10 μm 单模	光缆	62.5 μm 多模/50 μm 多模/<10 μm 单模	光缆	62.5 μm 多模/50 μm 多模/<1 μm 单模
其他应用	可采用 5e/6 类 4 对对绞电缆和 62.5 pm 多模/50μm 多模、<10μm 多模、单模光缆					

注：其他应用指数字监控摄像头、楼宇自控现场控制器（DDC）、门禁系统等采用网络端口传送数字信息时的应用。

③ 综合布线系统光纤信道应采用标称波长为 850 nm 和 1 300 nm 的多模光纤及标称波长为 1 310 nm 和 1 550 nm 的单模光纤。

④ 单模和多模光缆的选用应符合网络的构成方式、业务的互通互连方式及光缆在网络中的应用传输距离。楼内宜采用多模光缆，建筑物之间宜采用多模或单模光缆，需直接与电信业务经营者相连时宜采用单模光缆。

⑤ 为保证传输质量，配线设备连接的跳线宜选用产业化制造的各类跳线，在电话应用时宜选用双芯对绞电缆。

⑥ 工作区信息点为电端口时，应采用 8 位模块通用插座（RJ-45），光端口直采用 SFF 小型光纤连接器件及适配器。

⑦ FD、BD、CD 配线设备应采用 8 位模块通用插座或卡接式配线模块（多对、25 对及回线型卡接模块）和光纤连接器件及光纤适配器（单工或双工的 ST、SC 或 SFF 光纤连接器件及适配器）。

⑧ CP 集合点安装的连接器件应选用卡接式配线模块或 8 位模块通用插座或各类光纤连接器件和适配器。

（2）屏蔽布线系统

① 综合布线区域内存在的电磁干扰场强高于 3V/m 时，宜采用屏蔽布线系统进行防护。

② 用户对电磁兼容性有较高的要求（电磁干扰和防信息泄漏）时，或出于网络安全保密的需要，应采用屏蔽布线系统。

③ 采用非屏蔽布线系统无法满足安装现场条件对缆线的间距要求时，采用屏蔽布线系统。

④ 屏蔽布线系统采用的电缆、连接器件、跳线、设备电缆都应是屏蔽的，并应保持屏蔽层的连续性。

11．缆线的暗埋设计

水平布线子系统缆线的路径，在新建筑物设计时宜采取暗埋管线。暗管的转弯角度应大于 900，在路径上每根暗管的转弯角度不得多于 2 个，并不应有 S 弯出现，有弯头的管段长度超过 20 m 时，应设置管线过线盒装置；在有 2 个弯时，不超过 15 m 应设置过线盒。

设置在墙面的信息点布线路径宜使用暗埋钢管或 PVC 管，对于信息点较少的区域，管线可以直接铺设到楼层的设备间机柜内，对于信息点比较多的区域，先将每个信息点管线分别铺设到楼道或者吊顶上，然后集中进入楼道或者吊顶上安装的线槽或者桥架。

新建公共建筑物墙面暗埋管的路径一般有两种做法：第一种做法是从墙面插座向上垂直埋管到横梁，然后在横梁内埋管到楼道本层墙面出口，如图 3-4 所示；第二种做法是从墙面插座向下垂直埋管到横梁，然后在横梁内埋管到楼道下层墙面出口，如图 3-5 所示。

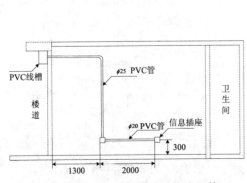

图 3-4　同层水平布线子系统暗埋管

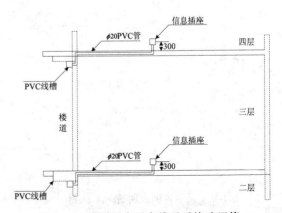

图 3-5　不同层水平布线子系统暗埋管

如果同一个墙面单面或者两面插座比较多时，水平插座之间串联布管，如图3-4所示。这两种做法管线拐弯少，不会出现U型或者S型路径，土建施工简单。土建中不允许沿墙面斜角布管。

对于信息点比较密集的网络中心、运营商机房等区域，一般铺设抗静电地板，在地板下安装布线槽，水平布线到网络插座。

12. 缆线的明装设计

对住宅楼、老式办公楼、厂房进行改造或者需要增加网络布线系统时，一般采取明装布线方式。学生公寓、教学楼、实验楼等信息点比较密集的建筑物一般也采取隔墙暗埋管线，楼道明装线槽或者桥架的方式（工程上也称暗管明槽方式）。

住宅楼增加网络布线常见的做法是：将机柜安装在每个单元的中间楼层，然后沿墙面安装PVC线管或者线槽到每户入户门上方的前面固定插座，如图3-6所示。使用线槽外观美观，施工方便，但是安全性比较差，使用线管安全性比较好。

楼道明装布线时，宜选择PVC塑料线槽，线槽盖板边缘最好是直角，特别在北方地区不宜选择斜角盖板，斜角盖板容易落灰，影响美观。

采取暗管明槽方式布线时，每个暗埋管在楼道的出口高度必须相同，这样暗管与明装线槽直接连接，布线方便和美观，如图3-7所示。

楼道采取金属桥架时，桥架应该紧靠墙面，高度低于墙面暗埋管口，直接将墙面出来的线缆引入桥架，如图3-8所示。

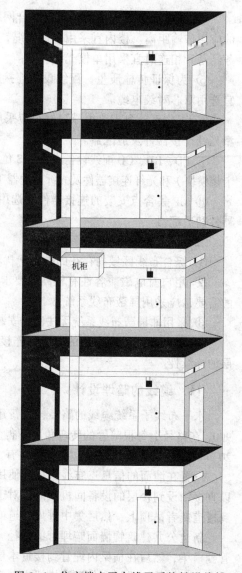

图3-6　住宅楼水平布线子系统铺设线槽

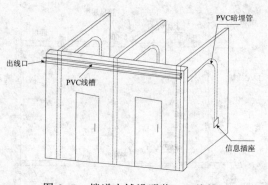

图3-7　楼道内铺设明装PVC线槽

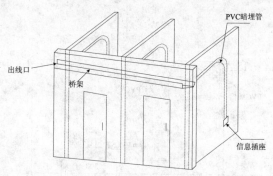

图3-8　楼道安装桥架布线

13. 材料概算和统计表

综合布线水平布线子系统材料的概算是指根据施工图纸核算材料使用数量，然后根据定额计算出造价，这就要求我们熟悉施工图纸，掌握定额。本书主要介绍如何对材料进行计算。

对于水平布线子系统材料的计算，首先确定施工使用布线材料类型，列出一个简单的统计表，统计表主要是针对某个项目分别列出了各层使用的材料的名称，对数量进行统计，避免计算材料时漏项，从而方便材料的核算。

例如，某 6 层办公楼网络布线水平布线子系统施工，线槽明装铺设。水平布线主要材料有：线槽、线槽配件、线缆等。具体统计数据如表 3-7 所示。

表 3-7　一、二层网络信息点材料统计表

材料〔信息点	双绞线/m	PVC 线槽/m		20×10/个			60×22/个		
		20×10	60×22	阴角	阳角	直角	阴角	阳角	堵头
101	80	6	10	1	0	0	0	0	1
102	85	8	0	0	0	2	0	0	0
104	90	8	0	2	0	0	0	0	0
201	60	7	0	1	0	0	0	0	0
202	65	4	0	0	0	1	0	0	0
205	80	6	0	0	0	3	0	0	0
合计	695	56	10	6	5	6	0	0	1

根据表 3-7 逐个列出 3～6 层布线统计表，然后进行合计，计算出整栋楼水平布线数量。

3.3.2　垂直干线子系统设计

垂直干线子系统是综合布线系统工程中最重要的一个子系统，由于其涉及楼层配线间、楼宇中心配线间的设计，因此是技术含量最高的一个子系统。垂直干线子系统通常需要考虑利用建筑物垂直管道井，使用桥架、管道布设，需要严格遵守设计与施工标准。

垂直干线子系统的设计步骤为：需求分析（现场考察）→用户交流→阅读建筑物图纸→规划和设计→完成材料规格和数量统计表，具体概念不再重复。

垂直干线子系统的线缆直接连接着几十个或几百个用户，因此一旦干线电缆发生故障，影响巨大。为此，必须十分重视干线子系统的设计工作。

根据综合布线的标准及规范，应按下列设计要点进行垂直干系子统的设计工作：

1. 确定干线线缆类型及线对

垂直干线子系统线缆主要有铜缆和光缆两种类型，具体选择要根据布线环境的限制和用户对综合布线系统设计等级的考虑。计算机网络系统的主干线缆可以选用 4 对双绞线电缆或 25 对大对数电缆或光缆；电话语音系统的主干电缆可以选用 3 类大对数双绞线电缆；有线电视系统的主干电缆一般采用 75Ω 同轴电缆。主干电缆的线对要根据水平布线线缆对数以及应用系统类型来确定。

垂直干线子系统所需要的电缆总对数和光纤总芯数，应满足工程的实际需求，并留有适当

的备份容量。主干缆线宜设置电缆与光缆，并互相作为备份路由。

2．垂直干线子系统路径的选择

垂直干线子系统主干缆线应选择最短、最安全和最经济的路由。路由的选择要根据建筑物的结构以及建筑物内预留的电缆孔、电缆井等通道位置而确定。建筑物内有两大类型的通道：封闭型和开放型，宜选择带门的封闭型通道敷设干线线缆。开放型通道是指从建筑物的地下室到楼顶的一个开放空间，中间没有任何楼板隔开；封闭型通道是指一连串上下对齐的空间，每层楼都有一间，电缆竖井、电缆孔、管道电缆、电缆桥架等穿过这些房间的地板层。

主干电缆宜采用点对点终接，也可采用分支递减终接。

如果电话交换机和计算机主机设置在建筑物内不同的设备间，应采用不同的主干缆线来分别满足语音和数据的需要。

在同一层若干管理间（电信间）之间宜设置干线路由。

3．线缆容量配置

主干电缆和光缆所需的容量要求及配置应符合以下规定：

① 对语音业务，大对数主干电缆的对数应按每一个电话 8 位模块通用插座配置 1 对线，并在总需求线对的基础上至少预留约 10%的备用线对。

② 对于数据业务应以集线器（Hub）或交换机（SW）群（按 4 个 Hub 或 SW 组成 1 群）设置 1 个主干端口配置，也可以每个 Hub 或 SW 设备设置 1 个主干端口配置。每 1 群网络设备或每 4 个网络设备宜考虑 1 个备份端口。主干端口为电端口时，应按 4 对线容量；为光端口时则按 2 芯光纤容量配置。

③ 当工作区至电信间的水平光缆延伸至设备间的光配线设备（BD/CD）时，主干光缆的容量应包括所延伸的水平光缆的容量在内。

④ 建筑物与建筑群配线设备处各类设备缆线和跳线的配备宜符合如下规定：

● 设备缆线和各类跳线宜按计算机网络设备的使用端口容量和电话交换机的实装容量、业务的实际需求或信息点总数的比例进行配置，比例范围为 25%～50%。

● 各配线设备跳线可按以下原则选择与配置：

a．电话跳线宜按每根 1 对或 2 对对绞电缆容量配置，跳线两端连接插头采用 IDC 或 RJ-45 型。

b．数据跳线宜按每根 4 对对绞电缆配置，跳线两端连接插头采用 IDC 或 RJ-45 型。

c．光纤跳线宜按每根 1 芯或 2 芯光纤配置，光跳线连接器件采用 ST、SC 或 SFF 型。

⑤ 垂直干线子系统缆线敷设保护方式应符合下列要求：

● 缆线不得布放在电梯或供水、供气、供暖管道竖井中，缆线不应布放在强电竖井中。

● 对电信间、设备间、进线间之间干线通道应沟通。

4．垂直干线子系统干线线缆的交接

为了便于综合布线的路由管理，干线电缆、干线光缆布线的交接不应多于两次。从楼层配线架到建筑群配线架之间只应通过一个配线架，即建筑物配线架（在设备间内）。当综合布线只用一级干线布线进行配线时，放置干线配线架的二级交接间可以并入楼层配线间。

5．垂直干线子系统干线线缆的端接

干线电缆可采用点对点端接，也可采用分支递减端接以及电缆直接连接。点对点端接是最

简单、最直接的接合方法，如图 3-9 所示。干线子系统每根干线电缆直接延伸到指定的楼层配线管理间或二级交接间。分支递减端接是用一根足以支持若干个楼层配线管理间或若干个二级交接间的通信容量的大容量干线电缆，经过电缆接头交接箱分出若干根小电缆，再分别延伸到每个二级交接间或每个楼层配线管理间，最后端接到目的地的连接硬件上，如图 3-10 所示。

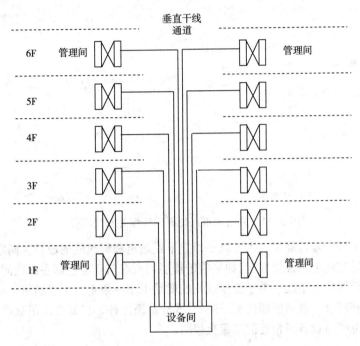

图 3-9　干线电缆点对点端接方式

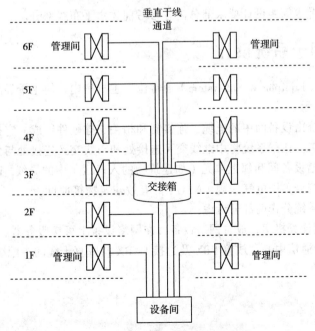

图 3-10　干线电缆分支递减端接方式

6. 确定干线子系统通道规模

垂直干线子系统是建筑物内的主干电缆。在大型建筑物内，通常使用的干线子系统通道是由一连串穿过配线间地板且垂直对准的通道组成，穿过弱电间地板的线缆井和线缆孔，如图 3-11 所示。

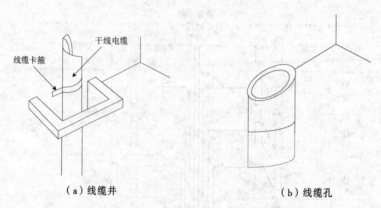

（a）线缆井 　　　　　　　　　　　　（b）线缆孔

图 3-11　穿过弱电间地板的线缆井和线缆孔

确定干线子系统的通道规模，主要就是确定干线通道和配线间的数目。确定的依据就是综合布线系统所要覆盖的可用楼层面积。如果给定楼层的所有信息插座都在配线间的 75 m 范围之内，那么采用单干线接线系统。单干线接线系统就是采用一条垂直干线通道，每个楼层只设一个配线间。如果有部分信息插座超出配线间的 75 m 范围之外，那就要采用双通道干线子系统，或者采用经分支电缆与设备间相连的二级交接间。

7. 缆线与电力电缆等间距设计要求

缆线与电力电缆等间距设计要求部分内容参考前述水平布线部分。

3.3.3　设备间子系统设计

设备间子系统（Equipment Subsystem）通常位于主机房内，使主干经跳线架连接到各系统主机，如图 3-12 所示。

设备布线子系统由设备间中的电缆、连接器和相关支撑硬件组成，它把公共系统设备的各种不同设备互连起来。该子系统将中继线交叉连接处和布线交叉连接处与公共系统设备连接起来。该子系统还包括设备间和邻近单元（如建筑物的入口区）中的导线，这些导线将设备或雷电保护装置连接到符合美国电气法规（NEC）的有效建筑物接地点。

一般设备间子系统分作两部分考虑：

① 第一部分为计算机房，放置网络设备，在网络设备上可接服务器、主机等。

② 第二部分为通信中心，放置 PBX 及边接 PABX 与垂直干缆的主配线架等。

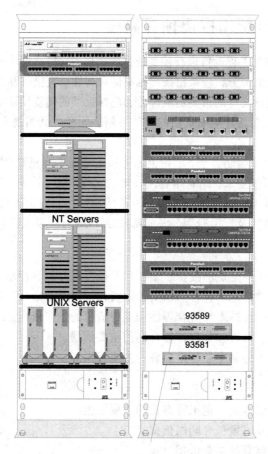

图 3-12　设备间子系统

3.3.4　建筑群子系统设计

建筑群子系统（Campus Backbone Subsystem）将一个建筑物中的电缆延伸到建筑群的另外一些建筑物中的通信设备的装置上。它是整个布线系统中的一部分（包括传输介质），并支持提供楼群之间通信设施所需的硬件，其中有导线电缆、光缆和防止电缆的浪涌电压进入建筑物的电气保护设备。

3.4　网络工程概预算

综合布线概预算是综合布线设计环节的一部分，它对综合布线项目工程的造价估算和投标估价及后期的工程决算都有很大的影响。

根据工程技术要求及规模容量，需要首先设计绘制出施工图纸。按设计施工图纸统计工程量并乘以相应的定额即可概预算出工程的总体造价，此过程即为综合布线工程的概预算。统计工程量时，尽量要与概预算定额的分部、分项工程定额子目划分相一致，按标准化要求进行统计，以便尽可能采用机器进行概预算。

3.4.1 综合布线系统工程概预算概述

建设工程的概预算是对工程造价进行控制的主要依据，它包括设计概算和施工图预算。设计概算是设计文件的重要组成部分，应严格按照批准的可行性研究报告和其他有关文件进行编制。施工图预算则是施工图设计文件的重要组成部分，应在批准的初步设计概算范围内进行编制。

概预算必须由持有勘察设计证书资格的单位编制。同样，其编制人员也必须持有信息工程概预算资格证书。

综合布线系统的概预算编制办法，原则上参考通信建设工程概算、预算编制办法作为依据，并应根据工程的特点和其他要求，结合工程所在地区，按地区（计委）建委颁发有关工程概算、预算定额和费用定额编制工程概预算。如果按通信定额编制布线工程概预算，则参照《通信建设工程概算、预算编制办法及定额费用》及邮部[1995]626号文要求进行。

1．概算的作用

① 概算是确定和控制固定资产投资、编制和安排投资计划、控制施工图预算的主要依据。
② 概算是签订建设项目总承包合同、实行投资包干以及核定贷款额度的主要依据。
③ 概算是考核工程设计技术经济合理性和工程造价的主要依据之一。
④ 概算是筹备设备、材料和签订订货合同的主要依据。
⑤ 概算在工程招标承包制中是确定标底的主要依据。

2．预算的作用

① 预算是考核工程成本、确定工程造价的主要依据。
② 预算是签定工程承、发包合同的依据。
③ 预算是工程价款结算的主要依据。
④ 预算是考核施工图设计技术经济合理性的主要依据。

3．概算的编制依据

① 批准的可行性研究报告。
② 初步建设或扩大初步设计图纸、设备材料表和有关技术文件。
③ 建筑与建筑群综合布线工程费用的有关文件。
④ 通信建设工程概算定额及编制说明。

4．预算的编制依据

① 批准初步设计或扩大初步设计概算及有关文件。
② 施工图、通用图、标准图及说明。
③ 《建筑与建筑群综合布线》预算定额。
④ 通信工程预算定额及编制说明。
⑤ 通信建设工程费用定额及有关文件。

5．概算文件的内容

① 工程概况、规模及概算总价值。
② 编制依据，依据的设计、定额、价格，及地方政府有关规定和工业及信息化部未作统

一规定的费用计算依据说明。

③ 投资分析，主要分析各项投资的比例和费用构成，分析投资情况，说明建设的经济合理性及编制中存在的问题。

④ 其他需要说明的问题。

6．预算文件的内容

① 工程概况，预算总价值。

② 对编制依据及对采用的收费标准和计算方法的说明。

③ 工程技术经济指标分析。

④ 其他需要说明的问题。

3.4.2　综合布线工程的工程量计算原则

工程量计算是确定安装工程直接费用的主要内容，是编制单位、单项工程造价的依据。工程量计算是否准确，将直接关系到预算的准确性。运用概预算的编制方法，以设计图纸为依据，并对设计图纸的工程量按一定的规范标准进行汇总，就是工程量计算。工程量计算是编制施工图预算的一项复杂而又十分重要的步骤，其具体要求是：

① 工程量的计算应按工程量计算规则进行，即工程量项目的划分、计量单位的取定、有关系数的调整换算等。工程量是以物理计量单位和自然计算单位所表示的各分项工程的数量。物理计量单位一般是指以公制度量所表示的长度、面积、体积、质量等，例如双绞电缆长度为米（m），电缆沟的体积为立方米（m³），设备间面积为平方米（m²）等。而自然计量单位，如信息终端模块安装、配线架的安装等，则以个、套、端等来计算。

② 工程量的计算无论是初步设计，还是施工图设计，都要依据设计图纸。因此对图纸的画法和各种符号都要比较熟悉。

③ 工程量的计算方法各不相同，而我们要求从事概预算的人员，应在总结经验的基础上，找出计算工程量中影响预算及时性和准确性的主要矛盾，同时还要分析工程量计算中各个分项工程量之间的共性和个性关系，然后运用合理的方法加以解决。例如，虽然双绞布放电缆可能具有不同的对数和屏蔽方式，但只要计量单位相同就可以在同一子目中计算。又例如光缆的布放可以套用通信光缆布放定额，但也要注意其不同点，因为综合布线光缆通常为软性光缆，使用时一般是布放在垂直干线系统部分。这和一般的通信光缆施工是有一定区别的。

3.4.3　综合布线系统的预算设计方式

1．IT 行业的预算设计方式

IT 行业的预算设计方式取费的主要内容一般由材料费、施工费、设计费、测试费、税金等组成。表 3-8 则是一种典型的 IT 行业的综合布线系统工程预算标价设计表。

表 3-8　典型的 IT 行业的综合布线系统工程预算表

序　号	名　　称	单　价	数　量	金额/元
1	信息插座（含模块）	100 元/套	130 套	13 000
2	5 类 UTP	1000 元/箱	12 箱	12 000

序 号	名 称	单 价	数 量	金额/元
3	线槽	6.8 元/m	600 m	4 080
4	48 口线架	1350 元/个	2 个	2 700
5	配线架管理环	120 元/个	2 个	240
6	钻机及标签等零星材料			1 500
7	设备总价（不含测试费）			33 520
8	设计费（5%）			1 676
9	测试费（5%）			1 676
10	督导费（5%）			1 676
11	施工费（15%）			5 028
12	税金（3.41%）			1 140
13	总计			44 716

2. 建筑行业的预算设计方式

建筑行业流行的设计方案取费是按国家的建筑预算定额标准来核算的，一般由下述内容组成：材料费、人工费（直接费小计、其他直接费、临时设施费、现场经费）、直接费、企业管理费、利润税金、工程造价和设计费等。

（1）核算材料费与人工资

由分项布线工程明细项的定额进行累加求得材料费与人工费。

（2）核算其他直接费

① 其他直接费=人工费×费率，如费率取 28.9%。

② 临时设施费=(人工费+人工其他直接费)×费率，如费率取 14.7%。

③ 现场经费=(人工费+人工其他直接费)×费率，如费率取 18.8%。

④ 其他直接费合计=其他直接费+临时设施费+现场经费。

（3）核算各项规定取费

① 直接费=材料费+工程费+其他直接费用合计。

② 企业管理费=人工费×费率，如费率取 103%。

③ 利润=人工费×费率，如费率取 46%。

④ 税金=(直接费+企业管理费+利润)×费率，如费率取 3.4%。

⑤ 小计=直接费+企业管理费+利润+税金。

⑥ 建筑行业劳保统筹基金=小计×费率，如资率取 1%。

⑦ 建材发展补充基金=小计×费率，如费率取 2%。

⑧ 工程造价=小计+建筑行业劳保统筹基金+建材发展补充基金。

⑨ 设计费=工程造价×费率，如费率取 10%。

⑩ 合计=工程造价+设计费。

3.4.4　建筑与建筑群综合布线系统预算定额参考

1．综合有线设备安装

（1）敷设管路

工作内容：

① 敷设钢管。管材检查、配管、锉管内口、敷管、固定、试通、接地、伸缩及沉降处理、做标记等。

② 敷设硬质PVC管。管材检查、配管、锉管内口、敷管、固定、试通、做标记等。

③ 敷设金属软管。管材检查、配管、敷管、连接接头、做标记等。

敷设管路定额如表3-9所示。

表3-9　敷设管路定额表

定额编号		TX8-001	TX8-002	TX8-003	TX8-004	TX8-005
项　目		敷设钢管（100 m）		敷设硬质 PVC 管（100 m）		敷设金属软管
		Φ25 mm以下	Φ50 mm以下	Φ25 mm以下	Φ50 mm以下	
名　称	单位	数　量				
人工	技工	工日	2.63	3.95	1.76	2.64	--
	普工	工日	10.52	15.78	7.04	10.56	0.40
主要材料	钢管	M	103.00	103.00	--	--	--
	硬质PVC管	M	--	--	105.00	105.00	---
	金属软管	M	--	--	--	--	--
	配件	套	*	*	*	*	*
机械	交流电焊机(21 kV；A)	台班	0.60	0.90	--	--	--

注："--"表示无此项内容；"*"表示此项内容包括较为繁多，不能一一列出。

（2）敷设线槽

工作内容：

① 敷设金属线槽。线槽检查、安装线槽及附件、接地、做标记、穿墙处封堵等。

② 敷设塑料线槽。线槽检查、测位、安装线。

敷设线槽定额如表3-10所示。

（3）安装过线（路）盒和信息插座底盒（接线盒）

工作内容：开孔、安装盒体、密封连接处。

安装过线盒和信息插座底盒定额如表3-11所示。

（4）安装桥架

工作内容：固定吊杆或支架、安装桥架、墙上钉固桥架、接地、穿墙处封堵、做标记等。

安装桥架定额如表3-12所示。

表 3-10 敷设线槽定额表

定 额 编 号			TX8-006	TX8-007	TX8-008	TX8-009	TX8-010
项 目			敷设金属线槽			敷设塑料线槽	
			150 mm 宽以下	300 mm 宽以下	300 mm 宽以上	100 mm 宽以下	100 mm 宽以上
名 称		单 位	数 量				
人工	技工	工日	5.85	7.61	9.13	3.51	4.21
	普工	工日	17.55	22.82	27.38	10.53	12.64
主要材料	钢管	M	105.00	105.00	105.00	--	--
	硬质 PVC 管	m	--	--	--	105.00	105.00
	配件	套	*	*	*	*	*
机械							

表 3-11 安装过线盒和信息插座底盒定额表

定 额 编 号			TX8-011	TX8-012	TX8-013	TX8-014	TX8-015	TX8-016	TX8-017
项 目			安装过线（路）盒（半周长）		安装信息插座底盒（接线盒）				
			200 mm 以下	200 mm 以上	明装	砖墙内	混凝土墙内	木地板内	防静电钢质地板内
名 称		单位	数 量						
人工	技工	工日	--	0.90	--	--	--	--	--
	普工	工日	0.40	0.40	0.40	0.98	1.37	0.84	1.68
主要材料	过线（路）盒	个	10.00	10.00	--	--	--	--	--
	信息插座底盒或接线盒	个	--	--	10.20	10.20	10.20	10.20	10.20
机械									

注：1. 安装过线（路）盒，包括在线槽上和管路上两种类型均执行本定额。

2. 明装信息插座底盒的工作内容中无"开孔"工序。

表 3-12　安装桥架定额表

定额编号		TX8-018	TX8-019	TX8-020	TX8-021	TX8-022	TX8-023
项目		安装吊装式桥架		安装支撑示桥架			
		100 mm 宽以下	300 mm 宽以下	300 mm 宽以上	100 mm 宽以下	300 mm 宽以下	300 mm 宽以上
名称	单位	数量					
人工　技工	工日	0.37	0.41	0.45	0.28	0.31	0.34
普工	工日	3.33	3.66	4.03	2.52	2.77	3.05
主要材料　桥架	m	10.10	10.10	10.10	10.10	10.10	10.10
配件	套	*	*	*	*	*	*
机械							

定额编号		TX8-024	TX8-025	TX8-026
项目		垂直安装桥架		
		100 mm 宽以下	300 mm 宽以下	300 mm 宽以上
名称	单位	数量		
人工　技工	工日	0.37	0.45	0.31
普工	工日	1.36	1.77	2.30
主要材料　桥架	m	10.10	10.10	10.10
立柱	m	--	--	--
配件	套	*	*	*
机械				

注：安装桥架，包括梯形、托盘式和槽式 3 种类型均执行本定额。垂直安装密封桥架，按本定额工日乘以 1.2 系数计取。

（5）开槽

工作内容：划线定位、开槽、水泥砂浆抹平等。

开槽定额如表 3-13 所示。

表 3-13　开槽定额表

定额编号		TX8-027	TX8-028
项目		开槽	
		砖槽	混凝土槽
名称	单位	数量	
人工　技工	工日	--	--
普工	工日	0.07	0.28
主要材料　水泥#325	kg	1.00	1.00
粗砂	kg	3.00	3.00
机械			

注：本定额是按预埋长度为 1 m 的 Φ25 mm 以下的钢管取定的开槽定额工日。

（6）安装机柜、机架、接钱箱、抗震底座

工作内容：开箱检查、清洁搬运、安装固定、附件安装、接地等。

安装机柜、机架、接钱箱定额如表 3-14 所示。

表 3-14　安装机柜、机架、接钱箱定额表

定额编号			TX8-001	TX8-002	TX8-003	TX8-004
项　目			敷设钢管（100 m）		敷设硬质 PVC 管（100　m）	
			Φ25 mm 以下	Φ50 mm 以下	Φ25 mm 以下	Φ50 mm 以下
名　称		单　位	数　量			
人工	技工	工日	2.63	3.95	1.76	2.64
	普工	工日	10.52	15.78	7.04	10.56
主要材料	钢管	M	103.00	103.00	--	--
	硬质 PVC 管	M	--	--	105.00	105.00
	金属软管	M	--	--	--	--
	配件	套	*	*	*	*
机械						

2．布放线缆

（1）布放电缆

① 管、暗槽内穿放电缆。

工作内容：检验、抽测电缆、清理管（暗槽）、制作穿线端头（钩）、穿放引线、穿放电缆、做标记、封堵出口等。穿放电缆定额如表 3-15 所示。

表 3-15　穿放电缆定额表

定额编号			TX8-033	TX8-034	TX8-035	TX8-036	TX8-037
项　目			穿放 4 对对纽电缆	穿放大对数对绞电缆			
				非屏蔽 50 对以下	非屏蔽 100 对以下	屏蔽 50 对以下	屏蔽 100 对以下
名　称		单　位	数　量				
人工	技工	工日	0.85	1.20	1.68	1.32	1.85
	普工	工日	0.85	1.20	1.68	1.32	1.85
主要材料	对绞电缆	m	$\frac{102.50}{103.00}$	102.50	102.50	103.00	103.00
	镀锌铁线 Φ15 mm	kg	0.12	0.12	0.12	0.12	0.12
	镀锌铁线 Φ40 mm	kg	--	1.80	1.80	1.80	1.80
	钢丝 Φ1.5 mm	kg	0.25	--	--	--	--
机械							

注：1. 屏蔽电缆包括总屏蔽及总屏蔽加线对屏蔽两种形式，这两种形式的对绞电缆均执行本定额。

　　2. 以分数形式表示的材料数量，分子为非屏蔽电线数量，分母为屏蔽电缆数量。

② 桥架、线槽、网络地板内明布电缆。

工作内容：检验、抽测电缆、清理槽道、布放、绑扎电缆、做标记、封堵出口等。明布电缆定额如表 3-16 所示。

表 3-16 明布电缆定额表

定 额 编 号		TX8-038	TX8-039	TX8-040
项 目		明布 4 对对绞电缆	明布大对数对绞电缆	
			50 对以下	100 对以下
名 称	单位	数 量		
人工	技工 工日	0.51	0.96	0.29
	普工 工日	0.51	0.96	2.30
主要材料	4 对对绞电缆 m	$\frac{102.50}{103.00}$	--	
	50 对以下对绞电缆 m	--	$\frac{102.50}{103.00}$	
	100 对以下对绞电缆 m			$\frac{102.50}{103.00}$
机械				

注：以分数形式表示的材料数量，分子为非屏蔽电缆数量，分母为屏蔽电缆数量。

（2）布线光缆、光缆外护套、光纤束

工作内容：

① 管道、暗槽内穿放光缆。检验、测试光缆、清理管（暗槽）、制作穿线端头（钩）、穿放引线、穿放光缆、出口衬垫、做标记、封堵出口等。

② 桥架、线槽、网络地板内明布光缆。检验、测试光缆、清理槽道、布放、绑扎光缆、加垫套、做标记、封堵出口等。

③ 布放光缆护套。清理槽道、布放、绑扎光缆护套、加垫套、做标记、封堵出口等。

④ 气流法布放光纤束。检验、测试光纤、检查护套、气吹布放光纤束、做标记、封堵出口等。

光缆布线定额如表 3-17 所示。

表 3-17 光缆布线定额表

定 额 编 号		TX8-041	TX8-042	TX8-043	TX8-044
项 目		管、暗槽内穿放光缆	桥梁、线槽、网络地板内明布光缆	布放光缆护套	气流法布放光纤束
名 称	单 位	数 量			
人工	技工 工日	1.36	0.90	0.90	0.89
	普工 工日	1.36	0.90	0.90	0.13
主要材料	光缆 M	102.00	102.00	--	--
	光缆护套 M	--	--	102.00	--
	光纤束 M	--	--	--	102.00
机械	气流敷设机（套）台班	--	--	--	0.02

3．缆线终接

（1）缆线终接和终接部件安装

工作内容：

① 卡接对绞电缆。编扎固定对绞缆线、卡线、做屏蔽、核对线序、安装固定接线模块（跳线盘）、做标记等。线缆终接和终接部件安装定额表如表3-18所示。

② 安装8位模块式信息插座。固定对绞线、核对线序、卡线、做屏蔽、安装固定面板及插座、做标记等。信息插座安装定额表如表3-19所示。

表 3-18　线缆终接和终接部件安装定额表

定 额 编 号			TX8-045	TX8-046	TX8-047	TX8-048
项　　目			卡接4对对绞电缆（配线架侧）（条）		卡接大对数对绞电缆（配线架侧）（100对）	
			非屏蔽	屏蔽	非屏蔽	屏蔽
名　称		单 位	数　　量			
人工	技工	工日	0.06	0.08	1.13	1.50
	普工	工日	--	--	--	--
主要材料						
机械						

表 3-19　信息插座安装定额表

定 额 编 号			TX8-049	TX8-050	TX8-051	TX8-052	TX8-053	TX8-054
项　　目			安装8位模块式信息插座				安装光纤信息插座	
			单口		双口		双口	四口
			非屏蔽	屏蔽	非屏蔽	屏蔽		
名　称		单位	数　　量					
人工	技工	工日	0.45	0.55	0.75	0.95	0.30	0.40
	普工	工日	0.07	0.07	0.07	0.07	--	--
主要材料	8位模块式信息插座（单口）	个	10.00	10.00	--	--	--	--
	8位模块式信息插座（双口）	个	--	--	10.00	10.00	--	--
	光纤信息插座（双口）	个	--	--	--	--	10.00	--
	光纤信息插座（四口）	个	--	--	--	--	--	10.00
机械								

注：安装以上8位模块式信息插座的工日定额在双口的基础上乘以系数1.6。

③ 安装光纤信息插座。编扎固定光纤、安装光纤连接器及面板、做标记等。

④ 安装光纤连接盘。安装插座及连接盘、做标记等。

⑤ 光纤连接。端面处理、纤芯连接、测试、包封护套、盘绕、固定光纤等。

⑥ 制作光纤连接器。制装接头、磨制、测试等。

光纤连接定额表如表 3-20 所示。

表 3-20　光纤连接定额表

定　额　编　号			安装光纤连接盘（块）	TX8-055	TX8-056	TX8-057	TX8-058	TX8-059	TX8-060	TX8-061
项　　目				光纤连接						
				机械法（芯）		熔接法（芯）		磨制法（端口）		
				单模	多模	单模	多模	单模	多模	
名　　称		单位	数　　量							
人工	技工	工日	0.65	0.43	0.34	0.50	0.40	0.50	0.45	
	普工	工日	--	--	--	--	--	--	--	
主要材料	光纤连接盘	块	1.00	--	--	--	--	--	--	
	光纤连接器材	套	--	1.01	1.01	1.01	1.01	--	--	
	磨制光纤连接器材	套	--	--	--	--	--	1.05	1.05	
机械	光纤熔接机	台班	--	--	--	0.03	0.03	--	--	

（2）制作跳线

工作内容：量裁缆线、制作跳线连接器、检验测试等。

制作跳线定额表如表 3-21 所示。

表 3-21　制作跳线定额表

定　额　编　号			TX8-062	TX8-063	TX8-064
项　　目			电缆跳线	光纤跳线	
				单模	多模
名　　称		单位	数　　量		
人工	技工	工日	0.80	0.95	0.81
	普工	工日	--	--	--
主要材料	4 对对绞线	m	*	--	--
	光缆	m	--	*	*
	跳线连接器	个	2.20	2.20	2.20
机械					

4．综合布线系统测试

工作内容：测试、记录、编制测试报告等。

布线系统测试定额表如表 3-22 所示。

表 3-22　布线系统测试定额表

定　额　编　号		TX8-065	TX8-066	TX8-067
项　　目		电缆电路测试	光纤链路测试	
			单光纤	双光纤
名　　称	单位	数　　量		
人工　技工	工日	0.10	0.10	0.10
普工	工日	--	--	--
主要材料				
机械				

3.5　网络工程项目整体设计方案

　　网络工程项目的整体设计方案包括了综合布线系统设计方案、语音电话系统设计方案、电力系统配置与设计方案、各类设备清单与技术指标、网络管理设计方案、网络安全设计方案、施工计划进度表、网络工程概预算、网络系统测试方案以及视频监控、门禁系统等相关设计方案，是一个十分完整、逻辑顺序严格和档案性的文件。作为用户最为重要的一个基础文件，网络工程项目的整体设计方案编制要求使用的概念准确、文字清晰、逻辑科学，方案中要求设计者提供大量的数据、图表，并提供科学的计算依据或标准名称，使全部工程的各个方面均以量化的指标完全呈现在设计方案之中。

　　一个设计方案的水平、严谨度与准确性，不仅展示了设计者的能力和水平，更代表了承接设计的企业形象和水平，这是业界公认的规则。

　　网络工程项目设计方案的编写要点一般需要涵盖如下几个方面：

1．项目概况说明

　　详细说明项目的用户需求，涉及内容包括网络工程的地理范围、建筑与周边环境状况说明、网络工程涉及的各类信息点位、点位带宽需求与物理位置、网络安全需求、管理需求，以及使用需求中的其他各类问题。该部分应充分利用图、表等工具，简洁、明确地展示用户需求。

2．设计原则与设计依据的简要说明

　　针对不同的网络构成和使用目标，在受到资金等约束的前提下，设计者为使用户使用价值最高，可以选择不同的网络设计方案，这就需要简要陈述设计原则和设计依据。例如，一个简单的设计原则与设计依据的陈述如下：

（1）设计原则

对于系统设计的先进性、开放性、成熟性、经济性、可靠性等要点的合理说明。

（2）设计依据

对于系统设计所依标准与规范的罗列。

3．综合布线系统设计方案

该部分内容包括工作区子系统、水平布线系统、垂直干线系统、设备间子系统、管理子系统和建筑群子系统的详细设计说明。这些说明包括各子系统内所采用的设备、设备核心技术指标、线材、接插件、布线路径、耗材与标识方式等，需要利用各类图形、图片、表格详细而有逻辑性地表示出各个子系统的设计结果。

【例 3-1】某工程工作区子系统数据点和主要材料如表 3-23 所示。

表 3-23　工作区子系统数据、语音分布表

配线间	内网	外网	语音	小计	六类跳线	六类模块	单口面板	双口面板
FD0-1	22	21	21	64	43	64	22	21
FD1-1	41	20	25	86	61	86	36	25
FD1-2	53	11	45	109	64	109	25	42
FD1-4	75	14	62	151	89	151	27	62
FD2-1	25	24	29	78	49	78	42	18
FD2-2	32	8	28	68	40	68	10	29
FD2-3	40	13	35	88	53	88	16	36
FD3-1	15	27	28	70	42	70	50	10

【例 3-2】楼内主干布线部分数据与器件计算表如 3-24 所示。

表 3-24　楼层配线主要消耗材料表

配线间设置	3 类 25 对（根）	6 芯光纤（根）	至 BD 距离	3 类 25 对长度	6 芯光纤长度	110 型配线架	24 口光纤配线架	6 口多模 ST 组合耦合器
FD0-1	1	2	120	120	240	1	1	2
FD1-1	1	2	240	240	480	1	1	2
FD1-2	2	2	160	320	320	1	1	2
FD1-3	1	2	115	115	230	1	1	2
FD2-1	2	2	235	470	470	1	1	2
FD2-2	2	2	155	310	310	1	1	2
FD2-3	2	2	110	220	220	1	1	2
FD2-4	2	2	50	100	100	1	1	2

注：数据主干采用 2 根 6 芯多模室内光纤，语音主干采用 3 类 25 对大队数电缆。配线间数据采用 24 口光纤配线架，语音干线采用 110 型配线架。

【例 3-3】网络机房设备统计数据如表 3-25 所示。

表 3-25（a）　网络机房设备统计表

序　号	名　　称	数　量
1	24 口光纤配线架	30 套
2	多模 ST 耦合器	360 个
3	1 米尾纤	180 条
4	2 米双芯跳线	60 条
5	42U 机柜	2 套

表 3-25（b）　语音主机房设备统计表

序　号	名　　称	数　量
1	100 对 110 型配线架	10 个
2	110 型理线架	10 个
3	42U 机柜	2 套

【例 3-4】工程标识定义如表 3-26 所示。

表 3-26　网络机房设备统计表

功　　能	颜　色
辅助的和综合的功能	黄
公用设备，PBX，LANs,Muxes（例：交换机和数据设备）	紫
公共网连接（例：公共网络和辅助设备）	绿
一级主干网	白
二级主干网	灰
水平布线	蓝
建筑群主干网	棕
重要电话设备或为将来预留	红
分界点（例：公共网终接点）	橙

4. 网络技术系统设计方案

该部分内容包括网络技术系统的逻辑设计与说明、网络设备与主要技术指标、IP 地址分配方案、VLAN 配置说明、网络管理设计方案、网络安全设计方案等。

5. 其他技术系统设计方案

包括视频监控、门禁、电话系统等其他技术系统的设计方案，包括逻辑设计与说明、设备选型与主要技术指标、系统管理方案等。

6. 施工组织与规划方案

包括施工人员一览表、施工主要设备简介、施工工期进度一览表、施工工艺简要说明、测试仪器及其测试标准等。

【例 3-5】施工进度表如表 3-27 所示。

表 3-27　综合布线系统工程建设实施进度一览表

时间进度（单元格为自然日 6 天）

序号	项目名称	1	2	3	4	5	6	7	8	9	10	11	12	13	14	15	16	17	18	19	20	21	22	23	24	25	26	27	28	29	30
1	施工方案制定	■	■																												
2	施工方案评审			■																											
3	施工组织总设计			■	■																										
4	技术交底				■																										
5	物料采购					■	■	■	■	■	■	■	■	■	■	■															
6	路由勘察						■	■																							
7	专业协调							■	■																						
8	管槽敷设工程								■	■	■	■	■																		
9	管槽敷设工程验收											■	■																		
10	网络电缆敷设														■	■	■	■	■	■	■	■	■	■	■						
11	网络电缆敷设阶段验收																							■	■						
12	光缆敷设													■	■	■	■	■	■	■	■	■									
13	光缆敷设阶段验收																				■	■									
14	同轴电缆敷设														■	■	■	■	■	■	■	■	■								
15	同轴电缆敷设阶段验收																						■	■							
16	光缆成端																		■	■											
17	光缆测试																			■	■										
18	网络电缆成端																						■	■							
19	网络电缆成端验收																								■	■					
20	网络电缆测试																								■	■	■				
21	各类施工安全检查																	■	■	■	■	■	■	■	■	■	■				
22	文档汇总生成																											■	■	■	■
23	工程总验																													■	■

【例 3-6】用工计划表如表 3-28 所示。

表 3-28　施工计划表

工种、级别	按工程施工阶段投入劳动力情况						
	前期	管线敷设	器材安装	系统调试	完工验收	试运行及竣工	维保期
管理人员	3	10	2	2	2	2	1
暂设电工	2	10	10	10	2	1	1
普通工	5	30	40	5	5	1	1
管槽安装工	1	15	20	1			
电缆敷设工	1	15	15	1	1	1	
光纤敷设工	1	12	12	1	1	1	
成端安装工	1	12	12	1	1	1	1
测试工	1	12	5	5	1	1	
实施工程师	2	2	2	2	1	1	
系统工程师	2	2	3	2	2	2	1

3.6　网络工程项目投标

网络工程的投标是信息技术企业获得网络工程项目的一个渠道。投标文件的质量和水平往往决定这个项目是否能够获得。介绍本部分知识的目的就是为了学生能够快速进入实际岗位。

3.6.1　工程投标的基本概念

1．什么是网络工程投标

网络工程投标通常是指系统集成施工单位（一般称为投标人）在获得了招标人工程建设项目的招标信息后，通过分析招标文件，迅速而有针对性地编写投标文件，参与竞标的一种经济行为。

2．投标人及其资格

投标人是响应招标、参加投标竞争的法人或者其他组织。

投标人应当具备承担招标项目的能力，并且具备招标文件规定的资格条件，投标人的资质证明文件应当使用原件或投标单位盖章后生效。一般投标人需要提交的自制证明文件包括：

① 投标人的企业法人营业执照副本。

② 投标人的企业法人组织代码证。

③ 投标人的税务登记证明。

④ 系统集成资质证书。

⑤ 施工资质证明。

⑥ ISO 9000 系列质量保证体系认证证书。

⑦ 高新技术企业资质证书。

⑧ 金融机构出具的资信证明。

⑨ 产品厂家授权的分销或代理证书。

⑩ 产品鉴定人网证书。

⑪ 投标人认为有必要的其他资质证明文件。

有时，两个以上法人或者其他组织可以组成一个联合体，以一个投标人的身份共同投标。

3.6.2 分析招标文件

招标文件是编制投标文件的主要依据，投标人必须对招标文件进行仔细研究，重点注意以下几个方面：

① 招标技术要求，该部分是投标人核准工程量、制定施工方案、估算工程总造价的重要依据，对其中建筑物设计图样、工程量、布线系统等级、布线产品档次等内容必须进行分析，做到心中有数。

② 招标商务要求，主要研究投标人须知、合同条件、开标、评标和定标的原则和方式等内容。

③ 通过对招标文件的研究和分析，投标人可以核准项目工程量，并且制定施工方案，完成投标文件编制的重要工作。

3.6.3 编制投标文件

投标人应当按照招标文件的要求编制投标文件，并对招标文件提出的实质性要求和条件作出响应。

投标文件的编制主要包括以下几个方面：

① 投标文件的组成：施工方案、施工计划、开标一览表、投标分项报价表、资质证明文件、技术规格偏离表、商务条款偏离表、项目负责人与主要技术人员介绍、机械设备配置情况以及投标人认为有必要提供的其他文件。

② 投标文件的格式：投标人应该按照招标文件要求的格式和顺序编制投标文件，并且装订成册。

③ 投标文件的数量：投标人应该按照招标文件规定的数量准备投标文件的正本和副本，一般正本一份，其余为副本。在每一份投标文件上注明"正本"或"副本"字样，一旦正本和副本有差异，以正本为准。同时，投标人还应将投标文件密封，并在封口启封处加盖单位公章。

④ 投标文件的递交：投标人应当在招标文件要求提交投标文件的截止时间前，将投标文件送达投标地点。招标人收到投标文件后，应当签收保存，不得开启。投标人少于三个的，招标人应当重新招标。

⑤ 投标文件的补充、修改和撤回：投标人在招标文件要求提交投标文件的截止时间前，可以补充、修改或者撤回已提交的投标文件，并书面通知招标人。补充、修改的内容为投标文件的组成部分。

编制投标文件的注意事项：

① 投标文件一般由熟悉网络系统工程招、投标过程的人员编制。

② 投标文件的内容应该尽量的丰富详细，贴近事实。

③ 投标文件的编制应当遵循诚实信用的原则，在产品选择、施工方式等方面要做到实事

求是。

④ 投标文件中要尽可能多地提供投标人的技术实力、工程案例、商业信誉等资质证明文件，以体现整体实力。

⑤ 投标文件中的施工计划应当在保证响应招标文件要求的前提下，尽量降低成本，提高利润。

3.6.4 工程项目的投标报价

1. 工程项目投标报价的内容

① 工程项目造价的估算：一般可以根据项目工程完成的信息点数来估算工程的总造价。

例如，使用光纤做垂直干系统，每个信息点的造价为 300 元，如果有 2 000 个信息点，则可估算工程的总造价为 60 万。

② 工程项目投标报价的依据：工程项目投标报价应当对项目成本和利润进行分析，并且参照厂家的产品报价及相关行业制定的工程概预算定额，充分考虑综合布线系统的等级、布线产品的档次和配置量等因素。

③ 工程项目投标报价的内容：包括主要设备、工具和材料的价格、项目安装调试费、设计费、培训费等，并且给出优惠价格和工程总价。

2. 工程项目投标报价的要求

① 投标人不得相互串通投标报价，不得排挤其他投标人的公平竞争，损害招标人或者其他投标人的合法权益。

② 投标人不得与招标人串通投标，损害国家利益、社会公共利益或者他人的合法权益。不得以向招标人或者评标委员会成员行贿的手段谋取中标。

③ 投标人不得以低于成本的报价竞标，也不得以他人名义投标或者以其他方式弄虚作假，骗取中标。

3.7 网络工程项目投标文件目录样例

一个完整的网络工程项目投标文件目录列出如下，该文件是一个真实的企业投标文件。文件中，企业比较专业地完成了投标文件的各个部分内容。该样例也可供读者制作投标文件的结构范本使用。

天津市××医院门诊住院综合楼智能化工程投标文件（目录）

1. 前言
2. 定义与惯用语
3. 智能化工程所涉及的各系统概念
    3.1 综合布线系统
        3.1.1 工作区
        3.1.2 水平布线系统

5.1 本项目计算机网络系统需求

5.2 计算机网络系统建设原则

    5.2.1 网络信息系统安全与保密的"木桶原则"

    5.2.2 网络系统的整体性原则

    5.2.3 网络系统的有效性与实用性原则

    5.2.4 网络系统的"等级性"原则

    5.2.5 设计为本原则

    5.2.6 自主和可控性原则

    5.2.7 安全有价原则

5.3 计算机网络系统设计原则

    5.3.1 实用性原则

    5.3.2 安全性原则

    5.3.3 可靠性原则

    5.3.4 成熟和先进性原则

    5.3.5 规范性原则

    5.3.6 开放性和标准化原则

    5.3.7 可扩充和扩展化原则

    5.3.8 可管理性原则

5.4 本项目需求分析

    5.4.1 应用现状分析

    5.4.2 技术现状及需求分析

    5.4.3 性能现状及需求分析

    5.4.4 安全现状及需求分析

    5.4.5 网络系统现状及需求分析

    5.4.6 计算机网络系统需求分析小结

5.5 计算机网络设计方案

    5.5.1 建立需求为导向的网络

    5.5.2 网络拓扑图设计

    5.5.3 骨干网架构规划

    5.5.4 骨干网设备本身的电信级可靠性保障

    5.5.5 外联出口安全设计

    5.5.6 无线网络设计

    5.5.7 基础网络安全设计

    5.5.8 智能网管（SNC）

5.6 计算机网络系统设备选型

    5.6.1 网络设备选型依据

    5.6.2 所选网络设备特征

    5.6.3 网络设备总体性能简述

    5.6.4 网络核心层设备分析

    5.6.5 核心交换机的选型原则

第4章 网络工程施工

本章结构

本章比较全面地介绍了网络工程施工的 3 个主要环节的知识内容，包括综合布线的施工、网络设备的安装和系统测试的知识。

网络工程施工是实施网络工程设计方案、完成网络布线和设备安装的关键环节，是每一位从事网络工程的技术人员必须具备的技能。网络工程施工的专业化水平将直接影响施工质量和未来使用效果，是一个涉及知识面较宽的内容。本章将介绍网络工程施工过程中所涉及的主要知识，让学生了解并掌握施工的规范要求，并能够在未来胜任实际工作。

4.1 网络综合布线工程安装施工的要求和准备

网络工程施工涉及很多约束条件，而施工前的准备工作要求细致、科学，这部分知识将详细介绍网络工程施工前的准备工作，有助于学生迅速进入到实际施工的角色中。

4.1.1 网络综合布线工程安装施工的要求

综合布线工程的组织管理工作主要分为 3 个阶段：即工程实施前的准备工作、施工过程中的组织管理工作、工程竣工的验收工作。要确保综合布线工程的质量，就必须在这 3 个阶段中认真按照工程规范的要求进行工程组织管理工作。

综合布线系统设施及管线的建设，应纳入建筑与建筑群相应的规划设计之中。工程设计时，应根据工程项目的性质、功能、环境条件和近远期用户需求进行设计，并应考虑施工和维护方便，确保综合布线系统工程的质量和安全，做到技术先进、经济合理。

综合布线系统应与信息设施系统、信息化应用系统、公共安全系统、建筑设备管理系统等统筹规划，相互协调，并按照各系统信息的传输要求优化设计。

综合布线系统作为建筑物的公用通信配套设施，在工程设计中应满足为多家电信业务经营者提供业务的需求。

综合布线系统的设备应选用经过国家认可的、经产品质量检验机构鉴定合格的、符合国家有关技术标准的定型产品。

4.1.2 网络综合布线工程安装施工前的准备

施工前的准备工作主要包括技术准备、施工前的环境检查、施工前设备器材及施工工具检查等环节。

1. 技术准备工作

① 熟悉综合布线系统工程设计、施工、验收的规范要求，掌握综合布线各子系统的施工技术以及整个工程的施工组织技术。

② 熟悉施工图纸。施工图纸是工程人员施工的依据，因此作为施工人员，必须认真读懂施工图纸，理解图纸设计的内容，掌握设计人员的设计思想。只有对施工图纸了如指掌后，才能明确工程的施工要求，明确工程所需的设备和材料，明确与土建工程及其他安装工程的交叉配合情况，以确保施工过程不破坏建筑物的外观，并且不与其他安装工程发生冲突。

③ 熟悉与工程有关的技术资料，如厂家提供的说明书和产品测试报告、技术规程、质量验收评定标准等内容。

④ 技术交底。技术交底工作主要由设计单位的设计人员和工程安装承包单位的项目技术负责人一起进行。技术交底的主要内容包括设计要求和施工组织设计中的有关要求，具体内容如下：

● 工程使用的材料、设备性能参数。
● 工程施工条件、施工顺序和施工方法。
● 施工中采用的新技术、新设备、新材料的性能和操作使用方法。
● 预埋部件注意事项。
● 工程质量标准和验收评定标准。
● 施工中安全注意事项。

⑤ 编制施工方案。在全面熟悉施工图纸的基础上，依据图纸并根据施工现场情况、技术力量及技术准备情况，综合做出合理的施工方案。

2. 施工前的环境检查

在工程施工开始以前应对楼层配线间、二级交接间、设备间的建筑和环境条件进行检查，具备下列条件方可开工：

① 楼层配线间、二级交接间、设备间、工作区土建工程已全部竣工。房屋地面平整、光洁，门的高度和宽度应不妨碍设备和器材的搬运，门锁和钥匙齐全。

② 房屋预留地槽、暗管、孔洞的位置、数量、尺寸均应符合设计要求。

③ 对设备间布设活动地板应专门检查，地板板块布设必须严密坚固。每平方米水平允许偏差不应大于 2 mm，地板支柱牢固，活动地板防静电措施的接地应符合设计和产品说明要求。

④ 楼层配线间、二级交接间、设备间应提供可靠的电源和接地装置。

⑤ 楼层配线间、二级交接间、设备间的面积，以及环境温湿度、照明、防火等均应符合设计要求和相关规定。

3. 施工前的器材检查

工程施工前应认真对施工器材进行检查，经检验的器材应做好记录，对不合格的器材应单独存放，以备检查和处理。

（1）型材、管材与铁件的检查要求

① 各种型材的材质、规格、型号应符合设计文件的规定，表面应光滑、平整，不得变形、断裂。预埋金属线槽、过线盒、接线盒，桥架表面涂覆或镀层均匀、完整，不得变形、损坏。

② 管材采用钢管、硬质聚氯乙烯管时，其管身应光滑、无伤痕，管孔应无变形，孔径、壁厚应符合设计要求。

③ 管道采用水泥管道时，应按通信管道工程施工及验收中相关规定进行检验。

④ 各种铁件的材质、规格均应符合质量标准，不得有歪斜、扭曲、飞刺、断裂或破损。

⑤ 铁件的表面处理和镀层应均匀、完整，表面光洁，无脱落、气泡等缺陷。

（2）电缆和光缆的检查要求

① 工程中所用的电缆、光缆的规格和型号应符合设计的规定。

② 每箱电缆或每圈光缆的型号和长度应与出厂质量合格证内容一致。

③ 缆线的外护套应完整无损，芯线无断线和混线，并应有明显的色标。

④ 电缆外套具有阻燃特性的，应取一小截电缆进行燃烧测试。

⑤ 对进入施工现场的线缆应进行性能抽测。抽测方法可以采用随机方式抽出某一段电缆（最好是 100 m），然后使用测线仪器进行各项参数的测试，以检验该电缆是否符合工程所要求的性能指标。

（3）配线设备的检查要求

① 检查机柜或机架上的各种零件是否脱落或碰坏，表面如有脱落应予以补漆，各种零件应完整、清晰。

② 检查各种配线设备的型号、规格是否符合设计要求，各类标志是否统一、清晰。

③ 检查各配线设备的部件是否完整，是否安装到位。

4.2　网络综合布线施工

智能建筑内的综合布线系统经常利用暗敷管路或桥架和槽道进行线缆布设，它们对综合布线系统的线缆起到很好的支撑和保护作用。在综合布线工程施工中，管路和槽道的安装是一项重要工作。

4.2.1　弱电沟与线槽

1. 路径选择

两点间最短的距离是直线，布线目标就是要寻找最短和最便捷的路径。然而，敷设电缆的具体布线工作并不容易实现，即使找到最短路径，也不一定就是最佳的便捷路径。在选择布线路径时，要考虑便于施工和便于操作。选择路径时布线人员要考虑以下几点：

（1）了解建筑物的结构

对布线施工人员来说，需要彻底了解建筑物的结构。由于绝大多数的线缆是走地板下或天花板上，故对地板和吊顶内的情况要了解得很清楚，就是说要准确地知道什么地方能布线、什么地方不易布线，并向用户方说明。

（2）检查拉（牵引）线

对于现存的已经预埋在建筑物中的管道，安装任何类型的线缆之前，都必须检查有无拉线。拉线是一种细绳，它沿着要布放线缆的路径在管道中安放好。拉线必须是路径的全长，绝大多数的管道安装者都为后继的安装者留下一条拉线，使线缆布放容易进行。如果没有拉线，则首先考虑穿接线问题，以及管道是否通畅和是否需要疏通管道问题。

（3）确定现有线缆的状况

如果布线的环境是一座旧楼，则需要了解旧线缆布放的现状，已用的是什么管道，这些管道是如何走向的。了解这些有助于为新的线缆建立路径，在某些情况下可以利用原来的路径。

（4）提供线缆支撑

根据安装情况和线缆的长度，要考虑使用托架或吊杆槽，并根据实际情况决定托架吊杆，使新安装的电缆加在原有结构上的重量不至于超重。

2．弱电沟施工

弱电沟施工是建筑物之间电缆（光缆）布设的基础环节，弱电沟施工前一般需要充分了解建筑物附近地下管网的图纸，确保施工过程不破坏原有基础设施。弱电沟施工的工序如下：

① 确定开沟路线。应根据路线最短原则、不破坏原有强电原则和不破坏防水原则来确定开沟路线。

② 确定开沟宽度。应根据信号线的多少确定 PVC 管的多少，进而确定槽的宽度。

③ 确定开沟深度。若选用 16 mm 的 PVC 管，则开槽深度为 20 mm；若选用 20 mm 的 PVC 管，则开槽深度为 25 mm。

④ 弱电沟外观要求。弱电沟外观应横平竖直，大小均匀。

⑤ 弱电沟的测量。暗盒、弱电沟应独立计算，都应按弱电沟起点到弱电沟终点测量。弱电沟如果放两根以上的管，应按两倍以上来计算长度。

3．管槽布放

布线路径确定以后，首先考虑的是线槽敷设。布线系统中除了线缆外，槽和管是一个重要的组成部分。金属槽、PVC 槽、金属管和 PVC 管是综合布线系统的基础性材料，在综合布线系统中使用线槽主要有以下几种情况：金属槽和附件、金属管和附件、PVC 塑料槽和附件以及 PVC 塑料管和附件。

4．金属管及 PVC 塑料管的铺设

（1）金属管的要求

金属管应符合设计文件的规定，表面不应有穿孔、裂缝和明显的凹凸不平，内壁应光滑，不允许有锈蚀。在易受机械损伤的地方和在受力较大处直埋时，应采用有足够强度的管材。

金属管的加工应符合下列要求：

① 为了防止在穿电缆时划伤电缆，管口应无毛刺和尖锐棱角。

② 为了减小直埋管在沉陷时管口处对电缆的剪切力，金属管口宜做成喇叭形。

③ 金属管在弯制后，不应有裂缝和明显的凹瘪现象。如果弯曲程度过大，将减小金属管的有效管径，造成穿设电缆困难。

④ 金属管的弯曲半径不应小于所穿入电缆的最小允许弯曲半径。

⑤ 镀锌管层剥落处应涂防腐漆，可增加使用寿命。

（2）金属管切割套丝

在配管时，应根据实际需要的长度对管子进行切割。管子的切割可使用钢锯、管子切割刀或电工切管机，严禁用气割。

管子和管子连接、管子和接线盒或配线箱的连接，都需要在管子端部进行套丝。焊接钢管

套丝可以用管子绞板套丝或电动套丝机。硬塑料管套丝可以用圆丝板。套丝时，先将管子在管子压力架上固定压紧，然后再套丝。利用电动套丝机，可以提高功效。套丝完成后，应随时清扫管口，将管口端面和内壁的毛刺用挫刀挫光，使管口保持光滑，以免割破线缆绝缘护套。

（3）金属管弯曲

在敷设金属管时应尽量减少弯头。每根金属管的弯头不应超过 3 个，直角弯头不应超过 2 个，并且不应有 S 弯出现。弯头过多，将造成穿设电缆困难。对于较大截面的电缆，不允许有弯头。当实际施工不能满足要求时，可采用内径较大的管子或在适当部位设置拉线盒，以利于线缆的穿设。

为了穿线方便，水平敷设的金属管路超过下列情况时，中间应增设拉线盒或接线盒，否则应选择大一级的管径。

① 管子无弯曲，长度超过 45 m。

② 管子有 1 个弯，直线长度超过 30 m。

③ 管子有 2 个弯，直线长度超过 20 m。

④ 管子有 3 个弯，直线长度超过 12 m。

当管子直径超过 50 mm 时，可用弯管器或热煨法弯管。暗管管口应光滑，并加有绝缘套管，管口伸出部位为 25～50 mm。

（4）金属管连接要求

金属管连接应牢固，密封应良好，两管口应对准。套接的短套管应为带螺纹的管接头，其长度不应小于金属管外径的 2.2 倍。金属管的连接采用短套管时，施工简单方便；采用管接头螺纹连接则较为美观，可保证金属管连接后的强度。无论采用哪一种方式，均应保证牢固、密封。

金属管进入信息插座的接线盒后，暗埋管可用焊接固定，管口进入盒的露出长度应小于 5 mm。明设管应用锁紧螺母或管帽固定，露出锁紧螺母的丝扣为其 2～4 倍。

引至配线间的金属管管口位置，应便于与线缆连接。并列敷设的金属管管口应排列有序，便于识别。

（5）金属管敷设

① 金属管暗设时的要求。

- 预埋在墙体中间的金属管内径不宜超过 50 mm，楼板中的管径宜为 15～25 mm，直线布管 30 m 处设置暗线盒。
- 敷设在混凝土、水泥里的金属管，其地基应坚实、平整和不应有沉陷，以保证敷设后的线缆安全运行。
- 金属管连接时，管孔应对准，接缝应严密，不得有水和泥浆渗入，以免影响管路的有效管理，保证敷设线缆时穿设顺利。
- 在室外，金属管道应有不小于 0.1% 的排水坡度。
- 建筑群之间金属管的埋设深度不应小于 0.8 m，在人行道下面铺设时，不应小于 0.5 m。
- 金属管内应安置牵引线或拉线。
- 金属管的两端应有标记，表示建筑物、楼层、房间和长度。

② 金属管明敷时的要求。金属管应用管卡固定，这种固定方式较为美观，且在需要拆卸时可以方便拆卸；金属的支持点间距，有设计要求时应按照规定设计，无设计要求时不应超过 3 m；在距接线盒 0.3 m 处，要加管卡将管子固定；在弯头的地方，弯头两边也应用管卡固定。

③ 光缆与电缆网管敷设时的要求。光缆与电缆网管敷设时，应在暗管内预置塑料子管，将光缆敷设在塑料子管内，使光缆和电缆分开布放。子管的内径应为光缆外径的 2.5 倍。

（6）PVC 管敷设

PVC 管一般是在工作区暗埋线管，操作时要注意以下两点：

① 管转弯时，弯曲半径要大，便于穿线。

② 管内穿线不宜太多，要留有 50%以上的空间。一根管子宜穿设一条电缆。管内穿放大对数线缆时，直线管路的管径利用率宜为 50%～60%，弯管路的管径利用率为 40%～50%。

5. 线槽的铺设

（1）线槽安装要求

线槽安装应在土建工程基本结束以后，可以与其他管道，如风管、给排水管同步进行。在整座大楼的所有管线中，综合布线毕竟是"弱者"，迂回的机动性较大，可以比其他管道稍迟一段时间安装，但尽量避免在装饰工程结束以后进行安装，以免造成敷设线缆困难。安装线槽应符合下列要求：

① 线槽安装位置应符合施工图规定，左右偏差视环境而定，最大不超过 50 mm。

② 线槽水平度每米偏差不应超过 2 mm。

③ 垂直线槽应与地面保持垂直，并无倾斜现象，垂直度偏差不应超过 3 mm。

④ 线槽节与节间用接头连接板拼接，螺钉应拧紧，两线槽拼接处水平偏差不应超过 2 mm。

⑤ 当直线段桥架超过 30 m 或跨越建筑物时应有伸缩缝，其连接宜采用伸缩连接板。

⑥ 线槽转弯半径不应小于其槽内线缆最小允许弯曲半径的最大者。

⑦ 盖板应紧固，并且要错位盖槽板。

⑧ 支吊架应保持垂直、整齐、牢固和无歪斜现象。

为了防止电磁干扰，宜用辫式铜带把线槽连接到其经过的设备间或楼层配线间的接地装置上，并保持良好的电气连接。

（2）水平布线子系统的线缆敷设支撑保护

① 预埋金属线槽支撑保护的要求：

- 在建筑物中预埋线槽可为不同的尺寸，按一层或两层设置，至少预埋两根以上，线槽截面高度不宜超过 25 mm。
- 线槽直埋长度超过 15 m 或在线槽路由交叉和转弯时宜设置拉线盒，以便布放线缆盒时维护。
- 拉线盒盖应能开启，并与地面平齐，盒盖处应能开启，并采取防水措施。
- 线槽宜采用金属管引入分线盒内。

② 设置线槽支撑保护的要求：

- 水平敷设时，支撑间距一般为 1.5～2 m；垂直敷设时，固定在建筑物结构上的间距宜小于 2 m。
- 金属线槽敷设在线槽接头处，间距为 1.5～2 m，离开线槽两端口 0.5 m 处和转弯处应设置支架或吊架。塑料线槽固定点间距一般为 1 m。
- 在活动地板下敷设线缆时，活动地板内净高不应小于 150 mm。如果活动地板内作为通风系统的风道使用时，地板内净高不应小于 300 mm。
- 采用公用立柱作为吊顶支撑柱时，可在立柱中布放线缆，立柱支撑点宜避开沟槽和线槽位置，支撑应牢固。

- 在工作区的信息点位置和线缆敷设方式未定的情况下，或在工作区采用地毯下布放线缆时，在工作区宜设置交接箱，每个交接箱的服务面积约为 80 m²。
- 不同种类的线缆布放在金属线槽内时，应同槽分室或用金属板隔开布放。
- 采用格形线槽和沟槽相结合的方式时，敷设线槽支撑保护的要求如下：
  - 沟槽和格形线槽要沟通。
  - 沟槽盖板可开启，并与地面平齐，盖板和信息插座出口处应采取防水措施。
  - 沟槽的宽度宜小于 600 mm。

（3）垂直干线子系统的线缆敷设支撑保护

① 线缆不得布放在电梯或管道竖井这样的开放式管道中。

② 干线通道间应沟通。

③ 弱电间的线缆穿过每层楼板的孔洞宜为方形或圆形，孔的边沿要高出地面 20 mm。长方形孔尺寸不宜小于 300 mm × 100 mm，圆形孔洞处应至少够安装 3 根圆形钢管，管径不宜小于 100 mm。

（4）塑料槽敷设

塑料槽的安装规格有多种，塑料槽的敷设从原理上讲类似于金属槽，但操作上还是有所不同，具体表现为以下 3 种方式：

① 在天花板吊顶打吊杆或采用托式桥架敷设。

② 在天花板吊顶外采用托式桥架敷设。

③ 在天花板吊顶外采用托架加固定槽敷设。

采用托架时，一般 1 m 左右安装一个托架。固定槽时一般在 1 m 左右安装固定点。固定点是指把槽固定的地方，根据槽的大小进行安装。

① 25 mm × 20 mm 至 25 mm × 30 mm 规格的槽，一个固定点应有 2～3 个固定螺丝，并水平排列。

② 25 mm × 30 mm 以上规格的槽，一个固定点应有 3～4 个固定螺丝，呈梯形状，使槽受力点分散分布。

③ 除了固定点外，应每隔 1 m 左右钻 2 个孔，将双绞线穿入，待布线结束后，把所有的双绞线捆扎起来。

水平干线布槽和垂直干线布槽的方法是一样的，差别在于一个是横布槽，一个是竖布槽。在水平干线与工作区交接处不易施工时，可采用金属软管（蛇皮管）或塑料软管连接。

6. 桥架的铺设

在综合布线工程中，线缆桥架因具有结构简单、造价低、施工方便、配线灵活、安全可靠、安装标准、整齐美观、防尘防火、延长线缆使用寿命、方便扩充电缆和维护检修等特点，广泛应用于建筑群主干管线和建筑物内主干管线的安装施工。

桥架的安装可因地制宜，可以水平或垂直敷设，可以采用转角、T 字形或十字形分支，可以调宽、调高或变径，可以安装成悬吊式、直立式、侧壁式、单边、双边、多层等形式。大型多层桥架吊装或立装时，应尽量采用工字钢立柱两侧对称敷设，避免偏载过大，造成安全隐患。桥架安装的范围为工艺管道上架空敷设，楼板和梁下吊装，室内外墙壁、柱壁、露天立柱和支墩、隧道、电缆沟壁上侧装。

（1）桥架尺寸选择与计算

电缆桥架的宽和高之比一般为 2:1，常见型号有 50 × 25、80 × 40、100 × 50、150 × 75、200 ×

100、400×200 等（单位为 mm×mm）。各型桥架标准长度为 2 m/根。标准桥架厚度为 1.5～2.5mm，实际还有 0.8 mm、1.0 mm、1.2 mm 的产品。从电缆桥架载荷情况考虑，桥架越大，装载的电缆就越多，因此要求桥架截面积越大，桥架板越厚。有特殊需求时，还可向厂家订购特型桥架。

订购桥架时，应根据在桥架中敷设线缆的种类和数量来计算桥架的大小。

电缆的总面积为：

$$S_0 = n_1 \times \pi \times (d_1/2)^2 + n_2 \times \pi \times (d_2/2)^2 + \cdots + n_k \times \pi \times (d_k/2)^2$$

式中：d 为电缆的直径；n 为相应电缆的根数，k 为电缆的条数。

一般电缆桥架的填充率取 40%左右，故需要的桥架横截面积为：

$$S = S_0/40\%$$

则电缆桥架的宽度为：

$$b = S/h = S_0/(40\% \times h)$$

式中：h——桥架的净高。

（2）线缆在多层桥架上敷设

在智能建筑和智能小区综合布线工程中，受空间场地和投资等条件限制，经常存在强电和弱电布线需要敷设在同一管线路由的情况，为减少强电系统对弱电系统的干扰、方便电力电缆的冷却，可采用多层桥架的方式来敷设，从上到下按计算机线缆、屏蔽控制电缆、一般性控制电缆、低压动力电缆和高压动力电缆分层排列。表 4-1 为多层桥架各类线缆敷设要求。

表 4-1 多层桥架各类线缆敷设要求

层　　次	电缆用途	采用桥架型式及型号	距上层桥架距离
从上到下	计算机线缆	带屏蔽罩槽式	
	屏蔽控制电缆	带屏蔽罩槽式	
	一般控制电缆	托盘式、槽式	≥250 mm
	低压动力电缆	梯级式、托盘式、槽式	≥350 mm
	高压动力电缆	带护罩梯级式	≥400 mm

4.2.2　光缆施工技术

1. 光缆的布设方法

综合布线系统中，光缆主要应用于水平布线子系统、垂直干线子系统、建筑群子系统。光缆布线技术在某些方面与主干电缆的布线技术类似。

（1）光缆的户外施工

较长距离的光缆布设最重要的是选择一条合适的路径。这里不一定最短的路径就是最好的，还要注意土地的使用权、架设或地埋的可能性等。

必须要有很完备的设计和施工图纸，以便施工和今后检查方便、可靠。施工中要时时注意不要使光缆受到重压或被坚硬的物体扎伤。

光缆转弯时，其转弯半径要大于光缆自身直径的 20 倍。

① 户外架空光缆施工：

- 吊线托挂架空方式，这种方式简单便宜，在我国应用最广泛，但挂钩加挂、整理较费时。
- 吊线缠绕式架空方式，这种方式较稳固，维护工作少，但需要专门的缠扎机。

● 自承重式架空方式，对线杆要求高，施工、维护难度大，造价高，国内目前很少采用。

架空时，光缆引出线杆处须加导引装置，并避免光缆拖地。光缆牵引时注意减小摩擦力。每个杆上要余留一段用于伸缩的光缆。

要注意光缆中金属物体的可靠接地，特别是在山区、高电压电网区一般要每千米有 3 个接地点，甚至选用非金属光缆。

② 户外管道光缆施工：

● 施工前应核对管道占用情况，清洗、安放塑料子管，同时放入牵引线。

● 计算好布放长度，一定要有足够的预留长度，如表 4-2 所示。

表 4-2　光缆长度表

自然弯曲增加长度/ （m/km）	孔内拐弯增加长度/ （m/孔）	接头重叠长度/ （m/侧）	管内预留长度/m	备　　注
5	0.5～1	8～10	15～20	其他预留按设计方案预留

● 一次布放长度不要太长（一般为 2 km），布线时应从中间开始向两边牵引。

● 布缆牵引力一般不大于 1200 N，而且应牵引光缆的加强芯部分，并做好光缆头部的防水加强处理。

● 光缆引入和引出处须加顺引装置。

● 管道光缆也要注意可靠接地。

③ 直埋光缆的布设：

● 直埋光缆沟深度要按标准进行挖掘，标准如表 4-3 所示。

表 4-3　直埋光缆埋深标准

布设地段或土质	埋深/m	备　　注
普通土（硬土）	≥1.2	
半石质（沙砾土、风化石）	≥1.0	
全石质	≥0.8	从沟底加垫 10 cm 细土或沙土
市郊、流沙	≥0.8	
村镇	≥1.2	
市内人行道	≥1.0	
穿越铁路、公路	≥1.2	距道渣底或距路面
沟、渠、塘	≥1.2	
农田排水沟	≥0.8	

● 不能挖沟的地方可以架空或钻孔预埋管道布设。

● 沟底应保证平缓坚固，需要时可预填一部分沙子、水泥或支撑物。

● 布设时可用人工或机械牵引，但要注意导向和润滑。

● 布设完成后，应尽快回土覆盖并夯实。

直埋光缆保护管材如图 4-1 所示。

（2）建筑物内光缆的布设

① 垂直布设时，应特别注意光缆的承重问题，一般每两层要将光缆固定一次。

② 光缆穿墙或穿楼层时，要加带护口的保护用塑料管，并且要用阻燃的填充物将管子填满。

③ 在建筑物内也可以预先布设一定量的塑料管道，待以后要敷设光缆时再用牵引或真空法布光缆。

（3）光缆的选用

除了根据光纤芯数和光纤种类以外，还要根据光缆的使用环境来选择光缆的外护套。

① 户外用光缆直埋时，宜选用铠装光缆。架空时，可选用带两根或多根加强筋的黑色塑料外护套的光缆。

② 建筑物内用的光缆在选用时应注意其阻燃、毒和烟的特性。一般在管道中或强制通风处可选用阻燃但有烟的类型，暴露的环境中应选用阻燃、无毒和无烟的类型。

③ 楼内垂直布缆时，可选用层绞式光缆；水平布线时，可选用可分支光缆。

④ 传输距离在 2 km 以内的，可选择多模光缆；超过 2 km 的，可用中继器或选用单模光缆。

2．光缆在设备间及管理间的安装

光缆布线完成后，和电缆一样也需要进行固定和端接。综合布线系统的交接硬件采用光缆部件时，设备间可作为光缆主交接场的设置地点。干线光缆从这个集中的端接设备进出点出发，延伸至其他楼层，在各楼层经过光缆及连接装置沿水平方向分布光缆。

（1）光缆的端接

室外光缆和室内光缆是通过在建筑物的线缆入口区安装的光缆设备箱进行端接的，这便于光缆的终接和接地。光纤配线架可适用于光缆的接头和直线通过。壁挂式光纤配线架适合于光纤接入网中的光纤端接点，集光纤的熔接配线为一体，并可实现光纤的直通和盘储。壁挂式光纤配线架如图 4-2 所示。

图 4-1　直埋光缆保护管材　　　　　图 4-2　壁挂式光纤配线架

适用于楼层间传输的小容量光纤配线架如图 4-3（a）所示，适用于建筑物设备间的中小容量光纤配线架如图 4-3（b）所示，它们都适合于任何形式的机房安装使用。

（a）　　　　　　　　　　　　（b）

图 4-3　光纤配线架

光缆的固定和接地：在配线架内完成室外光缆与室内光缆的接续，然后将室内光缆连到设备间的光纤交叉接线架内，再敷设到整个大楼中去，以满足防火、防雷击的需要。

各种光缆的接续应采用通用光缆盒，可为束状光缆、带状光缆或跨接线光缆的接合处提供可靠的连接和保护外壳。通用光缆盒提供的光缆入口应能同时容纳多根建筑物布线光缆。光纤配线设备作为光纤线路关键连接技术设备之一，主要有室内配线和室外配线两大类。其中，室内配线包括机架式（光纤配线架、混合配线架）、机柜式（光纤配线架柜、混合配线柜）和壁挂式（光纤配线箱、光缆终端盒、综合配线箱），室外配线设备包括光缆交接箱、光纤配线箱、光缆接续盒。这些配线设备主要由配线单元、熔接单元、光缆固定开剥保护单元、存储单元及连接器件组成。综合配线产品还包含相应的数字配线架模块、音频配线模块。

光纤交叉连接系统由光纤交叉连接架及上述有关的光纤配线设备组成。光纤交叉连接架的框架利用大小不同的凸缘网格架来组成框架结构，装有靠螺栓固定的夹子，以便引导和保护光缆。各种模块化的隔板可以容纳所有的光缆、连接器和接合装置，同时也可以把要选择安装的设备灵活地安装在此框架内，如光纤数字综合配线架以及上面介绍的各种光纤配线设备等。装上了模块化隔板的光纤交叉连接架可以成排地装在一起，或者逐步增加而连成一排，用于连接各控制点。

室内光缆均可直接连到此类架子上去。该架还能存放光纤的松弛部分，并保持要求的 3.8 cm 以上的最小弯曲半径。架子上可安装标准的组件和嵌板，故可提供多条光纤的端接容量。在正面（前面）通道中吊装上塑料保持环以引导光纤跳线，减少跳线的张力强度。在正面的前面板处提供有格式化标签的纸用来记录光纤端接位置。这些架子还可用于光纤的连接。光纤交叉连接架的外形如图 4-4 所示。

图 4-4　光纤交叉连接架的外形

综合布线中光缆的使用是一个渐进的过程，电缆配线和光纤配线的比例在不断改变，光纤配线正在逐渐取代电缆配线。光纤数字综合配线架将数字配线架和光纤配线架合为一体，具有光纤配线和数字配线综合功能，各自的容量可以由用户确定，所以非常适合光纤化进程的灵活性要求。

随着光纤接口技术的发展，业界已逐渐确立在电气 PCB（印刷电路板）上实现光纤配线技术、光印制线路板技术、光表面安装技术以及光与光器件和电器件统一的模块化设计、安装技术。这样一来，提高了配线过程的自动化程度，避免了人工配线容易降低线路质量的问题。

（2）光纤交连场

当光纤容量达到相当规模时，为了便于配线管理和日常光纤路由的维护，需要按不同路由和方向把光纤交叉连接系统划分为不同交连场。

① 单列交连场

安装一列交连场，可把第一个 LIU（光纤交连装置盒）放在规定空间的左上角，其他的扩充模块放在第一个模块的下方，直到一列交连场有 6 个模块。在这一列的最后一个模块下方应增加一个光纤线槽。如果需要增加列数，每个新增加列都应先增加一个过线槽，并与第一列下方已有的过线槽对齐。

② 多列交连场

当安装的交连场不止一列时，应把第一个 LIU 放在规定空间的最下方，而且先给每 12 行配上一个光纤过线槽，并把它放在最下方 LIU 的底部，且至少应比楼板高出 30.5 mm。6 列 216 根光纤交连场的扩展次序如图 4-5 所示。安装时，同一水平面上的所有模块应当对齐，避免出现偏差。

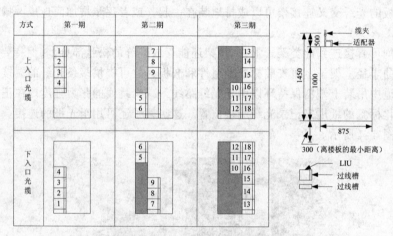

图 4-5　光纤交连场的扩展次序

3．光纤连接器的安装

目前，针对不同的连接器类型以及满足不同的要求，如可靠性、方便性和安装时间（成本）等，研究出了多种光纤连接器的安装技术。

（1）环氧灌封技术

环氧灌封是光纤连接器最先使用的安装技术之一，这种技术有 4 个优点和 3 个缺点。

环氧灌封的优点为：

① 环氧的耐环境能力强，能提高连接器的可靠性，如耐高温可达 105℃。

② 由于环氧与光纤、陶瓷套管的热膨胀系数比较匹配，因此在较宽的温度范围内，损耗稳定。

③ 在套管的末端形成了一个环氧垫圈，在手工或机械抛光的过程中，这个垫圈支撑、保护着光纤，消除了光纤末端的损坏和破裂的可能性，大大提高了效率。

④ 能够使用低成本的连接器。

环氧灌封的缺点为：

① 使用不便。

② 安装效率低。

③ 功率消耗增加。

（2）热熔安装技术

热熔安装技术是 3M 公司发明的一种技术。将热熔胶预先装入连接器中，预热连接器使粘胶软化，以便光纤能够装入，然后将光纤装入连接器，冷却后，再上除多余的光纤，并对端面进行抛光。

和环氧灌封相比，热熔工艺方法缩短了时间、避免了易脏和不方便，提高了安装效率。但热熔连接器比环氧连接器昂贵、热熔安装方法使用的加热炉和专用炉需要消耗功率。

（3）快速固化粘接技术

快速固化粘接技术有 2 个优点和 3 个缺点。

快速固化粘接技术的优点为：

① 解决了热熔安装、环氧灌封的缺点和不便性，而且消除了对功率的要求，提高了安装效率，降低了安装成本。

② 适用于低成本的陶瓷套管连接器，使总安装成本降低。

快速固化粘接技术的缺点为：

① 粘胶过早固化。

② 对光纤的支撑作用小。

③ 可靠性降低。

由于对光纤的支撑作用很小，在使用该技术去除多余的光纤或抛光过程中，容易使光纤折断，成品率、效率低。当涂有固化剂、促凝剂的光纤插入装有粘胶的连接器时，如果插入光纤太慢，会发生光纤尚未完全插合到位就已被固定的情况，此时，插入连接器的光纤很少，会导致连接器的可靠性下降。另外，当温度、湿度变化大或温度、湿度急剧变化时，一些快速固化胶性能会降低，也会影响连接器的可靠性，所以快速固化粘接一般应用于室内环境。

（4）无胶抛光技术

无胶抛光技术是由 AMP、3M 和 Automatic Tool and Connector 等几家公司提出的一种安装技术，该技术使用机械方法夹紧光纤，然后进行抛光。虽然夹紧方便，消耗时间少，但在抛光过程中，由于对光纤缺乏支撑和保护，光纤容易损坏，所以对安装人员的技术水平和责任心要求较高，且成品率较低。

（5）切割技术

切割是无环氧、无粘胶、无抛光连接器产品的一种安装技术。其方法是切割光纤末端、把光纤插入连接器、将光纤与连接器压接或夹紧。

由于切割安装方法不使用粘胶和抛光工艺，因此减少了安装时间，降低安装成本，另外对安装人员的技术水平要求没有以上几种方法高，降低了培训成本。但这种方法对切割工具、设备的要求较高，且连接器的结构复杂、价格高，提高了安装总成本。

4. 光缆的终端和连接

光纤具有高带宽、传输性能优良、保密性好等优点，广泛应用于综合布线系统中。建筑群子系统、垂直干线子系统等经常采用光缆作为传输介质，因此在综合布线工程中往往会遇到光缆端接的场合。光缆端接的形式主要有光缆与光缆的续接、光缆与连接器的连接两种形式。

（1）光纤连接器制作工艺

光纤连接器有陶瓷和塑料两种材质，它的制作工艺主要有磨接和压接两种方式。磨接方式是光纤接头传统的制作工艺，它的制作工艺较为复杂，制作时间较长，但制作成本较低。压接方式是较先进的光纤接头制作工艺，如 IBDN、3M 公司的光纤接头均采用压接方式。压接方式制作工艺简单，制作时间快，但成本高于磨接方式。压接方式的专用设备较昂贵。

对于光纤连接工程量较大且要求连接性能较高的场合，经常使用熔纤技术来实现光纤接头的制作。使用熔纤设备可以快速地将尾纤（连接单光纤头的光纤）与光纤续接起来。

（2）光纤连接器磨接制作技术

采用光纤磨接技术制作的光纤连接器有 SC 型光纤连接器和 ST 型光纤连接器两类，以下为采用光纤磨接技术制作 ST 型光纤连接器的过程：

① 布置好磨接光纤连接器所需要的工作区，要确保平整、稳定。

② 使用光纤环切工具，环切光缆外护套。

③ 从环切口处，将已切断的光缆外护套滑出。

④ 安装连接器的缆支撑部件和扩展器帽。

⑤ 将光纤套入剥线工具的导槽并通过标尺定位要剥除的长度，闭合剥线工具将光纤的外衣剥去。

⑥ 用浸有纯度 99%以上乙醇的擦拭纸细心地擦拭光纤两次。

⑦ 使用剥线工具，逐次剥去光纤的缓冲层。

⑧ 将光纤存放在保护块中。

⑨ 将环氧树脂注射入连接器主体内，直至在连接器尖上冒出环氧树脂泡。

⑩ 把已剥除好的光纤插入连接器中。

⑪ 组装连接器的缆支撑，加上连接器的扩展器帽。

⑫ 将连接器插入到保持器的槽内，将保持器锁定到连接器上去。

⑬ 将已锁到保持器中的组件放到烘烤箱端口中，进行加热烘烧。

⑭ 烘烧完成后，将已锁在保持器内组件插入保持块内进行冷却。

⑮ 使用光纤刻断工具将插入连接器中突出部分的光纤进行截断。

⑯ 将光纤连接器接头朝下插入打磨器件内，然后在专用砂纸上作 8 字形运动进行初始磨光。

⑰ 检查连接器尖头。

⑱ 将连接器插入显微镜中，观察连接器接头端面是否符合要求。通过显微镜可以看到放大的连接器端面，根据看到的图像可以判断端面是否合格。

⑲ 用罐装气吹除耦合器中的灰尘。

⑳ 将 ST 型光纤连接器插入耦合器。

（3）光纤连接器压接制作技术

光纤连接器的压接制作技术以 IBDN 和 3M 公司为代表，下面简要介绍一下压接技术的实施过程：

① 检查安装工具是否齐全，打开光纤连接器的包装袋，检查光纤连接器的防尘罩是否完整。如果防尘罩不齐全，则不能用来压接光纤。光纤连接器主要由连接器主体、后罩壳、保护套组成。

② 将夹具固定在设备台或工具架上，旋转打开安装工具直至听到咔嗒声，接着将安装工具固定在夹具上。

③ 拿住连接器主体，保持引线向上，将连接器主体插入安装工具，同时推进并顺时针旋

转 45°，把光纤连接器锁定在相应位置上，注意不要取下任何防尘盖。

④ 将保护套紧固在连接器后罩壳后部，然后将光纤平滑地穿入保护套和后壳罩组件。

⑤ 使用剥除工具从缓冲层光纤的末端剥除 40 mm 的缓冲层，为了确保不折断光纤，可按每次 5 mm 逐段剥离。剥除完成后，从缓冲层末端测量 9 mm 并做上标识。

⑥ 用一块折叠的乙醇擦拭布清洁裸露的光纤 2～3 次，不要触摸清洁后的裸露光纤。

⑦ 用光纤切割工具将光纤从末端切断 7 mm，然后用镊子将切断的光纤放入废料盒内。

⑧ 将已切割好的光纤插入显微镜中进行观察。

⑨ 通过显微镜观察光纤切割端面，判断光纤端面是否符合要求。

⑩ 将连接器主体的后防尘罩拔除并放入垃圾箱内。

⑪ 小心地将裸露的光纤插入到连接器芯柱，直到缓冲层外部的标识恰好在芯柱外部，然后将光纤固定在夹具中，可以允许光纤轻微弯曲以便光纤充分连接。

⑫ 压下安装工具的助推器，钩住连接器的引线，轻轻地放开助推器，通过拉紧引线可以使连接器内光纤与插入的光纤连接起来。

⑬ 小心地从安装工具上取下连接器，水平地拿着挤压工具并压下工具直至出现"哒哒哒"声响，将连接器插入挤压工具的最小槽内，用力挤压连接器。

⑭ 将连接器的后罩壳推向前罩壳并确保连接固定。

（4）光纤连接器熔接制作技术

下面按熔接制作的步骤介绍如何将分离的光纤熔接到一起。

① 准备工作。光纤熔接不仅需要专业的熔接工具，还需要很多普通的工具辅助完成这项任务，如剪刀、竖刀等，如图 4-6 所示。

② 安装工作。一般都是通过光缆收容箱（见图 4-7）来固定光缆的，将户外接来的用黑色保护外皮包裹的光纤从收容箱的后方接口放入光缆收容箱中。在光缆收容箱中将光缆环绕并固定好，以防止日常使用松动。

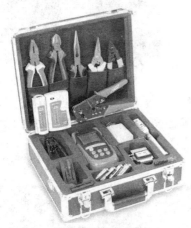

图 4-6　辅助工具

图 4-7　光纤收容箱

③ 去皮工作。首先将黑色光缆外表去皮，去掉大概 1m。接着使用美工刀将光缆内的保护层去掉，如图 4-8 所示。要特别注意的是，由于光纤线芯是用玻璃丝制作的，很容易被弄断，一旦弄断就不能正常传输数据了。

图 4-8　光缆去皮

④ 清洁工作。不管在去皮工作中多小心也不能保证玻璃丝没有一点污染，因此在熔接工作开始之前必须对玻璃丝进行清洁。新型的清洁方法就是用光纤清洁笔等专用设备进行清洁，如图 4-9 和图 4-10 所示。

图 4-9　光纤清洁设备

图 4-10　清洁光纤作业

⑤ 套接工作。清洁完毕后要给需要熔接的两根光纤各自套上光纤热缩套管，如图 4-11 所示。光纤热缩套管主要用于在玻璃丝对接好后套在连接处，经过加热形成新的保护层。

⑥ 熔接工作。将两端剥去外皮露出玻璃丝的光缆放置在光纤熔接器中，如图 4-12 所示。然后将玻璃丝固定，开始熔接。在光纤熔接器的显示屏中可以看到两端玻璃丝的对接情况，如果对的不是很歪，仪器会自动调节对正，当然也可以通过按钮手动调节位置。几秒钟后即可完成了光纤的熔接工作。

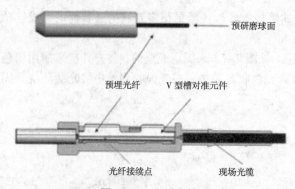

预研磨球面

预埋光纤　　　V 型槽对准元件

光纤接续点　　　现场光缆

图 4-11　光纤套接

图 4-12　熔接工作

⑦ 包装工作。熔接完的光纤玻璃丝还露在外头，很容易折断。这时候就可以使用刚刚套上的光纤热缩套管进行固定了。将套好光纤热缩套管的光纤放到加热器中，按【HEAT】键开始加热，如图 4-13 所示，过 10 秒后将其取出，至此完成了一个线芯的熔接工作。最后还需要把熔接好的光缆放置固定在光缆收容箱中。

图 4-13　光缆包装

5. 光缆布设的注意事项

① 同一批次的光纤，其模场直径基本相同，光纤在某点断开后，两端间的模场可视为一致，因而在此断开点熔接可使模场直径对光纤熔接损耗的影响降到最低程度。所以要求光缆生产厂家用同一批次的裸纤，按要求的光缆长度连续生产，在每盘上顺序编号，并分别标明 A（红色）、B（绿色）端，不得跳号。架设光缆时需按编号沿确定的路由顺序布放，并保证前盘光缆的 B 端要和后一盘光缆的 A 端相连，从而保证接续时两光纤端面模场直径基本相同，使熔接损耗值达到最小。

② 架空光缆可用 72.2 mm 的镀锌钢绞线作悬挂光缆的吊线。吊线与光缆要良好接地，要有防雷、防电措施，并有防震、防风等机械性能。架空吊线与电力线的水平与垂直距离要在 2 m 以上，离地面最小高度为 5 m，离房顶最小距离为 1.5 m。架空光缆的挂式有 3 种：吊线托挂式、吊线缠绕式与自承式。自承式不用钢绞吊线，光缆下垂，承受风荷力较差，因此常用吊挂式。

③ 架空光缆布放。由于光缆的卷盘长度比电缆长得多，长度可能达几千米，因此受到允许的额定拉力和弯曲半径的限制，在施工中特别注意不能猛拉和发生扭结观象。一般光缆允许的拉力为 1500 N，光缆转弯时弯曲半径应大于或等于光缆外径的 10～15 倍，施工布放时弯曲半径应大于或等于其外径的 20 倍。为了避免将光缆放置于路段中间，离电杆约 20 m 处应向两反方向架设，先架设前半卷，再把后半卷光缆从盘上放下来，按 "8" 字型方式放在地上，然后布放。

④ 在布放光缆时，严禁光缆打小圈及扭曲，并要配备一定数量的对讲机，采用 "前走后跟，光缆上肩" 的放缆方法，能够有效地防止背扣的发生，同时还要注意用力均匀，牵引力不超过光缆允许的 80%，瞬间最大牵引力不超过 100%。另外，架设时，在光缆的转弯处或地形较复杂处应有专人负责，严禁车辆碾压。架空布放光缆使用滑轮车，在架杆和吊线上预先挂好滑轮（一般每 10～20 m 挂一个滑轮），在光缆引上滑轮、引下滑轮处减少垂度，减小所受张力。然后在滑轮间穿好牵引绳，牵引绳系住光缆的牵引头，用一定牵引力让光缆爬上架杆，吊挂在吊线上。光缆挂钩的间距为 40 cm，挂钩在吊线上的搭扣方向要一致，每根电杆处要有凸型滴水沟，每盘光缆在接头处应留有杆长加 3 m 的余量，以便接续和地面熔接操作，并已每隔几百米要有一定的盘留。

4.2.3　综合布线工程的施工配合

综合布线要与土建施工配合、与计算机系统配合、与公用通信网配合、与其他系统配合。在进行系统总体方案设计时，还应考虑其他系统（如有线电视系统、闭路视频监控系统、消防监控管理系统等）的特点和要求，提出互相密切配合、统一协调的技术方案。例如，各个主机之间的线路连接，同一路由的铺设方式等，都应有明确的要求和切实可行的具体方案，同时，还应注意与建筑结构和内部装修以及其他管槽设施之间的配合，这些问题在系统总体方案设计中都应予以考虑。

4.3　网络工程的设备安装

计算机网络工程按照工程顺序可分为设计、施工、测试、设备调试与验收 5 个阶段，施工阶段按照工作性质又可以分为综合布线施工、综合布线测试、设备安装调试三个主要阶段。我们在这里就施工中的设备安装调试做简要介绍。

4.3.1　机房整体环境要求

机房（见图4-14）的安全特点是叮控性强，但安全受到影响时损失也很大。对机房的保护包括防火、防水、防雷及接地、防尘和防静电、防盗、防震等。

1. 机房的安全保护

（1）机房环境及场地安全

选择机房环境及场地时，安全方面应考虑以下几点：

① 为提高计算机机房的安全可靠性，机房应有一个良好的环境。因此，机房的场地选择应避开有害气体来源以及存放腐蚀、易燃、易爆物品的地方，避开低洼、潮湿的地方，避开强振动源和强噪声源，避开电磁干扰源。

图4-14　机房整体图

② 外部容易接近的进出口（如风道口、排风口、窗户、应急门等）应有栅栏或监控措施。机房周围应有一定的安全保障，如具有多层屏障、围墙、栅栏、安全入口等，以防止非法暴力入侵。

③ 机房内应安装监视和报警装置。在机房内通风孔、隐蔽地方安装收视器和报警器，用来监视和检测入侵者，预报意外灾害等。

④ 建筑物周围要有足够亮度的照明设施和防止非法进入的设施。

⑤ 机房供电系统应将动力、照明、用电与计算机系统供电线路分开。

（2）机房装饰装修

机房的装饰装修方面应考虑以下几点：

① 机房装修材料应符合 TJ16《建筑设计防火规范》的规定，采用阻燃材料或非燃材料，还应具有防潮、吸音、不起尘、抗静电、防辐射等功能。

② 机房应安装活动地板，活动地板应由阻燃材料或非燃材料制成，应有稳定的抗静电性能和承载能力，同时具有耐油、耐腐蚀、柔光、不起尘等特点。安装活动地板时，应采取相应措施，防止地板支脚倾斜、移位、横梁坠落等。

③ 活动地板提供的各种规格的电线、电缆进出口应光滑，以免损伤电线、电缆。

④ 活动地板下的建筑地面应平整、光洁、防潮、防尘。

⑤ 机房应封闭门窗或采用双层密封玻璃等防音、防尘措施。

⑥ 安装在活动地板下及吊顶上的送风口、回风口应采用阻燃材料或非燃材料。送风管线应安装空气过滤器，送风设备主体部分应采用阻燃材料或非燃材料。

（3）机房的出入管理

应制定完善的机房安全出入管理制度，通过特殊标志、口令、指纹、通行证等标识对进入机房的人员进行识别和验证，以及对机房的关键通道加锁或设置警卫等，防止非法进入机房。

外来人员（如参观者）要进入机房，应先登记申请进入机房的时间和目的，经有关部门批准后由警卫领入或由相关人员陪同。进入机房时应佩戴临时标志，且要限制一次性进入机房的人数。

另外，在机房建筑结构上，要考虑使电梯和楼梯不能直接进入机房。

（4）机房的内部管理和维护

在机房的内部管理与维护方面应做到以下几点：

① 机房的空气要经过净化处理，要经常排除废气，换入新风。

② 工作人员要经常保证机房清洁卫生。

③ 工作人员进入机房要穿工作服，佩戴标志或标识牌。

④ 机房要制定一整套可行的管理制度和操作人员守则，并严格监督执行。

2．机房的三度要求

为保证计算机网络系统的正常运行，对机房工作环境中的温度、湿度和洁净度都要有明确要求。为了使机房的这"三度"达到要求，机房应该配备空调系统、去/加湿机、除尘器等设备，甚至特殊场合要配备比公用空调系统在加湿、除尘等方面有更高要求的专用空调系统。

（1）温度

计算机系统内部有许多电子元器件，它们不仅散发大量的热，而且对环境温度很敏感。温度过高不仅会使集成电路和半导体器件性能不稳定，而且也易使存储信息的磁介质损坏，导致信息丢失，温度高到一定程度时将使磁介质失去磁性；而温度过低时，会导致硬盘无法启动，设备表面容易出现水珠凝聚和结露现象，这种潮湿现象将导致设备绝缘不好，机器锈蚀。

统计表明，当温度超过规定范围时，每升高 $10℃$，设备的可靠性就下降 25%。一般机房的温度应控制在 $10℃\sim35℃$，更具体一些，温度要求在 $20℃\pm2℃$，变化率为 $2℃/h$。

（2）湿度

湿度也是影响计算机网络系统正常运行的重要因素。湿度过大会使电路和元器件的绝缘能力降低，影响磁头的高速运转，降低介质强度，使设备的金属部分生锈，同时，湿度还会使灰尘的导电性能增强，电子器件失效的可能性增大。而湿度过小将导致系统设备中的某些器件龟裂、印制电路板变形、静电感应增加，使工作人员的服装、活动地板和设备机壳表面等处不同程度地带有静电荷，易使机器内存储的信息丢失或异常，严重时还会导致芯片损坏。

一般情况下，机房相对湿度应为 30%～80%，更具体一些，相对湿度为 40%～60%，变化率为 25%/h。

总之，机房的温度和湿度过高、过低或变化过快，都将对设备的元器件、绝缘件、金属构件以及信息介质产生不良影响，其结果不仅影响系统工作的可靠性，还会影响工作人员的身心健康。温度控制和湿度控制最好都与空调联系在一起，由空调控制。机房内应安装温度、湿度显示仪，随时观察和检测温度、湿度。

（3）洁净度

灰尘会造成机器接插件的接触不良、发热元器件的散热效率降低、电子元件的绝缘性能下降等危害；灰尘还会增加机械磨损，尤其对驱动器和盘片，灰尘不仅会使磁盘数据的读写出现错误，而且可能划伤盘片，甚至导致磁头损坏。因此，计算机机房必须有防尘、除尘设备和措施，保持机房内的清洁卫生，以保证设备的正常工作。

一般机房的洁净度要求灰尘颗粒直径小于 $0.5\ \mu m$，平均每升空气含尘量少于 1 万粒。

3．机房的电磁干扰防护

计算机房间周围电磁场的干扰会影响系统设备的正常工作，而计算机和其他电气设备的组成元器件都是电阻、电容、集成电路和各种磁性材料器件，很容易受电磁干扰的影响。电磁干扰会增加电路的噪音，使机器产生误动作，严重时将导致系统不能正常工作。

电磁干扰主要来自计算机系统外部和自身。系统外部的电磁干扰主要来自无线电广播天线、雷达天线、工业电气设备、高压电力线和变电设备，以及大自然中的雷击和闪申等。计算机系统本身的各种电子组件和导线通过电流时，会产生不同程度的电磁干扰，这种影响可在机器制作时采用相应工艺降低和解决。

通常可采取以下措施来防止和减少电磁干扰的影响：

① 建造机房应选择在远离电磁干扰源的地方，如离无线电广播发射塔、雷达站、工业电气设备、高压电力线和变电站等设置较远的地方。

② 建造机房时采用接地和屏蔽措施。良好的接地可防止外界电磁场干扰和设备间寄生电容的耦合干扰；良好的屏蔽（电屏蔽、磁屏蔽和电磁屏蔽）可减少外界的电磁干扰。

机房屏蔽主要防止各种电磁干扰对机房设备和信号的损伤，常见的机房屏蔽有两种类型，即金属网状屏蔽和金属板式屏蔽。依据机房对屏蔽效果的要求不同，屏蔽频率频段的高低也有所不同，选择屏蔽系统的材质和施工方法，各项指标要求应严格按照国家规范标准执行。

国家规定机房内无线电干扰场强在频率范围为 0.15～500 MHz 时不大于 126 dB，磁场干扰场强不大于 800 A/m。

4. 机房接地保护与静电保护

（1）机房接地保护

为保证网络系统可靠运行、防止寄生电容的耦合干扰、保护设备及人身安全，机房必须提供良好的接地系统。机房接地系统是涉及多方面的综合性信息处理工程，是机房建设中的一项重要内容。接地系统是否良好是衡量一个机房建设质量的关键性问题之一。

接地就是要使整个计算机网络系统中各处的电位均以大地电位为基准，为系统各电子电路设备提供一个稳定的 0 V 参考电位，从而达到保证网络系统设备安全和工作人员安全的目的。同时，接地也是防止电磁信息辐射的有效措施。

接地以接地电流易于流动为目的。接地电阻越小，接地电流越易于流动，同时从减少成为电噪声原因的电位变动来说，也是接地电阻越小越好。机房接地宜采用综合接地方案，综合接地电阻应小于 1 Ω。

在机房接地时应注意两点：信号系统和电源系统、高压系统和低压系统不应使用共地回路；灵敏电路的接地应各自隔离或屏蔽，以免因大地回流和静电感应而产生干扰。

根据国家标准，大型计算机机房一般只有 4 种接地方式：交流工作地、直流工作地、安全保护地和防雷保护地。

① 交流工作地。许多计算机设备都是由交流电源供电的，如电源、I/O 外围设备、空调设备等，所以必须将机房中交流电源的中性线作为工作地处理。一般是把每个设备的中性点用绝缘导线连到配电柜的中性线上，或将中性线连接在一起，再用接地母线将其接地。

② 直流工作地。直流工作地也称逻辑工作地，是计算机系统中一种重要的接地形式。为了使系统正常工作，机器的所有电路必须工作在一个稳定的基础电压上。通过接地可以使干扰减弱直至消除，从而保证数据处理的正确性。系统中的每个设备都有这样的直流地，可以把这些直流地连接在一起，接在一个铜条上，或把每个直流地焊接在铜线上，作为公共直流地线，再将公共直流地线埋在建筑物附近的地下。这种接地可使设备外壳上的大量静电荷沿公共地线泄放。

③ 安全保护地。某些设备的外壳与电路部分是绝缘的，如果这种绝缘性能下降或因绝缘

损坏而失效，则机壳的对地电位将升高，会对工作人员的安全造成威胁。而将设备的金属外壳接地，可使机壳对地电位为零，使外壳上积聚的电荷迅速排放，故障电流基本上由该低阻通路流经大地，而不致形成危险电压，这就是安全保护地。

机房内要求采用这种安全保护接地的设备有各种计算机外围设备、多相位变压器中性线、电缆外套管、电子报警系统、隔离变压器、电源和信号滤波器、通信设备等。

我国规定，机房内保护地线接地电阻应小于等于 4 Ω。保护地在接头上应有专门的芯线，由电缆连接到设备外壳，将插座上对应的芯线引出与大地相连。

安全保护地应连接可靠，一般不用焊接而采用机械压紧连接。地线导线应足够粗，应为 4 号铜线或金属带线。安全保护地在机房内可单独设置，用导线将各设备外壳连成一点，然后由专线接地。这样，安全保护地就可防止由于线路绝缘损坏可能使设备外壳带有危险的电压而对人体造成伤害。

④ 防雷保护地。雷电具有很大的能量，雷击产生的瞬间电压可高达 10 MV 以上，因此，单独建设的机房或机房所在的建筑物必须设置专门的防雷保护地，以防雷击产生的巨大能量和高压对设备及人身造成危害。若机房设在装有防雷设施的建筑物内，则可不必单独设置防雷保护地。

防雷保护主要是将具有良好导电性能和一定机械强度的避雷针安置在建筑物的最高处，引下导线接到地网或地桩上，形成一条最短的、牢固的对地通路，为泄放雷击电流提供一条低阻值通道，以此来向大地引泄雷击电流，达到保护工作人员和建筑物目的。

机房建筑物在处理防雷保护地时，应严格按照防雷措施规定。

（2）机房静电保护

静电是机房发生最频繁、最难消除的危害之一。它不仅会使计算机运行出现随机故障，而且会导致某些元器件（如 CMOS 电路、MOS 电路、双极性电路等）被击穿或毁坏，此外还会影响操作人员和维护人员的工作和身心健康。

① 静电产生的特点及危害

静电的故障特点包括：

● 静电故障随湿度而变化（主要发生在冬春干燥季节）。

● 静电故障的偶发性强（多为随机故障，难于找出诱发原因）。

● 静电故障与机房地板、使用的家具和工作人员服装有关。

● 静电故障发生率与人体或其他绝缘体和计算机设备相接触有关。

静电的危害包括：

● 静电电流流经机壳时，会对信号线和电源线产生感应噪声。

● 静电产生的高压会引起机壳地、安全地电位变化，从而引起逻辑地产生电位变动。

● 静电放电时会产生辐射噪声。

静电对计算机设备的影响主要体现在半导体器件上。半导体器件的高密度和高增益促进了计算机的高速度、高密度、大容量和小型化，因此也导致了半导体器件本身对静电的反应越来越灵敏。静电对计算机的影响主要表现为两点：一是可能造成元器件（中大规模集成电路、双极性电路）损坏；二是可引起计算机误操作或运算错误。静电对计算机外设也有明显的影响。例如，阴极射线显示器在受到静电影响时将使图像紊乱，模糊不清，还可造成 Modem、网卡、Fax 卡等工作失常，打印机走纸不顺等。

② 静电的防护。静电问题很难查找，有时会被认为是软件故障。对静电问题的防护，不仅涉及计算机的系统设计，还与计算机机房的结构和环境条件有很大关系。

通常采取的防静电措施有以下几点：

- 机房建设时，在机房地面铺设防静电地板。
- 工作人员在工作时穿戴防静电衣服和鞋帽。
- 工作人员在拆装和检修机器时应在手腕上戴防静电手环（该手环可通过柔软的接地导线放电）。
- 保持机房内相应的温度和湿度。

5. 机房电源系统

电源是计算机网络系统的命脉，电源系统稳定可靠是网络系统正常运行的先决条件。电源系统电压的波动、浪涌电流或突然断电等意外事件的发生不仅可能使系统不能正常工作，还可能造成系统存储信息丢失、存储设备损坏等。因此，电源系统的安全是计算机网络系统安全的一个主要组成部分。

在 GB 2887—2011 和 GB 9361—2011 中对机房的安全供电作了明确要求。GB 2887—2011 将供电方式分为 3 类：

- 一类供电：需建立不间断供电系统。
- 二类供电：需要建立带备用的供电系统。
- 三类供电：按一般用户供电要求考虑。

电源系统安全不仅包括外部供电线路的安全，更重要的是室内电源设备的安全。计算机网络机房可采用以下措施保证电源的安全工作：

（1）隔离和自动稳压

把建筑物外电网电压输入到由隔离变压器、稳压器及滤波器组成的设备上，再把滤波器输出电压提供给各设备。隔离变压器和滤波器对电网的瞬变干扰具有隔离和衰减作用。常用的稳压器是自动感应稳压器，对电网电压的波动具有调节作用。

（2）稳压稳频

稳压稳频器是采用电子电路来实现稳定电网输入的电压和频率的装置，其输出供给计算机设备。稳压稳频器通常由整流器、逆变器、充电器、蓄电池组成。蓄电池可在电网停止供电时，短时间内起供电作用；逆变器把直流电再转变为交流电，因而它产生的交流电受电网影响是很小的；充电器对蓄电池充电，使蓄电池保持在一个固定的直流电压上。

（3）不间断电源

计算机机房负载分为主设备负载和辅助设备负载。主设备负载指计算机及网络系统、计算机外部设备及机房监控系统，这部分配电系统统称为"设备供配电系统"，其供电质量要求较高，应采用不间断电源（UPS）供电来保证主设备负载供电的稳定性和可靠性。

UPS 是由大量的蓄电池组成的，类似于稳压稳频器。系统交流电网一旦停止供电，立即启动 UPS，为系统继续供电。UPS 根据其容量大小，可为系统提供连续供电 15 min、30 min 甚至更长时间。在 UPS 供电期间，还可启动备用发电机工作，以保证更长时间的不间断供电。UPS 还有滤除电压的瞬变和稳压作用。

4.3.2　机柜安装

配线间在安装机柜之前首先要对可用空间进行规划，分别在图纸上标定外接线缆、UPS 等关键设备的安装位置。机柜（见图 4-15）作为综合布线设备线缆转接和服务器、网络设备的安装承载设备，不仅对空间具有需求，而且机柜尺寸的选择对于设备安装具有决定作用。机柜可孤立选址，更可以成排安放，以利于空间利用和美观。

图 4-15　机柜

1. 机柜安装的重要知识

为了便于散热和设备维护，建议机柜前后与墙面或其他设备的距离不应小于 0.8 米，机房的净高不能小于 2.5 米。为方便机柜门的开关，特别是前门的开关，在确定机柜的摆放位置时要对开门和关门的动作进行试验，观察打开和关闭机柜时柜门打开的角度，所有的门和侧板都应很容易打开，以便于安装和维护。

机柜内设备的摆放位置，要根据设备的大小确定机柜的高度，通过标准高度（单位为 U）计算，并使机柜保持一定的冗余空间和扩展空间。在综合布线工程中，机柜内安装的设备主要有网络设备和配线设备，必须合理地安排网络设备和配线设备的摆放位置，主要是要考虑网络设备的散热性和配线设备的线缆接入的方便性。一般机柜内设备摆放方式有上层网络设备与下层配线设备、上层配线设备与下层网络设备和网络设备与配线设备交错摆放等方式。同时也要注意线缆的走线空间，在设备最后定位后要确保外部进入的电线线缆、双绞线、光缆、各种电源线和连接线都用扎带和专用固定环进行固定，确保机柜的整洁美观和管理方便。机柜安装中的几个重要注意事项如下：

① 当机柜中用电设备较少时，使用机柜标准配置的电源即可，当机柜中用电设备越来越多时，可使用电源插座。如果机柜有冗余空间可配置 1U 支架模型的电源插座，当机柜空间较小时，可将电源插座安装在机柜内壁的任一角落，以给其他设备让出空间。

② 由于网络设备全部安装在机柜中，要保障网络安全地运行，必须有规范的接地系统，因此机柜底部必须焊有接地螺柱，机柜中的所有设备都要与机柜金属框架有效连接，网络系统通过机柜经接地线接地。

③ 机柜内部有良好的温度控制系统，以免仪器过热或过冷，确保设备高效运转。有全通风系列机柜供选择，可加配风扇（风扇有寿命保证）。条件许可时，在炎热的环境下可安装独立空调系统，在严寒环境下可安装独立加热保温系统。

2. 机柜水平调整

在机柜顶部平面两个相互垂直的方向放置水平尺，检查机柜的水平度。用扳手旋动地脚上的螺杆调整机柜的高度，使机柜达到水平状态，然后锁紧机柜地脚上的锁紧螺母，使锁紧螺母紧贴在机柜的底平面。

3. 安装机柜门接地线

机柜前后门安装完成后，需要在其下端轴销的位置附近安装门接地线，使机柜前后门可靠接地。

4．机柜安装检查

机柜安装完成后，请按照表 4-4 中的项目进行检查，要求所列项目状况正常。

表 4-4　机柜安装检查表

编　　号	检查要素	检查结果			备　　注
	项　　目	是	否	免	
1	正确确认机柜的前后方向				
2	机柜前方留 0.8 m 的开阔空间，机柜后方留 0.8 m 的开阔空间				
3	机柜调整水平				

4.3.3　机柜内线缆安装的重要知识

1．瀑布造型安装

这是一种比较古老的布线造型，从配线架的模块上直接将双绞线垂荡下来，分布整齐时有一种很漂亮的层次感（每层 24～48 根双绞线）。

这种造型的优点是节省理线人工，缺点则比较多，例如：安装网络设备时容易破坏造型，甚至出现不易将网络设备安装到位的现象；每根双绞线的重量全部变成拉力，作用在模块的后侧，如果在端接点之前没有对双绞线进行绑扎，那么这一拉力有可能会在一段时间以后将模块与双绞线分离，引起断线故障；如该配线架中某一个模块需要重新端接，那维护人员只能探入"水帘"内进行施工，不仅给施工带来困难，还会由于光线较差造成端接时看不清。

2．逆向理线

逆向理线是在配线架的模块端接完毕，并通过测试后，再进行理线。其方法是从模块开始向机柜外理线，同时桥架内也进行理线。这样做的优点是理线在测试后，不会因某根双绞线测试通不过而造成重新理线，而缺点是由于两端（进线口和配线架）已经固定，线缆之间会产生大量的交叉，要想理整齐十分费力，而且在两个固定端之间必然有一处的双绞线是散乱的，这一处往往在地板下（下进线时）或天花板上（上进线时）。逆向理线一般为人工理线，凭借肉眼和双手完成。

3．正向理线

正向理线是在配线架端接前进行理线。它从机房的进线口开始，将线缆逐段整理，直到配线架的模块处为止。在理线后再进行端接和测试。

正向理线所要达到的目标是：自机房（或机房网络区）的进线口至配线机柜的水平双绞线以每个 16/24/32/48 口配线架为单位，形成一束束的水平双绞线线束，每束线内所有的双绞线全部平行（在短距离内的双绞线平行所产生的线间串扰不会影响总体性能），各线束之间全部平行；在机柜内每束双绞线顺势弯曲后铺设到各配线架的后侧，整个过程仍然保持线束内双绞线全程平行。在每个模块后侧从线束底部将该模块所对应的双绞线抽出，核对无误后固定在模块后的托线架上或穿入配线架的模块孔内。

正向理线的优点是在机房中自进线口至配线架之间全部整齐、平行，十分美观。缺点是施工人员要对自己的施工质量有着充分的把握，只有在基本上不会重新端接的基础上才能进行正向理线施工。正向理线所需工具如下：

① 理线板。理线板是正向理线的必备工具，它可以采用纤维板、层压板或木板在现场自制，也可以在公司里提前制作。理线板是一块 25 孔方板（对应于 24 口配线架的合适尺寸 5×5 孔理线板，也可以选用 4×6、8×8 等规格），单面印字，每孔可以穿 1 根水平双绞线，其制作方法为：测量所用双绞线的缆径，并附加 2～4 mm 后形成理线板的孔径，然后根据板的强度选择孔与孔之间的间距，在板上横向划 5 根线、纵向划 5 根线，留有写编号的空间后确定板的长宽尺寸。剪切或锯下多余部分后，使用手枪钻在划线的交叉点上以所确定的孔径钻 25 个孔后，用粗砂纸将所有的边沿倒角后，在横向写上 1～5 的编号，再纵向写上 A～E 的编号后完成。可以想象，当双绞线穿入理线板后，彼此之间的相对位置就基本固定，根据其位置进行绑扎时不容易出现大的错位现象，更不易出现线缆的交叉现象。

② 理线表。理线表是一张人为定义的表格，当使用 5×5 理线板时，理线表为 5 行 5 列的表格，每个单元格对应一个孔。理线表的填写方法可以有多种，每种填写方法对应于一种排列顺序。在实际填写理线表时，应将与配线架 1～24 口对应的线缆线号填入理线表，这样线号与配线架的模块号就一一对应。在一般情况下，当配线架布置图完成后，可使用 Excel 的联动功能，自动形成针对每个配线架的理线表。

4.3.4　配线架与理线架的安装

配线架用于综合布线，将网线用打线器按颜色打入配线架，理线架可用来使机柜中的布线更美观。

1．配线架

通信室和设备室的作用就像是布线系统的神经中枢，从工作区接过来的水平线缆在配线架上用互配或交叉的方式连接到设备端口。线缆的互配或交叉连接是通过模块化连接线或跳线来实现的。

配线架的安装：一是将配线架按照施工设计准确安装于机柜中；二是将线缆规则地在配线架后侧成把地捆扎并与配线架后侧沟槽紧固；三是按照设计时的线序准确地利用专用工具进行卡接，直至完成。

2．理线架

理线架可安装于机架的前端，提供配线或设备用跳线的水平方向线缆管理；理线架安装时要根据线缆走向，顺其自然地进行理线，形成易维护的系统。

4.3.5　网络设备安装与 IP 地址分配

线缆与配线柜施工结束后，工程进入设备安装与调试阶段。设备安装在机柜安装前应该有明确的位置规划，这一个环节主要是按照规划进行设备安装工作。

1．服务器与网络存储设备安装

通常情况下，服务器、网络存储设备安装在一个机柜中，以便于 UPS 供电支持。由于该机柜负载较大，需要计算电源功率以及供电线缆的尺寸，机柜散热的状况等，确保网络服务功能的可靠性。

服务器和网络存储设备的 IP 地址分配往往是分配一个网段的第一个 IP 给服务器，服务器有多个时，顺序分配前几个 IP 给服务器，接下来再分配给存储设备。

2．交换机与路由器、防火墙安装

交换机、路由器、防火墙通常安装在一个独立的机柜中（见图 4-16），或者与配线架交替安装。独立安装时设备易于日常维护和管理，交替安装时，易于很清楚地体现网络的结构，但在设备拆卸维护时有所不便。因此，用户可以根据自身的取向选择设备安装的方式。一般说来，路由器与防火墙设备因为相对独立，尽可能与配线柜分开安装，而交换机由于线缆数量多，选择与配线架安装在配线柜中。

同服务器安装类似，交换机、路由器、防火墙在安装前就需要计算负载，安装时选择尺寸合适的机柜并使设备在安装时留有一个合适的间隔以利于散热和维修。

交换机、路由器和防火墙的 IP 地址分配需要严格按照网络系统逻辑设计的要求进行分配，需要有经验的网络工程师完成。有关 IP 地址分配的知识请参考计算机网络原理的有关教材。

图 4-16　安装网络设备后的机柜

3．UPS 电源安装

UPS 电源（见图 4-17）一般分为 UPS 机头和电池组两个部分。需要说明的是，机头可以安装在机柜附近，也可以安装在配线间的其他地方，依据就是机头内的逆变系统工作时产生的电磁干扰在什么区域内干扰网络的传输。这个指标与 UPS 主机的负载、品牌紧密相关，需要遵从有关标准来确定。

电池组由于单位面积重量很大，往往需要在地下室对地基进行加固后再安装，以确保电池组的安装不对建筑物产生危害。电池组与机头的连接电缆必须满足电流的负载需要，而且要满足最大负载需要以确保线路安全。另外，UPS 电池组的数量取决于延迟供电时间要求和机头负载要求，以及所选择的电池指标，这需要专业的计算来解决。UPS 机器需要可靠的接地保护才能防止事故发生。

图 4-17　UPS 电源与电池组

4.4 网络系统测试

网络系统测试是综合布线施工完成后立即进行的一项关键任务。由于对信道要求的不同，测试所采用的设备、测试参数要求等都不一定相同。清楚地了解各类介质的测试标准、各类网络结构的测试方法对于工程施工具有很好的指导意义。

4.4.1 综合布线工程测试概述

综合布线系统中往往使用了多种传输介质，如光缆、双绞线、大对数线缆以及各种端接、终接设备。因此，综合布线系统测试是一个完整的子工程，不仅需要设计规划，还要具有科学的测试实施方案，准备专业的测试设备，以保障系统的链路质量。

综合布线系统的认证测试应确定测试方法和测试仪器型号，然后根据测试方法和测试对象将测试仪参数调整或校正为符合测试要求的数值，最后到现场逐项测试，并要做好相应的测试报告记录。

4.4.2 电缆测试

局域网的安装是从电缆开始的，电缆是网络最基础的部分。据统计，大约 50%的网络故障与电缆有关。所以电缆本身的质量以及电缆安装的质量都直接影响网络能否健康地运行。此外，很多布线系统是在建筑施工中进行的，电缆通过管道、地板或地毯铺设到各个房间。当网络运行时发现故障是电缆引起时，此时就很难或根本不可能再对电缆进行修复。即使修复，其代价也相当昂贵，所以最好的办法就是把电缆故障消灭在安装之中。目前使用最广泛的电缆是同轴电缆和非屏蔽双绞线（UTP）。根据所能传送信号的速度，UTP 又分为 3、4、5、5e、6 类。当前绝大部分用户出于将来升级到高速网络的考虑，大多安装 UTP5、5e 类线。那么如何检测安装的电缆是否合格，它能否支持将来的高速网络，用户的投资是否能得到保护就成为关键问题。这也就是电缆测试的重要性，电缆测试一般可分为两个部分：电缆的验证测试和电缆的认证测试。

1. 电缆的验证测试

电缆的验证测试是测试电缆的基本安装情况。例如电缆有无开路或短路，UTP 电缆的两端是否按照有关规定正确连接，同轴电缆的终端匹配电阻是否连接良好，电缆的走向如何等。这里要特别指出的一个特殊错误是串绕。所谓串绕就是将原来的两对线分别拆开而又重新组成新的绕对。因为这种故障的端与端连通性是好的，所以用万用表是查不出来的，只有用专线的电缆测试仪才能检查出来。串绕故障不易发现，是因为当网络低速度运行或流量很低时其表现不明显，而当网络繁忙或高速运行时其影响极大，这是因为串绕会引起很大的近端串扰。电缆的验证测试要求测试仪器使用方便、快速。

2. 电缆的认证测试

电缆的认证测试是指电缆除了正确的连接以外，还要满足有关的标准，即安装好的电缆的电气参数（例如衰减、近端串扰等）是否达到有关规定所要求的指标。这类标准有 TIA、IEC

等。关于 UTP 5 类线的现场测试指标已于 1995 年 10 月正式公布，这就是 TIA 568A TSB-67 标准。该标准对 UTP 5 类线的现场连接和具体指标都作了规定。

认证测试是线缆可信度测试中最严格的。认证测试仪在预设的频率范围内进行许多种测试，并将结果同 TIA 或 ISO 标准中的极限值相比较。这些测试结果可以判断链路是否满足某类或某级（如超 5 类、6 类、7 级）的要求。对于网络用户和网络安装公司或电缆安装公司，都应对安装的电缆进行测试，并出具可供认证的测试报告。

4.4.3 双绞线测试

1．测试模式

国家标准 GB 50312-2007 中的综合布线系统工程电气测试方法指出，超 5 类和 6 类布线系统按照永久链路和信道进行测试。

（1）永久链路

永久链路又称固定链路，适用于测试固定链路（水平电缆及相关连接器件）性能，链路连接如图 4-18 所示。在国际标准化组织 ISO/IEC 所制定的超 5 类、6 类标准及 TIA/EIA 568B 中新的测试定义中，定义了永久链路测试方式，它将代替基本链路方式。永久链路方式供工程安装人员和用户使用，用以测量所安装的固定链路的性能。永久链路连接方式由 90 m 水平电缆和链路中相关接头（必要时增加一个可选的转接/汇接头）组成，与基本链路方式不同的是，永久链路不包括现场测试仪插接线和插头，以及两端 2 m 的测试电缆，电缆总长度为 90 m，而基本链路包括两端的 2 m 测试电缆，电缆总计长度为 94 m。

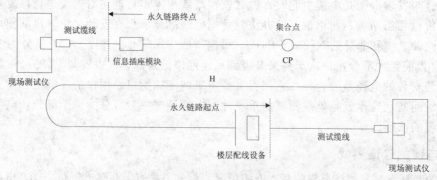

图 4-18　永久链路方式

（2）信道模式

信道连接模式是在永久链路连接模型的基础上建立的，包括工作区和电信间的设备电缆和跳线在内的整体信道性能。信道连接如图 4-19 所示。信道包括最长 90 m 的水平缆线、信息插座模块、集合点、电信间的配线设备、跳线、设备线缆在内，总长不得大于 100 m。

2．双绞线测试有关标准

由于所有的高速网络部定义了支持 5 类双绞线，所以用户要找一个方法来确定它们的电缆系统是否满足 5 类双绞线规范。为了满足用户的需要，EIA（美国的电子工业协会）制定了 EIA568 和 TSB-67 标准，它适用于已安装好的双绞线连接网络，并提供一个用于"认证"双绞线电缆是否达到 5 类线所要求的标准。由于确定了电缆布线满足新的标准，用户就可以确信它们现在的布线系统能否支持未来的高速网络（100 Mbit/s）。随着 TSB-67 的最后通过（1995 年 10 月已正式通过），它对电缆测试仪的生产商提出了更严格的要求。

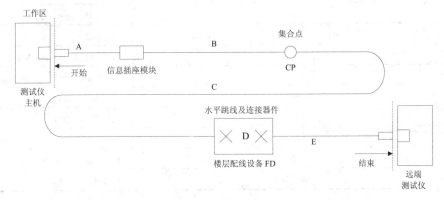

图 4-19　信道模式

A—工作区终端设备电缆　B—CP 缆线　C—水平缆线

D—配线设备连接跳线　E—配线设备到设备连接电缆

B+C≤90 m　A+D+E≤10 m

对网络电缆和不同标准所要求的测试参数如表 4-5～表 4-7 所示。

表 4-5　网络电缆类型及对应标准

电缆类型	网络类型	标　准
UTP	令牌环 4 Mbit/s	IEEE 802.5 for 4 Mbit/s
UTP	令牌环 16 Mbit/s	IEEE 802.5 for 16 Mbit/s
UTP	以太网	IEEE 802.3 for 10Base-T
Foam	以太网	IEEE 802.3 for 10Base2
RG58	以太网	IEEE 802.3 for 10Base5
UTP	快速以太网	IEEE 802.12
UTP	快速以太网	IEEE 802.3 for 10Base-T
UTP	快速以太网	IEEE 802.3 for 100Base-T4
UTP	3，4，5 类电缆现场认证	TIA 568，TSB-67

表 4-6　不同标准所要求的测试参数

测试标准	接线图	电阻	长度	特性阻抗	近端串扰	衰减
TIA /EIA 568A，TSB-67	*		*		*	
10Base-T	*		*	*	*	*
10Base2		*	*	*		
10Base5		*	*	*		
IEEE 802.5 for 4Mbps	*		*	*	*	*
IEEE 802.5 for 16Mbps	*		*	*	*	*
100Base-T	*		*	*	*	*
IEEE 802.12 100Base-VG	*		*	*	*	*

表 4-7　电缆级别与应用的标准

级　别	频率量程	应　用
3	1～16 MHz	IEEE 802.5 Mbit/s 令牌环
		IEEE 802.3 for 10Base-T
		IEEE 802.12 100Base-VG
		ATM 51.84/25.92/12.96 Mbit/s
4	1～20 MHz	IEEE 802.5 16 Mbit/s
5	1～100 MHz	IEEE 802.3 100Base-T 快速以太网
	ATM 155 Mbit/s	
6	250 MHz	1000Base-T 以太网
7*	600 MHz	10000Base-T 以太网

但是，随着局域网络发展的需要，标准也会不断更新内容，读者应注意这方面的信息。

3．TSB-67 测试的主要内容

TSB-67 包含了验证 TIA/EIA 568 标准定义的 UTP 布线中的电缆与连接硬件的规范。对 UTP 链路测试的主要内容如下：

（1）接线图

这一测试是确认链路的连接。这不仅是一个简单的逻辑连接测试，而是要确认链路一端的每一个针与另一端相应的针连接，而不是连在任何其他导体或屏幕上。此外，Wire Map 测试要确认链路缆线的线对正确，而且不能产生任何串绕，保持线对正确绞接是非常重要的测试项目。

（2）链路长度

每一个链路长度都应记录在管理系统中（参见 TIA/EIA 606 标准）。链路的长度可以用电子长度测量来估算，电子长度测量是基于链路的传输延迟和电缆的额定传播速率（Nominal Velocity of Propagation，NVP）值而实现的。NVP 表示电信号在电缆中传输速度与光在真空中传输速度之比值。当测量了一个信号在链路往返一次的时间后，就得知电缆的 NVP 值，从而计算出链路的电子长度。这里要进一步说明，处理 NVP 的不确定性时，实际上至少有 10%的误差。为了正确解决这一问题，必须以一已知长度的典型电缆来校验 NVP 值。永久链路的最大长度是 90 m，外加 4 m 的测试仪，专用电缆区 94 m，信道（Channel）的最大长度是 100 m。

计入电缆厂商所规定的 NVP 值的最大误差和长度测量的 TDR（Time Domain Reflectometry，时域反射）技术的误差，测量长度的误差极限如下：

信道：100 m+15%×100 m=115 m。

永久链路：94 m+15%×94 m=108.1 m。

如果长度超过指标，则信号损耗较大。

对线缆长度的测量方法有两种规格：永久链路和 Channel，Channel 也称为 User Link。

NVP 的计算公式如下：

$$NVP=(2 \times L)/(T \times c)$$

式中：L 为电缆长度；T 为信号传送与接收之间的时间差；c 为真空状态下的光速（30 000 000 m/s）

一般 UTP 的 NVP 值为 72%，但不同厂家的产品会稍有差别。

（3）衰减

衰减是一个信号损失度量，是指信号在一定长度的线缆中的损耗。衰减与线缆的长度有关，随着长度增加，信号衰减也随之增加，衰减也是用"dB"作为单位，同时，衰减随频率而变化，所以应测量应用范围内全部频率上的衰减。比如，测量 5 类线缆的 Channel 的衰减，测试频率范围是 1～100 MHz，以最大步长（1 MHz）来进行，对于 3 类线缆测试频率范围是 1～16MHz，4 类线缆频率测试范围是 1～20 MHz。

TSB-67 定义了一个链路衰减的公式。TSB-67 还附加了一个永久链路和 Channel 的衰减允许值表，定义了在 20℃时的允许值。随着温度的增加衰减也增加，对于 3 类线缆每增加 1℃，衰减增加 1.5%，对于 4 类和 5 类线缆每增加 1℃，衰减增加 0.4%，当电缆安装在金属管道内时，链路的衰减增加 2%～3%。

现场测试设备应测量出安装的每一对线的衰减最严重情况，并且通过将衰减最大值与衰减允许值比较后，给出合格（Pass）或不合格（Fail）的结论。

① 如果合格，则给出处于可用频宽内（5 类线缆是 1～100 MHz）的最大衰减值。

② 如果不合格，则给出不合格时的衰减值、测试允许值及所在点的频率。早期的 TSB-67 版本所列的是最差情况的百分比限值。

如果测量结果接近测试极限，测试仪不能确定是 Pass 或是 Fail，则此结果用 Pass 表示，若结果处于测试极限的错误侧，则只记上 Fail。

Pass/Fail 的测试极限是按链路的最大允许长度（Channel 是 100 m，永久链路是 94 m）设定的，而不是按长度分摊。然而，若测量出的值大于链路实际长度的预定极限，则报告中前者往往带有星号，以作为对用户的警告。请注意，分摊极限与被测量长度有关，由于 NVP 的不确定性，所以是很不精确的。

（4）近端串扰 NEXT 损耗

串扰分近端串扰和远端串扰（FEXT），测试仪主要是测量 NEXT，由于线路损耗，NEXT 的量值影响较小。

NEXT 损耗是测量一条 UTP 链路中从一对线到另一对线的信号耦合，是对性能评估的最主要的标准，是传送信号与接收同时进行的时候产生干扰的信号。对于 UTP 链路这是一个关键的性能指标，也是最难精确测量的一个指标，尤其是随着信号频率的增加其测量难度就更大。TSB-67 中定义对于 5 类线缆链路必须在 1～100 MHz 的频宽内测试。同衰减测试一样，3 类链路是 1～16 MHz，4 类是 1～20 MHz。

NEXT 测量的最大频率步长如表 4-8 所示。

表 4-8　NEXT 测量的最大频率步长

频率/MHz	最大步长/kHz
1～31.15	150
31.25～100	250

在一条 UTP 的链路上，NEXT 损耗的测试需要在每一对线之间进行。也就是说，对于典型的 4 对 UTP 来说要有 6 对线关系的组合，即测试 6 次。

NEXT 并不表示在近端点所产生的串扰值，它只是表示在近端点所测量的串扰数值。该量值会随电缆长度的增长而衰减变小。同时发送端的信号也衰减，对其他线对的串扰也相对变小。实验证明，只有在 40 m 内测得的 NEXT 是较真实的，如果另一端是远于 40 m 的信息插座，它会产生一定程度的串扰，但测试器可能没法测试到该串扰值。基于这个原因，对 NEXT 最好在两个端点都要进行测量。现在的测试仪都有能在一端同时进行两端的 NEXT 的测量。

NEXT 测试的参照表如表 4-9 和表 4-10 所示。

表 4-9　20℃时各类线缆在各频率下的衰减极限

频率/ MHz	20℃时最大衰减									
	信道（100 m）					永久链路（90 m）				
	3 类	4 类	5 类	5e	6 类	3 类	4 类	5 类	5e	6 类
1	4.2	2.6	2.5	2.5	2.1	3.2	2.2	2.1	2.1	1.9
4	7.3	4.8	4.5	4.5	4.0	6.1	4.3	4.0	4.0	3.5
8	10.2	6.7	6.3	6.3	5.7	8.8	6	5.7	5.7	5.0
10	11.5	7.5	7.0	7.0	6.3	10	6.8	6.3	6.3	5.6
16	14.9	9.9	9.2	9.2	8.0	13.2	8.8	8.2	8.2	7.1
20		11	10.3	10.3	9.0		9.9	9.2	9.2	7.9
22			11.4	11.4	10.1			10.3	10.3	8.9
31.25			12.8	12.8	11.4			11.5	11.5	10.0
62.5			18.5	18.5	16.5			16.7	16.7	14.4
100			24.0	24.0	21.3			21.6	21.6	18.5
200					31.5					27.1
250					36.0					30.7

表 4-10　特定频率下的 NEXT 测试极限

频率/ MHz	20℃时最小 NEXT									
	信道（100 m）					永久链路（90 m）				
	3 类	4 类	5 类	5e	6 类	3 类	4 类	5 类	5e	6 类
1	39.1	53.3	60.0	60.0	65.0	40.1	54.7	60.0	60.0	65.0
4	29.3	43.3	50.6	53.6	63.0	30.7	45.1	51.8	54.8	64.1
8	24.3	38.2	45.6	48.6	58.2	25.9	40.2	47.1	50.0	59.4
10	22.7	36.6	44.0	47.0	56.6	24.3	38.6	45.5	48.5	57.8
16	19.3	33.1	40.6	43.6	53.2	21.0	35.3	42.3	45.2	54.6
20		31.4	39.0	42.0	51.6		33.7	40.7	43.7	53.1
25			37.4	40.4	52.0			39.1	42.1	51.5
31.25			35.7	38.7	48.4			37.6	40.6	50.0
62.5			30.6	33.6	43.4			32.7	35.7	45.1
100			27.1	30.1	39.8			29.3	32.3	41.8
200					34.8					36.9
250					33.1					35.3

上面所述是测试的主要内容，但某些型号的测试仪还给出直流环路电阻、特性阻抗、衰减串扰比。

4．超 5 类、6 类线测试有关标准

对于超 5 类、6 类线的测试标准，国际标准化组织定于 2000 年公布。

超 5 类线和 6 类线的测试参数主要有以下内容：

① 接线图：该步骤检查电缆的接线方式是否符合规范。错误的接线方式有开路（或称断路）、短路、反向、交错、分岔线对及其他错误。

② 连线长度：局域网拓扑对连线的长度有一定的规定，因为如果长度超过了规定的指标，信号的衰减就会很大。连线长度的测量是依照 TDR（时间域反射测量学）原理来进行的，但测试仪所设定的 NVP（额定传播速率）值会影响所测长度的精确度，因此在测量连线长度之前，应该用不短于 15 m 的电缆样本做一次 NVP 校验。

③ 衰减量：信号在电缆上传输时，其强度会随传播距离的增加而逐渐变小。衰减量与长度及频率有着直接关系。

④ 近端串扰：TSB-67 规范要求在链路两端都要进行对 NEXT 值的测量。

⑤ SRL：SRL（Structural Return Loss）是衡量线缆阻抗一致性的标准，阻抗的变化引起反射（Return Reflection）、噪声（Noise）的形成是由于一部分信号的能量被反射到发送端，SRL 是测量能量的变化的标准，由于线缆结构变化而导致阻抗变化，使得信号的能量发生变化，TIA/EIA 568A 要求在 100 MHz 下 SRL 为 16 dB。

⑥ 等效式远端串扰：等效式远端串扰（Equal Level Fext，ELFEXT）与衰减的差值以 dB 为单位，是信噪比的另一种表示方式，即两个以上的信号朝同一方向传输时的情况。

⑦ 综合远端串扰（Power Sum ELFEXT）。

⑧ 回波损耗：回波损耗是关心某一频率范围内反射信号的功率，与特性阻抗有关，具体表现为：

- 电缆制造过程中的结构变化。
- 连接器。
- 安装。

这 3 种因素是影响回波损耗数值的主要因素。

⑨ 特性阻抗：特性阻抗（Characteristic Impedance）是线缆对通过的信号的阻碍能力，它受直流电阻、电容和电感的影响，要求在整条电缆中必须保持是一个常数。

⑩ 衰减串扰比（ACR）：衰减串扰比（Attenuation-to-crosstalk Ratio，ACR）是同一频率下近端串扰 NEXT 和衰减的差值，用公式可表示为：

$$ACR=衰减的信号 - 近端串扰的噪声$$

ACR 不属于 TIA/ETA 568A 标准的内容，但它对于表示信号和噪声串扰之间的关系有着重要的价值。实际上，ACR 是系统 SNR（信噪比）的唯一衡量标准，是决定网络正常运行的一个因素，ACR 包括衰减和串扰，它还是系统性能的标志。

对 ACR 有些什么要求呢？国际标准 ISO/IEC 11801 规定在 100MHz 下，ACR 为 4dB，T568A 对于连接的 ACR 要求是在 100 MHz 下，为 7.7dB。在信道上 ACR 值越大，SNR 越好，从而对于减少误码率（BER）也是有好处的。SNR 越低，BER 就越高，使网络由于错误而重新传输，大大降低了网络的性能。

表 4-11 列出了 6 类布线系统的 100 m 信道的参数极限值。

表 4-11　6 类系统性能参数极限值

频率/ MHz	衰减/ dB	NEXT/ dB	PS NEXT/ dB	ELFEXT/ dB	PS NEXT/ dB	回波损耗/ dB	ACR/ dB	PS ACR/ dB
1.0	2.2	72.7	70.3	63.2	60.2	19.0	70.5	68.1
4.0	4.1	63.0	60.5	51.2	48.2	19.0	58.9	56.5
10.0	6.4	56.6	54.0	43.2	40.2	19.0	50.1	47.5
16.0	8.2	53.2	50.6	39.1	36.1	19.0	45.0	42.4
20.0	9.2	51.6	49.0	37.2	34.2	19.0	42.4	39.8
31.25	8.6	48.4	45.7	33.3	30.3	17.1	36.8	34.1
62.5	16.8	43.4	40.6	27.3	24.3	14.1	26.6	23.8
100.0	21.6	39.9	37.1	23.2	20.2	12.0	18.3	15.4
125.0	24.5	38.3	35.4	21.3	18.3	8.0	13.8	10.9
155.52	27.6	36.7	33.8	19.4	16.4	10.1	9.0	6.1
175.0	29.5	35.8	32.9	18.4	15.4	9.6	6.3	3.4
200.0	31.7	34.8	31.9	17.2	14.2	9.0	3.1	0.2
250.0	35.9	33.1	30.2	15.3	12.3	8.0	1.0	0.1

4.4.4　大对数线缆测试

大对数线缆多用于综合布线系统的语音主干线，它比 4 对线缆的双绞线使用要多得多。建议数据传输主干线不要采用它测试，例如 25 对线缆，一般有两种测试方法：

① 用 25 对线测试仪测试。

② 分组用双绞线测试仪测试。

用 25 对线测试仪测试可在无源电缆上完成测试任务，它同时测 25 对线的连续性、短路、开路、交叉、有故障的终端、外来的电磁干扰和接地中出现的问题。

要测试的导线两端各接一个 25 对线测试仪的测试器。用这两个测试器共同完成测试工作，在它们之间形成一条通信链路。

4.4.5　光纤测试

在光纤的应用中，光纤本身的种类很多，但光纤及其系统的基本测试方法大体上都是一样的，所使用的设备也基本相同。对光纤或光纤系统，其基本的测试内容有连续性和衰减/损耗。测量光纤输入功率和输出功率，分析光纤的衰减损耗，确定光纤连续性和发生光损耗的部位等。

1．光纤测试综述

光纤布线系统安装完成之后需要对链路传输特性进行测试，其中最主要的几个测试项目是链路的衰减特性、连接器的插入损耗、回波损耗等。

（1）衰减

① 衰减是光在光纤传输过程中光功率的减少。

② 对光纤网络总衰减的计算。光纤损耗（Loss）是指光纤输出端功率（P_0）与发射端光纤

功率（P_1）的比值。

③ 损耗是同光纤的长度成正比的，所以总衰减不仅表明了光纤损耗本身，还反映了光纤的长度。

④ 光纤损耗因子（α）。为反映光纤衰减的特性，引入了光纤损耗因子的概念。

⑤ 对衰减进行测量。因为光纤连接到光源和光功率计时不可避免地会引入额外的损耗，所以在现场测试时就必须先对测试仪的测试参考点进行设置（即归零的设置）。参考点的测试有好几种方法，主要是根据所测试的链路对象来选用这些方法。在光纤布线系统中，由于光纤本身的长度通常不长，所以在测试方法上会更加注重连接器和测试跳线。

（2）回波损耗

回波损耗又称为反射损耗，它是指在光纤连接处，后向反射光与输入光比率的分贝数，回波损耗越大越好，以减少反射光对光源和系统的影响。改进回波损耗的方法是尽量将光纤端面加工成球面或斜球面。

（3）插入损耗

插入损耗是指光纤中的光信号通过活动连接器之后，其输出光功率与输入光功率比率的分贝数。插入损耗越小越好。插入损耗的测量方法与衰减的测量方法相同。

2. 光纤的连续性

光纤的连续性是对光纤的基本要求，因此对光纤的连续性进行测试是基本的测量之一。进行连续性测试时，通常是把红色激光、发光二极管（LED）或者其他可见光注入光纤，并在光纤的末端监视光的输出。如果在光纤中有断裂或其他的不连续点，在光纤输出端的光功率就会下降或者根本没有光输出。

通常在购买光缆时，用 4 节电池的电筒从光纤的一端照射，从光纤的另一端查看是否有光源，如有，则说明这光纤是连续的，中间没有断裂。如光线弱时，则要用测试仪来测试。光通过光纤传输后，功率的衰减大小也能表示出光纤的传导性能。如果光纤的衰减太大，则系统也不能正常工作。光功率计和光源是进行光纤传输特性测试的一般设备。

3. 光纤测试内容及标准

光纤布线系统安装完成后，主要对光纤链路的长度和损耗进行测试，应符合一定的测试标准。

（1）光纤测试内容

光纤测试前应对所有的光连接器件进行清洗，并将测试接收器校准至零位。测试应包括以下内容：

① 在施工前进行器材检验时，一般检查光纤的连通性，必要时宜采用光纤损耗测试仪（稳定光源和光功率计组合）对光纤链路的插入损耗和光纤长度进行测试。

② 对光纤链路（包括光纤、连接器件和熔接点）的衰减进行测试，同时测试光纤跳线的衰减值（可作为设备连接光纤的衰减参考值），整个光纤信道的衰减值应符合设计要求。

（2）测试模型

测试应按图 4-20 进行连接。

① 在两端对光纤逐根进行双向（收与发）测试。

② 光缆可以为水平光缆、建筑物主干光缆和建筑群主干光缆。

③ 光纤链路中不包括光跳线。

图 4-20　光纤链路测试连接

（3）测试标准

参照光纤系统相关测试标准规定，光纤测试可以分为两类：一类测试和二类测试。

一类测试将光纤链路的两端分别连接光源与光功率计。测试的原理很简单，光源发送光信号，功率计用于接收光信号。两个信号功率值的差即为光纤链路上发生的插入损耗（文中简称损耗）。这一类测试可以准确地测试出光纤链路上的损耗量和链路长度，测量精度高。但是，这种方法只可以得到最终的测试结果，对于不合格的链路无法进行故障点的分析和定位。

二类测试也被称为 OTDR 测试。它采用一端连接 OTDR 测试仪，另一端开路的方式，利用光源发送的光信号在链路中产生的反射信号进行衰减量、长度的计算，并生成 OTDR 曲线。与一类测试相比，这种方法对链路损耗量的测量精度低，但是它可以进行故障点位置的定位，从而便于施工人员对不合格的被测链路进行修复。这种方法对于长途干线光缆链路或者园区主干光缆测试尤其有帮助。

二类测试是可选的。GB 50312—2007 的具体规定如下：

① 布线系统所采用光纤的性能指标及光纤信道指标应符合设计要求。不同类型的光缆在标称的波长下，每千米的最大衰减值应符合表 4-12 的规定。

表 4-12　光缆衰减

项目	最大光缆衰减/（dB/km）			
	OM1，OM2 及 OM3 多模		OS1 单模	
波长	850 nm	1300 nm	1310 nm	1550 nm
衰减	3.5	1.5	1.0	1.0

② 光缆布线信道在规定的传输窗口测量出的最大光衰减（介入损耗）应不超过表 4-13 的规定，该指标包括接头与连接插座的衰减在内。

表 4-13　光缆信道衰减范围

级　别	最大信道衰减/dB			
	单　模		多　模	
	1310 nm	1550 nm	850 nm	1300 nm
OF-300	1.80	1.80	2.55	1.95
OF-500	2.00	2.00	3.25	2.25
OF-2000	3.50	3.50	8.50	4.50

③ 光纤链路的插入损耗极限值可用以下公式计算：

光纤链路损耗=光纤损耗+连接器件损耗+光纤连接点损耗

光纤损耗=光纤损耗系数（dB/km）×光纤长度（km）

$$连接器件损耗=连接器件损耗 \times 连接器件个数$$
$$光纤连接点损耗=光纤连接点损耗 \times 光纤连接点个数$$

各损耗极限参考值如表 4-14 所示。

表 4-14 光纤链路损耗参考值

种 类	工作波长/nm	衰减系数/（dB/km）
多模光纤	850	3.5
多模光纤	1 300	1.5
单模室外光纤	1 310	0.5
单模室外光纤	1 550	0.5
单模室内光纤	1 310	1.0
单模室内光纤	1 550	1.0
连接器件衰减	0.75dB	
光纤连接点衰减	0.3dB	

4．光纤测试方法

光纤链路测试时，有 4 种不同的测试方法可供选择。下面对这些测试方法一一进行介绍：

（1）单跳线法

单跳线法是用单根跳线来进行参考值的设定。完成设定之后，再将被测光纤链路（橙色部分）加入。同时，这种测试方法需要添加另外一根测试跳线 CD。这样被测出的光纤链路损耗值 $L=L_{BX}+L_{XY}+L_{YC}+L_{CD}$。为了保证测试结果的正确性，CD 应是一根已知的、低损耗的测试跳线。总体来说，L_{CD} 通常对测试结果的影响很小。

这种方法又被称为"方法 B（Method B）"，其优点是测试结果最为精确，是 TIA/EIA568B.1 标准首选的方法，是 ISO/IEC 11801 标准中第二推荐的方法。但是，起初测试厂商所提供的光功率计的光纤端口模块是不能更换的，所以，这种方法在早期只能用于测量与光功率计端口模块采用相同类型的光纤链路。例如，光功率计的端口为 SC，则被测链路中连接器 X 和 Y 也必须是 SC。现在已经有了功率计端口模块类型可以更换的测试仪，大大提高了这种测试方法的灵活性。

（2）双跳线方法

为了克服单跳线方法中测试链路连接器类型必须与光功率计端口模块相同的缺陷，双跳线被提出并被采用。这种方法只要测试跳线的 B 和 C 连接器类型与被测链路 X、Y 相同即可，大大增加了测试的灵活性，如图 4-21 所示。

这种方法由两根跳线 AB 和 CD 以及一个连接器来设置参考值，完成设置之后将 B 和 C 的连接打开，分别与被测链路两端的连接器 X 和 Y 相连。这样，测试出的光纤链路损耗数值：

$$L=L_{BX}+L_{XY}+L_{YC}-L_{BC}$$

双跳线方法是在北美地区被普遍采用的一种方法，又被称为"方法 A（Method A）"。这种方法并没有出现在 ISO 11801 标准中。在测试结果中，因为要将连接器 B 和 C 的耦合损耗在结果中扣除，所以 L_{BC} 这个数值要尽可能的小，从而减少对测试结果的影响。如果 L_{BC} 的数值与 L_{BX} 或 L_{BY} 相近，所得到的测试结果就少掉了一个连接损耗，相当于只测试出了一个连接点加上光纤线缆的损耗。所以，使用这种方法所得到的测试结果会略低于被测链路的实际损耗值。

这种方法适用于光缆本身产生的损耗占整个链路损耗比重较大的场合,如较长距离的光纤链路。

（3）三跳线方法

三跳线方法（见图4-22）是由 FLUKE 公司提出的一种测试方法,并未出现在 TIA/EIA568B.l 及 ISO/IEC 11801 标准中。这种方法又被称为"修正的方法 B（Modified Method B）"。它的提出是为了改良单跳线方法中,被测链路连接器与功率计端口必须一致的缺陷,并且避免双跳线方法中测试结果少计算一个连接器损耗的情况出现。

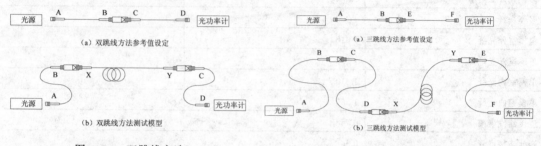

| 图 4-21 双跳线方法 | 图 4-22 三跳线方法 |

这种方法设置参考值的模型与双跳线方法相同,但是在测试时增加了一个连接器和一根测试跳线 CD。根据这一模型不难得出,三跳线方法测量得到的光纤链路损耗数值为 $L=L_{DX}+L_{XY}+L_{YE}+(L_{BC}-L_{BE})+L_{CD}$。

这里添加的测试跳线 CD 要求尽量短,以减少对测试结果的影响。如泛达公司为用户提供的测试跳线仅为 0.125 m。这样测试结果中 L_{CD} 的影响基本可以忽略不计。

使用这一方法需要注意的是,BC 与 BE 应当使用类型与品质相当的连接器,这样才可达到最佳的测量结果。

（4）"黄金"跳线测试方法

"黄金"跳线方法（见图4-23）使用 3 根跳线来设置参考值,之后用需要测试的光纤链路 XY 取代跳线 CD。从这就可以看出,这里所使用 CD 应该是一根尽可能短的跳线,尤其在 XY 的距离较短时。泛达公司推荐的 CD 跳线使用长度为 0.125 m。这样在归零后,CD 跳线的损耗基本可以忽略。

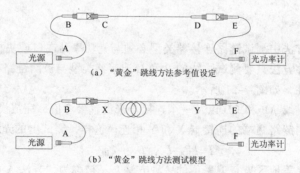

（a）"黄金"跳线方法参考值设定

（b）"黄金"跳线方法测试模型

图 4-23 "黄金"跳线测试方法

"黄金"跳线方法是所有方法中最灵活的,变化性也是最强的,在测试时可以不受光功率计端口类型的限制。这种方法又被称为"方法 C（Method C）",它是 ISO/IEC 11801 标准中首选的测试方法,但是这种方法并未出现在 TIA/EIA 568.1 标准中。

这种方法测量得到的光纤链路损耗值为 $L=L_{BX}+L_{XY}+L_{YE}-(L_{BC}+L_{DE}+L_{CD})$。前面已经提到,通过使用短跳线,$L_{CD}$ 对测试结果的影响基本可以忽略不计。但是,这种方法中,L_{BC} 及 L_{BE} 会对结果产生比较大的影响,甚至会使测试的结果与实际数值产生较大偏差。所以,使用这种方法,BC 和 BE 应该尽可能采用高品质的连接器,以减少器损耗。即使如此,最终的测试数值 L 也会低于实际数值,这是无法避免的。

测试人员可以根据不同的链路类型和具体应用来选择以上 4 种不同的方法进行测试。

第5章 网络工程基础实验

本章结构

本章第一节介绍了标准网络机柜和设备安装实验，其中包括 RJ-45 水晶头端接（网络跳线制作）和测试实验、信息模块端接实验、网络配线架端接实验、110 型通信跳线架端接实验、机柜安装实验等 5 个实验；第二节介绍了简单链路实验；第三节介绍了复杂链路实验；第四节介绍了交换机简单配置实验；第五节介绍了路由器简单配置实验；第六节介绍了交换机容错配置实验；第七节介绍了服务器容错配置实验。以上均属于网络工程的基础实验，要求学生扎实地掌握这些基本技能。

在网络综合布线工程中，机柜是管理间和设备间常用的设备，各种配线设备、线缆、跳线等均安装在机柜内。对机柜内的配线管理设备和交换机等进行合理的布局，可以有效地利用机柜空间，实现线路集中管理。因此，在网络综合布线施工过程中，必须掌握机柜内设备安装、布局及线缆布设的施工技术要领，以实现配线布局合理、美观、方便管理的目的。

在网络系统中，交换机、路由器和服务器是常见的网络设备。它们的稳定运行，是正常通信的重要保障。因此，本章后半部分简单介绍了交换机、路由器的基本配置，并简单介绍了交换机和服务器的容错配置。

5.1　标准网络机柜和设备安装实验

本节主要包括 RJ-45 水晶头端接（网络跳线制作）和测试实验、信息模块端接实验、网络配线架端接实验、110 型通信跳线架端接实验、机柜安装实验等 5 个基本实验。通过本节的学习，学生可以掌握机柜内设备安装、布局及线缆布设的施工技术要领。

【实验 5-1】　RJ-45 水晶头端接、网络跳线制作和测试实验

工作区是网络综合布线系统中直接面向终端设备的子系统，它为网络接入设备提供了信息模块和插座，并通过网络跳线连接终端设备。网络跳线分为直通跳线和交叉跳线，本实验以直通跳线为例进行介绍。交叉跳线两端线序调整规律是：1 和 3 线序对调，2 和 6 线序对调。

1. 实验目的

① 掌握 RJ-45 水晶头和网络跳线的制作方法和技巧。
② 掌握双绞线的色谱、剥线方法、预留长度和压接顺序。
③ 掌握 RJ-45 水晶头和网络跳线的测试方法。
④ 掌握双绞线压接常用工具操作技巧。

2．实验要求

① 完成双绞线的两端剥线，不允许损伤线缆铜芯，长度合适。

② 完成 4 根网络跳线制作实验，共计压接 8 个 RJ-45 水晶头。

③ 要求压接方法正确，压接线序检测正确，正确率 100%。

3．实验设备、材料和工具

① RJ-45 水晶头 8 个，500 mm 双绞线 4 根。

② 剥线器 1 把，压线钳 1 把，测线仪 1 个，钢卷尺 1 个。

4．实验步骤

① 用剥线器或者压线钳将双绞线的外表皮除去 2～3 cm，如图 5-1 所示。

② 将端头已经抽去外表皮的双绞线按照对应颜色拆开，成为 4 对单绞线，从左至右排列顺序依次为橙色线对、蓝色线对、绿色线对、棕色线对。

③ 将每个线对解纽，根据 EIA/TIA568A 或者 EIA/TIA568B 标准，排列 8 根铜线的线序。如果按照 EIA/TIA568B 标准，从左至右依次为白橙、橙、白绿、蓝、白蓝、绿、白棕、棕。

④ 将每根线进行理直操作，以便每根线可以平直地放入到水晶头的线槽内，如图 5-2 所示。

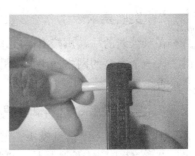

图 5-1　剥线

⑤ 将整理好线序的 8 根线用剪刀或者平口钳剪齐线端，只剩约 13 mm 长度。

⑥ 将 RJ-45 水晶头有金属铜片的一面朝向自己，将剪齐线端的双绞线按照刚才排好的线序插入 RJ-45 水晶头的引脚最顶端，左边第一只引脚内应该放白橙色的线，其余类推。

⑦ 用压线钳压接 RJ-45 水晶头，如图 5-3 所示。

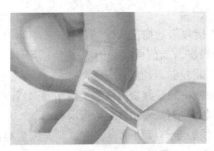

图 5-2　理线

图 5-3　压线

⑧ 重复以上步骤，完成另一端水晶头制作，这样就完成了一根网络跳线了。

⑨ 用测线仪测试刚做好的网络跳线，观察每根线的通断情况以及线缆的线序。

5．实验报告

① 写出双绞线 8 芯色谱和 568B 端接线顺序。

② 写出 RJ-45 水晶头端接线的原理。

③ 总结出网络跳线制作方法和注意事项。

【实验 5-2】 信息模块端接实验

根据综合布线系统设计标准,在网络综合布线系统中每 20 平方米的工作区至少需要接入一个信息模块和插座。信息模块安装在插座内部,使用 RJ-45 网络跳线直接将信息模块与终端设备连接,实现网络接入。

1. 实验目的

① 掌握各类信息模块上 EIA/TIA568A 和 EIA/TIA568B 色标的排序、双绞线剥线方法、预留长度和压接顺序。

② 掌握信息模块的端接原理和方法、常见端接故障的排除。

③ 掌握常用工具的操作技巧,特别是打线刀的正确使用。

2. 实验要求

在双绞线的一端压接 RJ-45 水晶头,另一端压接信息模块,最后将信息模块、面板、底盒组装成一个完整的网络插座。使用准备好的 RJ-45 跳线及测线仪检查信息模块的连通状况及线序是否正确。

3. 实验设备、材料和工具

① IBDN RJ-45 信息模块,该模块的安装采用手工卡压方式。

② AMP RJ-45 信息模块,该模块的安装采用打线刀卡压方式。

③ 双口信息面板及 86 型底盒。信息模块卡接到信息面板,然后再与 86 型底盒组装成完整的网络插座。

④ 双绞线、水晶头等。

⑤ 剥线器 1 把,打线刀 1 把,平口钳 1 把,测线仪 1 个。

4. 实验步骤

以 AMP RJ-45 信息模块为例,说明信息模块的压接和信息插座安装的过程。

① 使用剥线器从双绞线端面开始剥除 5 cm 的外表皮,如前面实验中的图 5-1 所示。

② 剥除外表皮后要检查内芯双绞线是否被划破,将抗拉纤维绳剪除。

③ 按照模块的色标,把剥去外表皮的双绞线穿入模块的穿线板(模块上面),正对着色标。不用开绞,从线头处挤开线对,将两个线芯同时卡入相邻槽位,如图 5-4 所示。

④ 用打线刀把线缆压制到 V 型刀口中。注意打线刀要与模块垂直,剪口要向线头端,这样才能把多余的线头剪去,否则就会把线缆剪断,如图 5-5 所示。

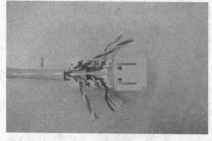

图 5-4 线缆卡入槽位

图 5-5 切断线头

⑤ 将模块卡接到面板上。在卡接到面板时，要看清楚面板的上方和模块的上方，当看清楚两个商标都是正面时才可以卡接。

⑥ 将连接好的模块面板安装到 86 型底盒上，注意要预留好足够的预留线，以便今后信息模块的维护。把面板安放到底盒上，用螺丝固定。

⑦ 将双绞线的另一端压接好 RJ-45 水晶头。

⑧ 用 RJ-45 跳线和测线仪检查模块的连通状况及连接的线序。

5. 实验报告

① 写出双绞线 8 芯色谱和信息模块 568B 端接线顺序。

② 写出信息模块端接原理。

③ 写出打线刀操作注意事项。

【实验 5-3】　网络配线架端接实验

网络配线架主要应用在楼层设备间的线路管理，可将来自于水平布线的线缆或主干电缆可靠地端接，并通过跳线实现线路的灵活管理。在施工中，必须掌握网络配线架的施工技术要领，以确保综合布线系统的可靠性和灵活性。

1. 实验目的

① 认识网络配线架色标的排列顺序，能区分杂色和主色的卡位。

② 熟练掌握 RJ-45 网络配线架的压接技术以及线路整理要领。

③ 掌握模块化网络配线架的标签管理要领。

2. 实验要求

① 能够独立安装模块化配线架。

② 完成 6 根双绞线的端接。一端 RJ-45 水晶头端接，另一端网络配线架模块的端接。

③ 按要求做好线缆的整理绑扎工作，在模块化配线架上贴上标签。

3. 实验设备、材料和工具

① 打线刀等实训工具 1 套。

② 24 口模块化配线架 1 个，理线架 1 个。

③ 1 000 mm 双绞线 6 根，RJ-45 水晶头 6 个，纤维绑扎带和标签纸若干。

4. 实验步骤

① 使用螺丝将网络配线架固定在机柜里。

② 在配线架背面安装理线环，将线缆整理好固定在理线环里，并使用绑扎带固定好线缆。

③ 根据每根线缆连接端口的位置，测量端接线缆应预留的长度，使用平口钳截取线缆。

④ 选定 EIA/TIA568A 或 EIA/TIA 568B 标签，然后将标签压入模块组插槽内。

⑤ 根据标签色标排列顺序，将对应颜色的线对逐一压入槽内，如图 5-6 所示。

⑥ 使用打线刀固定线对连接，同时会将多余的导线截断，如图 5-7 所示。

⑦ 将每组线缆压入槽位内，然后整理并绑扎固定线缆。

⑧ 将跳线通过配线架下方的理线架整理固定好，依次插到配线架前面板的 RJ-45 接口。

⑨ 写好标签并贴在配线架前面板上。

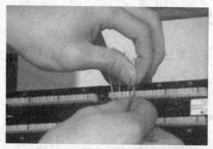
图 5-6　将双绞线压入槽内

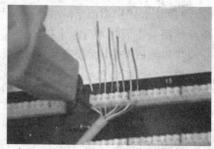
图 5-7　用打线刀固定线对连接

5. 实验报告

① 写出 568A 和 568B 端接线顺序。

② 写出网络配线架模块端接线的原理。

③ 总结出网络配线架模块端接的方法和注意事项。

【实验 5-4】　110 型通信跳线架端接实验

110 型通信跳线架常用于设备间的语音通信线路集中管理,是综合布线系统必不可少的组成部分。

1. 实验目的

① 认识 25 对和 50 对大对数线缆,掌握辨别线缆色标的方法,能准确区分主色和辅色线对。

② 掌握大对数线缆的线对排序方法。

③ 掌握 5 线对打线刀的使用方法与技巧。

④ 掌握标签带的标示和安装方法。

2. 实验要求

① 能够独立安装 110 型通信跳线架。

② 能够端接 4 根大对数线缆并使用测线仪进行线缆测试。

③ 能够按照规范要求做好大对数线缆整理绑扎,并在跳线架上贴上标签。

3. 实验设备、材料和工具

① 110 型通信跳线架 1 个。

② 25 对大对数线缆、双绞线若干。

③ 打线刀、5 对打线刀等实训工具一套,纤维绑扎带和标签纸一批。

4. 实验步骤

① 将 110 型通信跳线架固定到机柜的合适位置。

② 从机柜进线处开始整理线缆,线缆沿机柜两侧整理至跳线架处,并留出大约 25 cm 的大对数线缆,用电工刀把大对数线缆的外皮剥去,使用绑扎带固定好线缆,将线缆穿过 110 型通信跳线架左右两侧的进线孔,摆放到跳线架打线处,并按照大对数线缆的分线原则进行分线。

③ 将 25 对大对数线缆按分线原则进行线序排线。

④ 根据线缆色谱排列顺序，将对应颜色的线对逐一压入槽内，然后使用打线刀固定线对连接，同时将伸出槽位外多余的导线截断，施工过程如图 5-8 所示。

⑤ 当线对逐一压入槽内后，再用 5 对打线刀把 110 型通信跳线架的连接块压入槽内，并贴上编号标签，如图 5-9 所示。

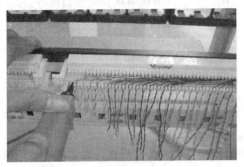
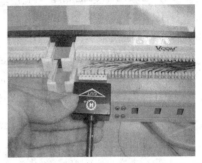

图 5-8　用打线刀固定线缆　　　　　图 5-9　用 5 对打线刀将 110 连接块压入槽内

5．实验报告

① 写出 110 型通信跳线架模块端接线方法。

② 总结出 110 型通信跳线架模块的端接经验。

【实验 5-5】　机柜安装实验

网络机柜按照安装位置，可以分为墙柜和落地柜。U 是国际通用的机柜内部设备安装所占高度的一个特殊计量单位，1 U=44.45 mm。机柜中安装的标准设备的面板一般都是按照"n 个 U"的规格制造的。

1．实验目的

① 认识各类机柜。通过本实验，要求学生能够认识 6U、9U、12U、15U、20U、40U 等常见型号的机柜。

② 认识常用网络综合布线工程器材和设备，掌握网络综合布线常用工具的操作技巧。

③ 掌握机柜内配线架、理线架等标准配线设备的合理排列。

④ 掌握机柜内各种线缆的整理与绑扎技巧。

⑤ 掌握机柜内跳线整理的技巧以及标签粘贴的规范。

2．实验要求

① 机柜的接地装置应符合设计、施工及验收规范的要求，并保持良好的电气连接。

② 机柜的安装位置应符合设计要求，垂直偏差不应大于 3 mm。

③ 根据楼层信息点标识编号，按顺序安放配线架，并画出机柜中配线架信息点分布图，以便安装和管理。

④ 线缆一般从机柜的底部进入，所以通常配线架安装在机柜下部，交换机安装在机柜上部。

⑤ 为了美观和管理方便，机柜正面配线架之间和交换机之间要安装理线架，跳线从配线架面板的 RJ-45 端口接出后通过理线架从机柜两侧进入交换机间的理线架，然后接入交换机端口。

3. 实验设备、材料和工具

① 20U 落地式网络机柜底座 1 个，立柱 2 个，帽子 1 个，电源插座和配套螺丝等。

② 2 台 19 in24 口模块化配线架。

③ 2 台 19 in 理线架。

④ 2 台 19 in 交换机。

⑤ 超五类 RJ-45 跳线若干、扎带和标签纸等材料若干。

⑥ 打线刀、剥线环、配套十字头螺丝刀、活扳手、内六方扳手等。

4. 实验步骤

① 设计网络机柜施工安装图。用 Visio 软件设计机柜设备安装位置图，确定配线架、理线架、交换机等各种网络设备在机柜中的安装位置。

② 机柜安装。按照机柜的安装图纸把底座、立柱、帽子、电源等进行装配，保证立柱安装垂直，牢固。

③ 把双绞线从机柜顶部或者底部的孔洞中穿进机柜并整理整齐，用扎带绑好，把多预留的那部分盘绕在机柜底下。在穿入的每根双绞线距离线头约 30 cm 处粘贴标签纸并写下线缆的编号。

④ 把每根双绞线按照 EIA/TIA568A 或者 EIA/TIA568B 的线序，用打线刀压接到配线架上。

⑤ 在距离机柜底部 1～2U 的位置，把压接好的配线架用螺丝钉固定好，紧接着在配线架的上方安装好理线架，在理线架的上方再安装配线架。这种安装方式是每两个配线架共用一个理线架，随后进行跳线的整理。按照规范将数据编号用打印机打印在标签卡片上，然后粘贴在配线架上，以便今后的线缆维护。

⑥ 在上方间隔 1～2U 的位置安装交换机，设备布局同样采用两台交换机共用一个理线架的方式。具体施工如图 5-10 所示。

⑦ 与配线架上的标签对应，在每一根跳线的两端约 10 cm 处，粘贴对应编号的标签。

⑧ 将跳线按照配线架的编号顺序一一连接到配线架和交换机上。

⑨ 将跳线放进理线架内，最后将跳线中间部分用扎带进行绑扎整理，分布在机柜的两旁。

⑩ 最后将机柜的侧板和前后板安装到机柜。

设备安装完毕后，按照施工图纸仔细检查，确认全部符合施工图纸后接通电源测试。

5. 实验报告

① 完成网络机柜设备安装施工图设计。

② 总结机柜设备安装流程和要点。

③ 写出标准 20U 机柜和 1U 设备的规格和安装孔尺寸。

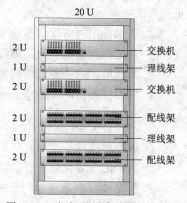

图 5-10 机柜及设备安装施工图

5.2　简单链路实验

在本节中，要求按照图 5-11 所示的路由和端接位置，组建一个简单链路，完成 4 组测试链路布线和端接。每组链路有 3 根跳线，需要端接 6 次，每组链路路由为：测试仪下部 RJ-45 端口→配线架 RJ-45 端口→配线架模块→110 型通信跳线架连接块上层→110 型通信跳线架连接块下层→测试仪上部 RJ-45 端口。

【实验 5-6】　简单链路实验

1．实验目的

① 学会设计测试链路端接路由图。

② 掌握跳线的制作、110 型通信跳线架和 RJ-45 网络配线架的端接方法。

③ 掌握网络端接常用工具和操作技巧。

④ 掌握链路测试技术。

2．实验要求

① 完成 4 根网络跳线制作，一端插在测试仪下部 RJ-45 端口中，另一端插在配线架 RJ-45 端口中。

② 完成 4 根网线端接，一端端接在配线架模块中，另一端端接在 110 型通信跳线架连接块上层。

③ 完成 4 根网线端接，一端端接在 110 型通信跳线架连接块下层，另一端插在测试仪上部 RJ-45 端口中。

④ 完成 4 个简单永久链路，每个链路端接 6 次 48 芯线，端接正确率 100%。

3．实验设备、材料和工具

① 网络综合布线测试仪。

② RJ-45 水晶头、500 mm 双绞线若干。

③ 剥线器 1 把，压线钳 1 把，打线刀 1 把，钢卷尺 1 个。

4．实验步骤

① 准备材料和工具，打开电源开关。

② 按照 RJ-45 水晶头的做法，制作第一根网络跳线，两端 RJ-45 水晶头端接，测试合格后将一端插在测试仪下部的 RJ-45 端口中，另一端插在配线架 RJ-45 端口中。

③ 将第二根网线一端按照 568B 线序端接在网络配线架模块中，另一端端接在 110 型通信跳线架上层，并且压接好 5 对连接块。

④ 将第三根网线一端端接在 110 型通信跳线架下层，另一端端接好 RJ-45 水晶头，插在测试仪上部的 RJ-45 端口中，端接时对应指示灯直观显示线序和电气连接情况。

⑤ 测试。压接好模块后，16 个指示灯会依次闪烁，显示线序和电气连接情况，如图 5-11 所示。

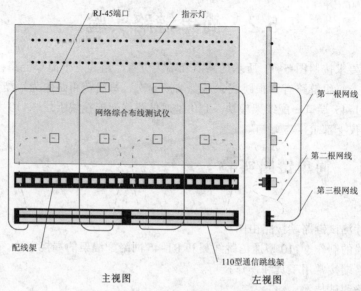

图 5-11 简单链路实验图

⑥ 重复以上步骤，完成 4 个网络永久链路和测试。

5.实验报告

① 设计一个带 CP 集合点的综合布线永久链路图。

② 总结永久链路的端接技术，如 568A 和 568B 端接线顺序和方法。

③ 总结 RJ-45 模块和 5 对连接块端接方法。

5.3　复杂链路实验

在本节中，要求按照图 5-12 所示的路由和端接位置，完成 6 组复杂链路的布线和端接。每组链路有 3 根跳线，需要端接 6 次，每组链路路由为：测试仪上方 110 型通信跳线架的下层→配线架 RJ-45 端口→配线架模块→测试仪下方 110 型通信跳线架下层→测试仪下方 110 型通信跳线架上层→测试仪上方 110 型通信跳线架上层。

【实验 5-7】　复杂链路实验

1. 实验目的

① 设计复杂永久链路图。

② 熟练掌握 110 型通信跳线架和 RJ-45 网络配线架端接方法。

③ 掌握永久链路测试技术。

④ 掌握常用工具和操作技巧。

2. 实验要求

① 完成 6 根网线端接，一端与测试仪上方 110 型通信跳线架的下层端接，另一端进行 RJ-45 水晶头端接，插在配线架 RJ-45 端口。

② 完成 6 根网线端接，一端与配线架模块端接，另一端与测线仪下方 110 型通信跳线架下层端接。

③ 完成 6 根网线端接，两端与两个 110 型通信跳线架上层端接。

④ 排除端接中出现的开路、短路、跨接、反接等常见故障。

3．实验设备、材料和工具

① 网络综合布线测试仪。

② 实训材料包 1 个，RJ-45 水晶头、500 mm 网线若干。

③ 剥线器 1 把，压线钳 1 把，打线刀 1 把，钢卷尺 1 个。

4．实验步骤

① 取出三根网线，打开电源开关。

② 完成第一根网线端接，一端与测试仪上方 110 型通信跳线架下层端接，另一端进行 RJ-45 水晶头的端接，插在配线架 RJ-45 端口中。

③ 完成第二根网线端接，一端与配线架模块端接，另一端与测试仪下方 110 型通信跳线架下层端接。

④ 完成第三根网线端接，把两端分别与两个 110 型通信跳线架的上层端接，这样就形成了一个有 6 次端接的网络链路，对应的指示灯直观显示线序。

⑤ 仔细观察指示灯，及时排除端接中出现的开路、短路、跨接、反接等常见故障。

⑥ 重复以上步骤，完成其余 5 组链路的端接，如图 5-12 所示。

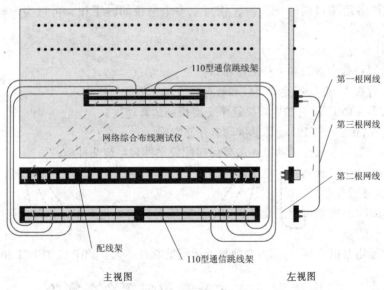

图 5-12　复杂链路实验图

GB 50311 中规定的永久链路 11 项技术参数如下：

- 最小回波损耗值。
- 最大插入损耗值。
- 最小近端串音值。

- 最小近端串音功率。
- 最小 ACR 值。
- 最小 PSACR 值。
- 最小等电平远端串音值。
- 最小 PS ELFEXT 值。
- 最大直流环路电阻。
- 最大传播时延。
- 最大传播时延偏差。

5. 实验报告

① 设计 1 个复杂永久链路图。
② 总结永久链路的端接和施工技术。
③ 总结网络链路端接种类和方法。

5.4 交换机简单配置实验

交换机是一个多端口的网桥，每个端口都有桥接功能，它能够在任意一对端口间转发帧。其内部是依靠专用集成电路（Application Specific IC，ASIC）连接起来的，ASIC 可以把任意端口的网段与别的端口的网段在数据链路层上相联。

交换机允许多组端口同时交换帧，相当于多个网桥同时工作，可以实现帧转发的并行操作。

交换机硬件系统包括：

① 业务接口：普通接口和上行汇聚接口。
② 主板（背板）：提供各业务接口和数据转发单元的联系通道。
③ 主处理器（CPU）：它的主频决定了交换机的运算速度。
④ 内存（RAM）：为 CPU 运算提供动态存储空间。
⑤ FLASH：提供永久存储功能，主要保存配置文件和系统文件。
⑥ 电源系统：为交换机提供电源输入。

交换机软件系统包括：

① BOOT ROM：主要功能是交换机加电后完成有关初始化工作，并向内存中加入操作系统代码。
② VRP（通用路由平台）：华为交换机上运行的软件平台。VRP 以 TCP/IP 协议为核心。

【实验 5-8】 交换机配置方式及常用配置命令实验

交换机的配置方式有很多种，如通过 Console 口搭建配置环境、通过 Telnet 搭建配置环境、通过 Modem 拨号搭建配置环境等，下面仅以通过 Console 口搭建配置环境为例说明交换机的配置（以华为 S3528G 为例），并介绍交换机的基本视图及常用配置命令。

1．实验目的

① 熟悉交换机的工作原理。
② 掌握交换机的常用配置方式。
③ 熟悉交换机的基本视图。
④ 掌握交换机常用配置命令。

2．实验要求

通过 Console 口搭建配置环境，用 Console 口配置电缆连接交换机 Console 口和计算机串口。

3．实验设备、材料和工具

Quidway S3528G 交换机 1 台，Console 口配置电缆 1 根，计算机 1 台（带有串口）。

4．实验步骤

① 如图 5-13 所示，建立本地配置环境，只需将计算机的串口通过配置电缆与交换机的 Console 口连接。

② 在计算机上运行终端仿真程序（如 Windows XP 的超级终端等），设置终端通信参数为：比特率 9 600 bit/s、8 位数据位、1 位停止位、无检验、无流控位，如图 5-14～图 5-16 所示。

③ 交换机上电自检，用户按【Enter】键，之后将出现命令行提示符，默认进入用户视图，界面如图 5-17 所示，S3528G 交换机支持的部分常用视图功能特性如表 5-1 所示。

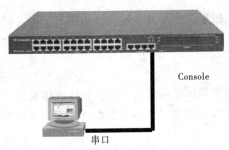

图 5-13　通过 Console 口搭建实验环境

图 5-14　新建连接

图 5-15　连接端口设置

图 5-16　端口通信参数设置

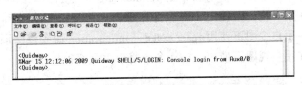

图 5-17　用户视图

表 5-1　S3528G 交换机常用视图功能特性表

视　图	功　能	提　示　符	进　入　命　令	退　出　命　令
用户视图	查看简单运行状态和统计信息	<Quidway>	与交换机建立连接即进入	quit: 断开与交换机连接
系统视图	配置系统参数	[Quidway]	在用户视图下输入 system-view	quit: 返回用户视图
以太网端口视图	配置端口参数	[Quidway-Ethernet0/1] [Quidway-GigabitEthernet1/1]	百兆以太网端口视图: 在系统视图下输入: interface ethernet 0/1 千兆以太网端口视图与之类似	quit: 返回系统视图
VLAN 视图	配置 VLAN 参数	[Quidway-Vlan1]	在系统视图下输入 vlan 1	quit: 返回系统视图
VLAN 接口视图	配置 VLAN 和 VLAN 汇聚对应的 IP 接口参数	[Quidway-Vlan-interface1]	在系统视图下输入: interface vlan-interface 1	quit: 返回系统视图

④ 在线帮助命令。在使用命令进行配置的时候，可以借助交换机提供的帮助功能快速完成命令的查找和配置。

完全帮助：在任何视图下，输入"？"获取该视图下的所有命令及其简单描述，例如：

<Quidway> ?

部分帮助：输入一命令，后接以空格分隔的"？"，如果该位置为关键字，则列出全部关键字及其描述；如果该位置为参数，则列出有关的参数描述，例如：

<Quidway> ping ?

[Quidway] garp timer leaveall ?

在部分帮助里面，还有其他形式的帮助，如输入一字符串其后紧接"？"，交换机将列出所有以该字符串开头的命令；或者输入一命令后接一字符串，紧接"？"，列出本命令以该字符串开头的所有关键字，例如：

<Quidway>p?

<Quidway> display ver?

⑤ 查看当前配置信息命令。

在系统视图下使用 display current-configuration 命令来查看当前生效的配置参数。

在系统视图下使用 display saved-configuration 命令来查看交换机的启动配置。

在用户视图下使用 display version 命令来显示系统版本信息。

在用户视图下使用 save 命令来保存当前配置文件到 flash 中。

在用户视图下使用 reset saved-configuration 命令擦除旧的配置文件。

在用户视图下使用 reboot 命令将以太网交换机重启。

5．实验报告

① 写出交换机的工作原理。

② 写出两种交换机的常用配置方式，并画出配置环境图。

③ 写出交换机常用视图功能特性。

④ 写出交换机常用配置命令。

【实验 5-9】　交换机的端口配置实验

1．实验目的

掌握交换机端口速率、端口工作模式、端口流量控制、网线智能识别（MDI/MDI-X）、端口聚合等各种端口技术。

2．实验要求

通过 Console 口搭建实验环境。

3．实验设备、材料和工具

Quidway S3528G 交换机 1 台，Console 口配置电缆 1 根，计算机 1 台（带有串口，网卡），双绞线 1 根。

4．实验步骤

① 进入端口视图。端口的配置命令都必须进入相应端口的端口视图进行配置。进入端口视图的命令为：[Quidway]interface ethernet 0/1，简便写法：[Quidway] int e 0/1。进入端口视图后的状态为：[Quidway-Ethernet0/1]。拔下交换机端口线缆，观察超级终端显示的信息。换一个端口插入线缆，观察超级终端显示的信息。

② 端口速率、工作模式、流量控制、MDI 等的配置。端口视图下常用命令如表 5-2 所示。

表 5-2　端口视图下常用命令

命　　令	功　　能
[Quidway-Ethernet0/1]duplex {half | full | auto}	配置端口双工工作状态
[Quidway-Ethernet0/1]speed {10 | 100 | auto}	配置端口工作速率
[Quidway-Ethernet0/1]flow-control	配置端口流控
[Quidway-Ethernet0/1] mdi {across|auto|normal}	配置端口 MDI/MDIX 状态
[Quidway-Ethernet0/1] shutdown/undo shutdown	关闭/重启端口

本机网卡的速率、半双工/全双工等设置需要与交换机端口的设置相匹配，可以右击"我的电脑"在弹出的快捷菜单中选择"属性"命令，在打开的对话框中选择"硬件"选项卡，单击其中的"设备管理器"按钮，在弹出的对话框中，选择"网络适配器"，设置本机网卡的以上参数，使之与交换机端口参数设置相同。如图 5-18 所示。

可以通过以下命令查看某个端口的信息（注意：在端口视图进行端口设置，在系统视图下查看端口信息）：

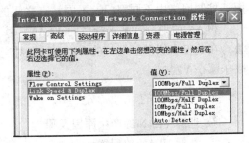

图 5-18　本机网卡参数设置

```
[Quidway]display interface ethernet 0/1
```

③ 端口聚合配置。端口聚合是将多个端口汇聚在一起形成一个汇聚组，以实现出/入负载在各成员端口中的分担，同时也提供了更高的连接可靠性。聚合的所有端口需要设置为相同的速率和工作模式，且不能为自协商模式。每组最多可以聚合 8 个端口（不同型号的交换机，参与端口聚合的起始端口编号和端口数量都不一样，请查阅相关技术手册），每个汇聚组的端口号最小的是主端口（Master Port），其他是成员端口（Sub Port）。

同一个汇聚组中成员端口的链路类型与主端口的链路类型保持一致，即如果主端口为 Trunk 端口，则成员端口也为 Trunk 端口；如主端口的链路类型改为 Access 端口，则成员端口的链路类型也变为 Access 端口。

显示当前全部端口聚合情况：

```
display link-aggregation（可简便写为 dis link-agg）
```

聚合端口（聚合的端口号必须是连续的）：

```
link-aggregation e0/1 to e0/5 both
```

聚合后 1 号端口为主端口或管理端口（Master Port），其余端口为从端口。

显示某个端口聚合(参数只能是主端口)：

```
dis link-agg e0/1
```

解除聚合：

```
undo link-agg e0/1（0/1 必须是主端口）
```

5. 实验报告

① 当配置完端口的工作速度（10 Mbit/s/100 Mbit/s）之后，观察主机上的本地连接速度发生了什么变化。

② 当将端口的工作模式配置成 MDI 后，试用直连线连接主机和交换机，发现什么情况？（同样配置成 MDI-X 后，换成交叉线）

③ 查看端口聚合的状态。

④ 将以上观察结果写入实验报告中。

【实验 5-10】　交换机 VLAN 的基本配置实验

VLAN（Virtual Local Area Network，虚拟局域网）是一种将局域网设备从逻辑上划分成若干个网段，从而实现虚拟工作组的新兴数据交换技术。VLAN 除了具有能将网络划分为多个广播域，从而有效地抑制广播风暴的发生，以及使网络的拓扑结构变得非常灵活的优点外，还可以用于控制网络中不同部门、不同站点之间的互相访问。

VLAN 的划分有基于端口的 VLAN、基于 MAC 地址的 VLAN、基于协议的 VLAN 等多种方法，在此仅介绍基于端口的 VLAN，即对交换机端口进行 VLAN 设置，计算机连到哪个端口就属于哪个 VLAN。

1. 实验目的

① 理解 VLAN 的产生原因及原理。

② 掌握 VLAN 的配置。

③ 掌握 Trunk 的配置。

2．实验要求

通过在 2 台交换机中正确划分 VLAN，实现同一 VLAN 内部的 PC 可以相互通信，不同 VLAN 间的 PC 不能相互访问。

3．实验设备、材料和工具

Quidway S3528G 交换机 2 台，Console 口配置电缆 2 根，计算机 4 台（带有串口，网卡），双绞线 5 根。

4．实验步骤

2 台交换机，4 台 PC，实验环境如图 5-19 所示。

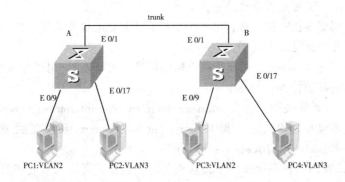

图 5-19　两台交换机划分 VLAN 实验环境

① 正确连线，配置主机 IP 地址，使之全部位于同一个网段，确保 4 台主机可以全部 ping 通。

② 在交换机 A 上分别配置 VLAN2，VLAN3，并将端口 e 0/9 加入 VLAN2，端口 e 0/17 加入 VLAN3

```
[A]vlan 2
[A-vlan 2] port e 0/9
[A-vlan 2]quit
[A] vlan 3
[A-vlan 3] port e 0/17
[A-vlan 3]quit
```

③ 交换机 A 的端口 e 0/1 设为 Trunk 类型，并允许所有的 VLAN 通过。

```
[A]int e0/1
[A-Ethernet0/1] port link-type trunk
[A-Ethernet0/1]port trunk permit vlan all
```

④ 同样的方法配置交换机 B。

5．实验报告

在实验报告中写出每台交换机的配置命令行。验证同一 VLAN 内部的 PC 可以相互通信，不同 VLAN 间的 PC 不能相互访问。

5.5 路由器简单配置实验

路由器是一个工作在 OSI 参考模型第三层的网络设备，其主要功能是检查数据包中与网络层相关的信息，然后根据某些规则转发数据包。

路由器的硬件系统包括如下：中央处理单元、随机存储器、闪存、非易失的 RAM、只读内存、路由器端口等。路由器端口主要完成路由器与其他设备的数据交换，可以使用插槽/端口号标识端口，如 Ethernet0/0 表示第 0 号插槽的第一个以太网口；Serial 1/0 表示第 1 号插槽第一个串行口。路由器常见端口包括局域网端口、广域网端口（同步端口、异步端口）、语音端口、控制台端口（Console Port，与计算机串口连接，实现计算机对路由器的配置）、辅助端口（Auxiliary Port，与 Modem 连接，实现远程管理路由器）等。

路由器的软件同交换机一样，也包括一个引导系统和核心操作系统，在此不再赘述。

路由器有以下几个常见命令视图：

① 系统视图：通过 Console 方式登录路由器即可进入系统视图，可以完成系统参数的配置。在此视图下路由器的标识符为：[Quidway]。

② 端口视图：在系统视图下输入 **interface** interface-type interface-number 命令即可进入端口配置视图，完成端口参数的配置，如[Quidway] interface Ethernet0/0。在此视图下路由器的标识符为：[Quidway-Ethernet0]或[Quidway-Serial0]等。

③ 路由器协议视图：在系统视图下输入相关协议名称即可进入对应协议视图，可以完成路由协议的相关配置。例如，当输入 rip 时，路由器的标识符为：[Quidway-rip]。

【实验5-11】 路由器的基本配置方法

路由器可以通过 5 种方式来配置：Console 口终端视图、AUX 口远程视图、远程 Telnet 视图、哑终端视图和 FTP 下载配置文件视图。其中通过 Console 口和远程 Telnet 配置方式是最常用的两种。

1. 实验目的

掌握路由器的几种常用配置方法。

2. 实验要求

分别通过 Console 口和远程 Telnet 方式来配置路由器。

3. 实验设备、材料和工具

Quidway R2611 路由器 1 台，S3528G 交换机 1 台，Console 口配置电缆 1 根，计算机 1 台（带有串口，网卡），双绞线 2 根。

4. 实验步骤

① 通过 Console 口配置路由器。采用 Console 口配置的实验环境如图 5-20 所示。

将配置电缆 RJ-45 的一端插入到路由器的 Console 口中，另外一端为 9 针的串口接口和一个

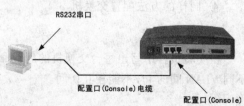

图 5-20 通过 Console 口配置路由器实验环境

25 针的串口接口，接在计算机合适的串口上。

和交换机的配置一样，首先启动超级终端，选择 Windows 的"开始"→"程序"→"附件"→"通讯"→"超级终端"命令。根据提示输入连接名称后确定，在选择连接的时候选择对应的串口（COM1 或 COM2），配置串口参数。串口的配置参数与配置交换机时的超级终端设置一致。单击"确定"按钮即可正常建立与路由器的通信。

② 通过 Telnet 配置路由器。采用 Telnet 方式配置路由器的实验环境如图 5-21 所示。

图 5-21　通过 Telnet 方式配置路由器实验环境

在路由器上设置允许 Telnet 服务，同时配置一个 Telnet 用户，具体配置为：

```
[Quidway]login telnet
[Quidway]local-user wlxy service-type exec-guest password simple 12345
```
配置路由器的以太网端口的 IP 地址，相关配置如下：

```
[Quidway-Ethernet0] ip address 10.0.0.1 255.0.0.0
```
然后将计算机的 IP 地址修改为 10.0.0.x/8，即可进行 Telnet 配置连接。

在本地计算机上运行 Telnet 客户端程序。Telnet 到路由器以太网端口的地址，与路由器进行连接，当出现 Quidway 即可。

5.实验报告

写出路由器的几种常用配置方法、用 VISIO 软件画出实验环境，并写出主要的配置步骤和配置命令。

回答以下思考题：

① 使用 Telnet 方式配置路由器时在实验环境中为什么要在路由器和主机中间使用一个交换机?如果现在没有交换机，我们需要改变双绞线为什么类型？

② 比较在使用 Telnet 方式配置交换机和路由器时，在配置命令上的不同之处。

③ 路由器除了可以采用上述两种方式进行配置外，还可以采取哪些方式？

【实验 5-12】　路由器的基本配置命令

1. 实验目的

掌握路由器的基本配置命令

2. 实验要求

通过 Console 口配置路由器，验证路由器的基本配置命令。

3. 实验设备、材料和工具

Quidway R2611 路由器 1 台，S3528G 交换机 1 台，Console 口配置电缆 1 根，计算机 1 台（带有串口，网卡），双绞线 2 根。

4．实验步骤

① 显示路由器的版本信息：

display version

② 更改路由器的名称（将路由器名称改为 Routera）：

Sysname Routera

③ 擦除配置信息（delete）、保存配置信息（save）。

④ 显示当前配置信息：

display current-configuration

⑤ 查看端口状态（查看路由器 ethernet0/1 口状态）：

display interface ethernet0/1

⑥ 查看路由表：

display ip routing-table

⑦ 修改语种显示：

language

⑧ 显示历史命令：

display history

⑨ 网络连通测试命令：

Ping ip-address

⑩ 测试数据包从主机到目的地所经过的网关：

Tracert ip-address

5．实验报告

① 写出实验步骤 1 和实验步骤 2 的语句。

② 在实验步骤⑤的结果中找出你认为重要的端口信息。

③ 在实验步骤⑥的结果中，写出路由器当前的路由信息。

④ 在实验步骤⑧的结果中，找出你刚才设置的命令。

【实验 5-13】　路由协议配置

路由协议分为静态路由和动态路由。静态路由是网络管理员在路由器上手工添加路由信息来实现路由；动态路由根据网络结构或流量的变化，路由协议会自动调整路由信息来实现路由。

1．实验目的

① 掌握路由器静态路由配置。

② 掌握 RIP 动态路由配置。

2．实验要求

要求先配置静态路由，实现所有主机和路由器能够两两 ping 通；再删掉静态路由，配置动态路由，实现同样的效果。在配置路由协议前后，注意比较路由表的变化。

3．实验设备、材料和工具

Quidway R2611 路由器 2 台，S3528G 交换机 1 台，Console 口配置电缆 2 根，计算机 2 台（带有串口，网卡），双绞线 4 根，V35 线缆 1 根。

4．实验步骤

本实验环境如图 5-22 所示。

① 修改路由器名称分别为 RTA、RTB；配置路由器的 IP 地址。

路由器各端口 IP 地址设置如表 5-3 所示。

注意：串口的配置需要在端口视图下执行 shutdown 和 undo shutdown 命令之后才生效。

② 配置主机的 IP 地址。计算机的 IP 地址和网关的 IP 地址设置如表 5-4 所示。

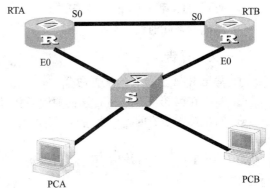

图 5-22 2 台路由器配置路由协议实验环境

表 5-3 路由器各端口 IP 地址

路由器端口	RTA	RTB
E0	202.0.0.1/24	202.0.1.1/24
S0	192.0.0.1/24	192.0.0.2/24

表 5-4 计算机的 IP 地址和网关地址

IP 地址和网关	PCA	PCB
IP Address	202.0.0.2/24	202.0.1.2/24
Gateway	202.0.0.1	202.0.1.1

③ 用 ping 命令测试网络互通性。用 display ip routing-table 命令显示路由表信息，思考为什么不能 ping 通。

④ 添加静态路由。用配置静态路由的办法来添加路由。

RTA 上的配置命令：

```
[RTA]ip route-static 202.0.1.0 24 192.0.0.2 preference 60
```
在 RTB 上添加类似的静态路由。

在 S0 口执行时钟同步命令 clock。

⑤ 结果测试，查看路由表。

用 ping 命令再次测试网络互通性。

用 display ip routing-table 命令再次查看 RTA 和 RTB 的路由表。观察与开始的路由表相比有什么变化。

到此，已经成功配置静态路由。继续配置动态路由的步骤如下：

① RTA 上删除所有静态路由。

```
[RTA] undo ip route-static 202.0.1.0 24 192.0.0.2 preference 60
```
② RTA 上启动 RIP 协议。

```
[RTA] rip
[RTA-rip] network all
```
③ 在 RTB 上做类似的操作。

```
[RTB] undo ip route-static 202.0.0.0 24 192.0.0.1 preference 60
[RTB] rip
[RTB-rip] network all
```

④ 查看 RTA 和 RTB 的路由表。

⑤ 测试网络互通性。

5. 实验报告

① 写出 RTA 上所有的配置命令。

② 写出在第③步不能 ping 通的原因，并写出此时的路由表信息。

③ 写出第⑤步时的路由表信息，并与第 3 步时的做比较。

【实验 5-14】 防火墙配置

简单地说，防火墙的作用是在保护一个网络免受"不信任"网络攻击的同时，保证两个网络之间可以进行合法的通信。防火墙应该具有如下基本特征：

① 经过防火墙保护的网络之间的通信必须都经过防火墙。

② 只有经过各种配置的策略验证过的合法数据包才可以通过防火墙。

③ 防火墙本身必须具有很强的抗攻击、渗透能力。

防火墙具有很多类型，如包过滤防火墙、代理型防火墙、监测型防火墙等。包过滤防火墙对路由器需要转发的数据包，先获取包头信息，然后和设定的规则进行比较，根据比较的结果对数据包进行转发或者丢弃。实现包过滤的核心技术是访问控制列表。

为了达到这样的效果，我们需要有一定的规则来定义哪些数据包是"合法"的（或者是允许访问），哪些是"非法"的（或者是禁止访问）。这些规则就是访问控制列表（ Access Control List，ACL ）。限于篇幅有限，在此仅介绍标准访问控制列表的配置实验。

1. 实验目的

掌握标准访问控制列表的配置。

2. 实验要求

通过成功配置标准访问控制列表，实现只允许 PCA 访问外部网络。

3. 实验设备、材料和工具

Quidway R2611 路由器 2 台，S3528G 交换机 2 台，Console 口配置电缆 2 根，计算机 5 台（带有串口，网卡），双绞线若干，V35 线缆 1 根。

4. 实验步骤

本实验环境如图 5-23 所示。

路由器端口 IP 地址设置如表 5-5 所示。

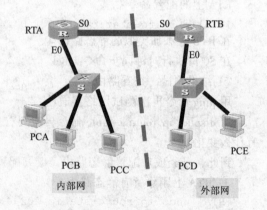

图 5-23 防火墙配置实验环境

表 5-5 路由器端口 IP 地址设置

路由器端口	RTA	RTB
E0	202.0.0.1/24	202.0.1.1/24
S0	192.0.0.1/24	192.0.0.2/24

各主机的 IP 地址和网关设置如表 5-6 所示。

表 5-6　各主机的 IP 地址和网关设置

IP 地址和网关	PCA	PCB	PCC	PCD	PCE
IP Address	202.0.0.2/24	202.0.0.3/24	202.0.0.4/24	202.0.1.2/24	202.0.1.3/24
Gateway	202.0.0.1	202.0.0.1	202.0.0.1	202.0.1.1	202.0.1.1

① 连线后，按照表 5-6 设置各主机 IP 地址及网关。

② 按照表 5-5 配置两个路由器的 E0 口和 S0 口的 IP 地址。

③ 在两个路由器上启动 RIP 协议。

④ 用 display current-configuration 命令察看两个路由器的当前信息，主要看 E0 口和 S0 口是否处于 UP 状态，IP 地址是否正确。

⑤ 用 ping 命令进行测试，5 台主机应该是全部可以互相 ping 通。

⑥ 进行访问控制列表的配置，实现只有 202.0.0.2 能访问外网（202.0.1.2 和 202.0.1.3 均可与 202.0.0.2 互相访问），202.0.0.3 和 202.0.0.4 都不能访问外网。

```
[RTA] acl 1 match-order auto
rule normal permit source 202.0.0.2 0.0.0.0
rule normal deny source 202.0.0.0 0.0.0.255
[RTA-Serial0] firewall packet-filter 1 outbound
```

如上所示，一般将防火墙设置在路由器的出口。如果设在入口，可以先用以下命令删除 S0 口上应用的 acl 1：

```
[RTA-Serial0] undo  firewall packet-filter 1 outbound
```

然后在 E0 口应用 acl 1：

```
[RTA-Ethernet0] firewall packet-filter 1 inbound
```

可以实现同样的功能。

⑦ 对于以上的配置，可以在 RTB 上实现同样的功能。

5. 实验报告

写出 RTA 上全部配置命令，写出访问控制列表的匹配原则。

5.6　交换机容错配置实验

容错就是当由于种种原因在系统中出现了数据、文件损坏或丢失时，系统能够自动将这些损坏或丢失的文件和数据恢复到发生事故以前的状态，使系统能够连续正常运行的一种技术。

在网络应用中任意结点出现故障都会导致网络的巨大损失。可以通过网络设备的部件冗余和链路冗余等，保障整套系统的万无一失。

下面将简单介绍思科和华为 3COM 交换机所采用的主要容错技术。

1. 思科交换机主要容错技术

① Fast/Gigabit Ether channel（快速/千兆以太网通道）。以太网通道技术不仅起到容错作用，更是链路带宽扩容的一条重要途径。它可在 100 M（快速以太网通道，简称 FEC）或 1000 M（千兆以太网通道，简称 GEC）以太网端口间实现，用于将多条并行链路的带宽叠加起来。这样多

条链路被用于单条高速数据通道，通道中部分线路的故障不会影响其他线路的带宽聚合，从而也保证了网络的可靠性。

以太网通道技术也体现了产品的可扩充性能，能充分利用现有设备实现高速数据传输。思科公司的全线交换机产品和带快速以太网端口的路由器都可以实施以太网通道技术，并且还可与多家厂商（Intel、Xircom、Adaptec 等）的网卡构造以太网通道，在交换机和服务器之间建立高速连接。

② Uplink-Fast（快速上联恢复）。当交换机形成冗余回路时，若未启用 Fast/Gigabit Ether channel，则 Spanning-Tree（生成树）协议将起作用，通过计算自动将优先级较低的连接屏蔽，使其作为备份，只在优先级较高的主线路断线时才激活它，因此在线路容错中 Spanning-Tree 也是一项有效的技术；但传统的 Spanning-Tree 在链路切换时经历"阻塞—侦听—学习—数据转发"等诸多过程，耗时较长，从故障到恢复一般需历时 40 s 左右，对正在传递大量数据的服务器和工作站而言，这段时间是能明显觉察的，并且极可能导致连接超时而中断应用。而思科公司提出的 Uplink-Fast 技术是对 Spanning-Tree 的改进，它省却了链路切换过程中的侦听和学习阶段，使备份端口直接由阻塞进入到转发状态，从而使网络收敛时间从 40 s 大大缩短至 5 s 以内，这样的延迟是应用程序可以接受的，用户几乎觉察不到这一过程，互联网公司业务不会受到故障影响。

③ Port Fast（快速端口恢复）。Uplink-Fast 是用在两交换机端口间互联的一项技术，而连接服务器和工作站的端口在刚启用时同样面临 Spanning-Tree 的学习过程缓慢的问题，致使该端口长时间不能进入正常工作状态，这时需用到 Port-Fast 技术，它与 Uplink-Fast 的工作原理类似，也省略了 Spanning-Tree 的侦听和学习阶段，从而将转换延迟从 40 s 缩短至 2 s 以内，这样在交换机上接入新的工作站，或改变某工作站的所接端口时，该站点能很快进入工作状态，无须额外硬件和其他厂商设备兼容。

④ HSRP（Hot Standby Routing Protocol，热备份路由器协议）。刚才提到的几种容错技术都是在链路故障时发生作用的，而 HSRP 则用于设备故障的恢复。它原是用在两路由器间互作备份的协议，现思科公司的第三层交换机也支持该协议。HSRP 根据两个相互备份路由器或交换机的优先级，将其中一台设备置为活动状态，而另一台设备置为备用状态，当主设备发生故障时备用设备立即启用，这就是所谓"热备份"的含义。对网络中正常工作的用户而言，这一切换是透明的，因此不会影响正常工作。

2. 华为 3COM 交换机容错技术

华为 3COM 交换机（三层交换机）支持的高可靠性技术主要包括：VRRP 设备间备份、转发路径备份、主备倒换、平滑重启、备份中心、快速重路由、跨设备聚合链路自动备份、分布式智能弹性路由等技术。限于篇幅，下面仅简单介绍 VRRP 协议。

VRRP（Virtual Router Redundancy Protocol，虚拟路由冗余协议）是一种容错协议。通常将一个网络内的所有主机都设置一条默认路由，主机发往外部网络的报文将通过默认路由发往该网关设备，从而实现了主机与外部网络的通信。当该设备发生故障时，本网段内所有以此设备为默认路由下一跳的主机将断掉与外部的通信。VRRP 就是为解决上述问题而提出的，它为具有多播或广播能力的局域网（如以太网）设计。VRRP 可以将局域网的一组交换机（包括一个 Master 即活动交换机和若干个 Backup 即备份交换机）组织成一个虚拟路由器，这组交换机被称为一个备份组。

虚拟路由器拥有自己的真实 IP 地址（这个 IP 地址可以和备份组内的某个交换机的接口地址相同），备份组内的交换机也有自己的 IP 地址。局域网内的主机仅仅知道这个虚拟路由器的 IP 地址（通常称为备份组的虚拟 IP 地址），而不知道具体的 Master 交换机的 IP 地址以及 Backup 交换机的 IP 地址。局域网内的主机将自己的默认路由下一跳设置为该虚拟路由器的 IP 地址。于是，网络内的主机就通过这个虚拟路由器与其他网络进行通信。当备份组内的 Master 交换机不能正常工作时，备份组内的其他 Backup 交换机将接替不能正常工作的 Master 交换机成为新的 Master 交换机，继续向网络内的主机提供路由服务，从而实现网络内的主机不间断地与外部网络进行通信。

VRRP 协议的工作机理与思科公司的 HSRP 有许多相似之处。但二者主要的区别是在思科的 HSRP 中，需要单独配置一个 IP 地址作为虚拟路由器对外体现的地址，这个地址不能是组中任何一个成员的接口地址。

使用 VRRP 协议，不用改造网络结构，最大限度保护了投资，只需最少的管理费用，却大大提升了网络性能，具有重大的应用价值。

下面，我们仅介绍华为 3COM 三层交换机的 VRRP 配置。

【实验 5-15】　华为 3COM 三层交换机的 VRRP 配置

1．实验目的

掌握华为 3COM 三层交换机的 VRRP 配置，实现交换机的容错配置。

2．实验要求

通过配置 VRRP，实现 PC2 通过 Switch C 上行的两条链路任意断开一条，PC2 仍然能够正常 ping 通 PC1。

3．实验设备、材料和工具

Quidway S3528G 交换机 3 台，Console 口配置电缆 3 根，计算机 2 台（带有串口，网卡），双绞线若干。

4．实验步骤

本实验环境如图 5-24 所示。

（1）Switch A 相关配置

基础配置：

① 创建（进入）VLAN10：

[Switch A] vlan 10

② 将 E0/24 加入到 VLAN10：

[Switch A-vlan10] port Ethernet 0/24

③ 创建（进入）VLAN20：

[Switch A]vlan 20

④ 将 E0/23 加入到 VLAN20：

[Switch A-vlan20]port Ethernet 0/23

⑤ 创建（进入）VLAN20 的虚接口：

[Switch A-vlan20]int vlan 20

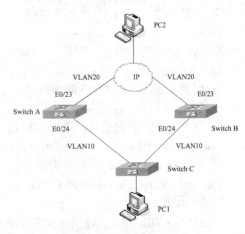

图 5-24　VRRP 配置实验环境

⑥ 给 VLAN20 的虚接口配置 IP 地址：

```
[Switch A-Vlan-interface20]ip add 11.1.1.1 255.255.255.252
```
⑦ 创建（进入）VLAN10 的虚接口.

```
[Switch A] interface vlan 10
```
⑧ 给 VLAN10 的虚接口配置 IP 地址：

```
[Switch A-Vlan-interface10]ip address 192.168.100.2 255.255.255.0
```
⑨ 配置一条到对方网段的静态路由：

```
[Switch A]ip route-static 10.1.1.1 255.255.255.0 11.1.1.2
```
VRRP 配置：

① 创建 VRRP 组 1，虚拟网关为 192.168.100.1：

```
[Quidway]vrrp ping-enable
[Switch A-Vlan-interface10]vrrp vrid 1 virtual-ip 192.168.100.1
```
② 设置 VRRP 组优先级为 120，默认为 100：

```
[Switch A-Vlan-interface10]vrrp vrid 1 priority 120
```
③ 设置为抢占模式：

```
[Switch A-Vlan-interface10]vrrp vrid 1 preempt-mode
```
④ 设置监控端口为 interface vlan 20，如果端口 Down 掉优先级降低 30：

```
[Switch A-Vlan-interface10]vrrp vrid 1 track Vlan-interface 20 reduced 30
```
（2）Switch B 相关配置

基础配置：

① 创建（进入）VLAN10：

```
[Switch B] vlan 10
```
② 加 E0/24 加入到 VLAN10：

```
[Switch B-vlan10] port Ethernet 0/24
```
③ 创建（进入）VLAN20：

```
[Switch B]vlan 20
```
④ 将 E0/23 加入到 VLAN20：

```
[Switch B-vlan20]port Ethernet 0/23
```
⑤ 创建（进入）VLAN20 的虚接口：

```
[Switch B-vlan20]int vlan 20
```
⑥ 给 VLAN20 的虚接口配置 IP 地址：

```
[Switch B-Vlan-interface20]ip add 12.1.1.1 255.255.255.252
```
⑦ 创建（进入）VLAN10 的虚接口：

```
[Switch B] interface vlan 10
```
⑧ 给 VLAN10 的虚接口配置 IP 地址：

```
[Switch B-Vlan-interface10]ip address 192.168.100.3 255.255.255.0
```
⑨ 配置一条到对方网段的静态路由：

```
[Switch B]ip route-static 10.1.1.1 255.255.255.0 12.1.1.2
```
VRRP 配置：

① 创建 VRRP 组 1，虚拟网关为 192.168.100.1：

```
[Quidway]vrrp ping-enable
[Switch B-Vlan-interface10]vrrp vrid 1 virtual-ip 192.168.100.1
```

② 设置为抢占模式：

`[Switch B-Vlan-interface10]vrrp vrid 1 preempt-mode`

（3）Switch C 相关配置

Switch C 在这里起端口汇聚作用，同时允许 Switch A 和 Switch B 发送报文，可以不配置任何数据。

（4）两台交换机负载分担的配置流程

通过多备份组设置可以实现负荷分担。如交换机 A 作为备份组 1 的 Master，同时又兼职备份组 2 的备份交换机，而交换机 B 正相反，作为备份组 2 的 Master，并兼职备份组 1 的备份交换机。一部分主机使用备份组 1 作网关，另一部分主机使用备份组 2 作为网关。这样，以达到分担数据流，而又相互备份的目的。

Switch A 相关配置：

① 创建一个 VRRP 组 1：

`[Switch A-vlan-interface10] vrrp vrid 1 virtual-ip 192.168.100.1`

② 设置 VRRP 组 1 的优先级比默认值高，保证 Switch A 为此组的 Master：

`[Switch A-vlan-interface10] vrrp vrid 1 priority 150`

③ 创建一个 VRRP 组 2，优先级为默认值：

`[Switch A-vlan-interface10] vrrp vrid 2 virtual-ip 192.168.100.2`

Switch B 相关配置：

① 创建一个 VRRP 组 1，优先级为默认值：

`[Switch B-vlan-interface10] vrrp vrid 1 virtual-ip 192.168.100.1`

② 创建一个 VRRP 组 2，优先级比默认值高，保证 Switch B 为此组的 Master：

`[Switch B-vlan-interface10] vrrp vrid 2 virtual-ip 192.168.100.2`

③ 设置备份组的优先级：

`[Switch B-vlan-interface10] vrrp vrid 2 priority 110`

此配置完成以后，Switch C 下面的用户可以一部分以 VRRP 组 1 的虚地址为网关，一部分用户以 VRRP 组 2 的虚地址为网关。

5. 实验报告

写出 VRRP 协议的基本原理及具体配置过程。

5.7　服务器容错配置实验

磁盘冗余、网卡冗余、热插拔等都是服务器的某个方面的容错技术。服务器容错，更多的应该是强调服务器整个系统的容错，而不是仅指某一个部分的容错。服务器系统容错技术有三类：服务器集群技术、双机热备份和单机容错技术。它们所对应的容错级别是从低到高的，也就是说服务器集群技术容错级别最低，而单机容错技术级别最高。

单机容错技术以 Stratus 公司的 ftServer、惠普公司的 NonStop 服务器和 NEC 公司的 Express5800/ft 为代表。这种技术具有比双机冗余方案更高的容错能力。双机冗余系统的可靠性可以达到 99.9%，也就是 3 个 9 的能力，而 Stratus 公司的方案，其可靠性可以达到 5 个 9。惠普公司企业服务器，其 NonStop 服务器作为目前惠普公司最高档的服务器，其可靠性可以达到 7 个 9 的水平。

容错技术的发展历史如图 5-25 所示。

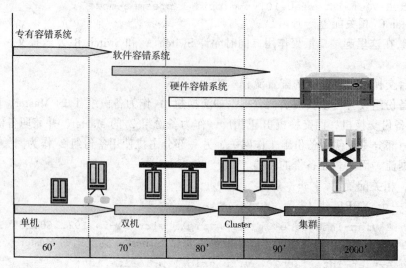

图 5-25　容错技术的发展历史

我们在此以 Stratus 公司的 ftServer 为例，简单介绍服务器的基本容错配置。

【实验 5-16】　服务器基本 I/O 的容错设置

1．实验目的

掌握容错服务器的基本配置。

2．实验要求

预先在 Stratus ftServer 上安装好 Windows Server 2003 企业版和容错软件。

3．实验设备、材料和工具

Stratus ftServer 2510 服务器 1 台。

4．实验步骤

① 采用 RDR 技术实现磁盘镜像（Disk Mirror）。ftServer 服务器采用 RDR 软件实现服务器内部硬盘的镜像同步，实现系统的容错性。设置内部硬盘为基本盘（Basic）状态，切勿将其转为动态盘（Dynamic）。需要镜像的两个硬盘，必须插在上下两个机箱的相同槽位上，并且是同样类型、容量尺寸。

创建虚拟硬盘（即镜像的硬盘对）的步骤如下：

a．创建一个新的虚拟硬盘。运行 ftSMC 管理软件，查找相应的硬件路径到某一个需要创建镜像的物理硬盘，例如："ftServer(Local)→ftServer I/O Enclosure→I/O Enclosure-10→Storage Enclosure -40→Slot 2"，右击"Disk 0"后出现快捷菜单，选择"Create RDR Virtual Disk"命令，然后在弹出的对话框中单击"Yes"按钮。

注意：主 IO 模块中 Slot 1 中的磁盘为系统盘，RDR 信息在安装系统时默认创建，不必重复操作。

b. 添加第 2 个硬盘到虚拟硬盘中。运行 ftSMC 管理软件，查找相应的硬件路径到某一个需要加入镜像硬盘的物理硬盘，例如："ftServer(Local)→ftServer I/O Enclosure→I/O Enclosure–11→Storage Enclosure–40→Slot 2"，右击"Disk–2"，在弹出的快捷菜单中选择"Add Physical Disk to RDR Virtual Disk"命令，然后在弹出的对话框中单击"Next"按钮，显示当前的源盘和目标盘（见图 5-26），如果没有问题，单击"Next"按钮，最后单击"Finish"按钮完成镜像向导。

RDR 软件开始复制硬盘内容，并在 ftSMC 中显示镜像的进度，如图 5-27 所示。镜像完成前，源硬盘 LED 显示为黄灯，目标盘 LED 显示快速闪烁的绿灯。镜像完成后，两个硬盘都会显示绿灯。

特别注意，在尝试操作 RDR 磁盘同步时，一定要在 Windows 磁盘管理窗口中确认"从盘"的状态是未指派。如果从盘有分区或者数据，务必先删除磁盘分区再做 RDR 操作。

图 5-26　添加物理硬盘到虚拟硬盘

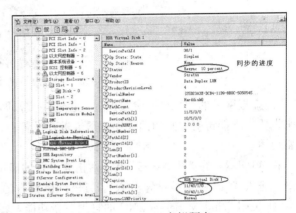

图 5-27　RDR 虚拟硬盘

c. RDR 虚拟硬盘的使用。创建 RDR 虚拟硬盘后，该虚拟硬盘就可以在 Windows 的"磁盘管理"中看到，而对应的两个物理硬盘就不再出现；虚拟硬盘的使用和单个物理硬盘在 Windows 中的使用一样，不必考虑镜像问题。RDR 中生成的虚拟盘都是基本盘（Basic），切勿将其升级为动态盘（Dynamic）。

在 Windows 的"磁盘管理"中，可以对虚拟硬盘进行分区、格式化、改驱动器号等操作。

② 确保 VTMs 包含最新的 firmware（如果系统中包含有 VTM 设备）。

③ 使用 PROSet 配置以太网口，创建网卡镜像（Team）。

a. Intel ProSet 网卡镜像。ftServe 服务器的每个 CPU–IO 机箱都有两个内置的千兆以太网口，为了保证网络的容错性，需要将其与另一个机箱的对应网口组成虚拟（镜像）网卡。

b. 创建新的虚拟网卡（Team）。打开"设备管理器"，选择"网络适配器"选项后，可以看到 4 个内置（有 EMB 字样）的网卡；如果有扩展网卡，操作类似。

右击一个需要被加入虚拟网卡的网卡后，在弹出的快捷菜单中选择"属性"命令，在弹出的对话框中选择"Teaming"选项卡，选择"Team with other adapters"单选按钮，单击"New Team"按钮，就进入了创建虚拟网卡的向导中，如图 5-28 所示。

这时需要确定虚拟网卡(Team)的名字，并单击"Next"按钮。在"Select the adapters to include in this team"页面中，检查需要加入虚拟网卡的物理网卡名字（单击网卡的"Identify"按钮可以物理定位这个网卡的位置），然后选择容错方式（通常取默认的 AFT–Adapter Fault Tolerance 模式，如果选择 ALB–Adaptive Load Balancing 模式，需要将 Receive Load Balancing 选项去除，否则该虚拟网卡的 MAC 地址会不定期被改变）。最后，单击"Finish"生成虚拟网卡。系统会自动生成一个虚拟的网络设备，在 Windows 的"网络连接"中可以查看这个新生成的虚拟网卡，并对其更名。

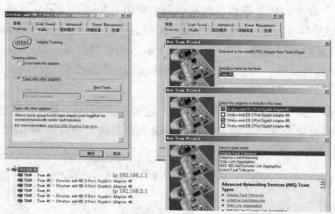

图 5-28　创建虚拟网卡的向导

c. 虚拟网卡的 TCP/IP 参数设置。创建完虚拟网卡后，TCP/IP 网络参数应该针对虚拟网卡来设置，不能再对原来的两块物理网卡进行设置；否则可能造成不明确的问题，影响网络的正常使用。

在 Windows 的"网络连接"中，右击要设置的虚拟网卡，在弹出的快捷菜单中选择"属性"命令，进入 TCP/IP 参数设置对话框，进行 IP 参数的设置。

④ 关闭 Windows Server 2003 的自动更新功能。

5．实验报告

写出 Stratus ftServer 2510 服务器容错配置的基本步骤。

第6章 网络工程设计实验

本章结构

本章介绍网络工程设计实例项目的整体情况和设计要求，给出规范的设计结果和标准的设计输出文档。本章在其中穿插了总体设计实验，并在后面章节中根据子系统的设计结果，对整个网络工程的总体设计进行完善和细化。

网络工程包括综合布线工程和设备安装工程。综合布线工程是建筑物内弱电设备线缆的连接系统，它用统一的连线缆和标准的拓扑结构将各种建筑物的信息和电子设备进行连接，是网络工程重要的基础设施。设备安装包括了交换机、路由器、服务器等网络设备的连接和规划。本章将紧密结合项目实例，在前几章基本概念的基础上，让学生熟悉并掌握网络工程设计的基本要求、基础能力、主要规范、设计方法、输出成果，最终能够完成一般条件下综合性的网络工程设计。

6.1　项目设计总体需求

1．建筑结构

项目为集商业、办公、酒店、混合型公寓于一体的大型综合性建筑。该工程位于天津市××区，总建筑面积 154 600 m²，其中地上面积为 120 000 m²，地下 34 600 m²。建设范围如下：

① 裙房部分：

地下二层：略。地下一层：机房，其他略。

地上一至三层：商业、餐饮、设备用房等，3 层局部为酒店会议室、宴会厅、大会议厅。

② 酒店：酒店为一栋三十层超高层建筑。首层房间功能为大堂和全日餐厅。二层设共享空间和特色餐厅。三层设有大面积的会议室、多功能前厅。六层为办公室。七、八层设无障碍客房。九至三十层为客房和普通套房，其中二十九层内含商务贵宾厅，三十层为总统套房和普通客房。其他略。

③ 办公楼：办公楼为两栋十二层建筑，四至十二层为写字楼。

④ 混合型公寓：混合型公寓为 4 栋建筑。

1 号楼有十九层。2、3、4 号楼有二十九层。

首层为大堂。二层大部分为功能用房。三层以上为混合型公寓。

2．总体需求

（1）设计范围

项目设计包括一个建筑群网络管理中心，位置位于 B1 层（地下一层）。

裙房与办公楼独立设计楼宇网络管理中心，接入建筑群网络管理中心。

酒店独立设计楼宇网络管理中心，接入建筑群网络管理中心。

混合型公寓独立设计楼宇网络管理中心，接入建筑群网络管理中心。

（2）设计总体目标

通过设计，为本项目各个功能区提供一套完整的综合布线管理方案，汇总所有楼层计算机网络设备、语音设备系统的线路，从而组成一个模块化与系统化的线路系统。本系统应是易于扩建、可靠和易于维修的灵活性极高的布线网络，能够连接及支持语音，数据及图像信号。

（3）总体设计要求

总体设计要求如表6-1所示。

表6-1　网络工程总体设计要求

	裙房与办公	酒　店	混合型公寓
建筑群机房位置	B1		
机房位置	B1层	酒店六层	公寓楼B1层
系统构成	数据点：从市政进线到B1层建筑群弱电机房，以下设计单位自行设计，最终到各个出租商户和办公室。 语音点：从市政语音网进线到B1层建筑群弱电机房，以下设计单位自行设计，最终到各个出租商户和办公室	数据点：从市政进线到B1层建筑群弱电机房，以下设计单位自行设计，最终到各个客房。 语音点：从市政语音网进线到B1层建筑群弱电机房，以下设计单位自行设计，最终到各个客房	数据点：从市政进线到B1层建筑群弱电机房，以下设计单位自行设计，最终到各个公寓。 语音点：从市政语音网进线到B1层建筑群弱电机房，以下设计单位自行设计，最终到各个公寓
安装位置	办公室、商铺面板或弱电箱	客房面板或弱电箱	公寓面板或弱电箱
线材	数据：水平千兆，主干万兆 语音：水平同数据，主干大对数	数据：水平千兆，主干万兆 语音：水平同数据，主干大对数	数据：水平千兆，主干万兆 语音：水平同数据，主干大对数
基本设计点位要求（办公桌根据精装修图纸确定）	商场每个商铺语音3个，数据2个 办公（办公桌）语音1个，数据1个	酒店客房（普通）语音2个，数据1个 酒店客房（套房）语音3个，数据1个 办公（办公桌）语音1个，数据1个	住宅语音1个，数据2个 办公（办公桌）语音1个，数据1个
系统点位预留	在满足要求的前提下，为以后扩容预留15%点位	在满足要求的前提下，为以后扩容预留15%点位	在满足要求的前提下，为以后扩容预留15%点位

（4）总体功能要求

① 本建筑建设的综合型综合布线系统能为多个应用部门提供综合信息传输和连接（计算机数据通信、话音通信、图像传输以及各种控制信号通信）。

② 综合布线系统要求采用开放式结构，适用于主流网络拓扑结构，并能适应不断发展的网络技术的需求。

③ 综合布线系统采用模块化结构，保证系统能够很容易的扩充和升级。任何一个信息点能够连接不同类型的计算机设备和其他信息设备。能够在设备布局和需求发生变化时实施灵活的线路管理。

④ 综合布线系统要求采用标准模块化的插接件，除建筑群主语音配线架跳线外其余跳线

均采用跳接式。

⑤ 整个综合布线系统按照工作区、水平子系统（也称为配线子系统）、垂直干线子系统（也称为干线子系统）、电信间子系统（也称为管理间子系统或配线间子系统）、设备间子系统、建筑群子系统与进线间子系统进行总体设计和规划。

⑥ 各个子系统之间均应按标准要求设置接续设备（如配线架或通信引出端），利用跳线或接插件连接成整体的信息传输通路，且要求使用方便、调度灵活、维修简单和管理科学。

⑦ 所有主干线路、电信间、设备间、建筑群等子系统均考虑铜缆和光缆的连接要求。

（5）总体性能要求

① 综合布线的垂直干线子系统要求可以支持万兆以太网和各种常用的电话系统，水平子系统可以支持千兆以太网和各种常用的电话系统。

② 水平子系统线缆标准不低于六类增强型标准，即 ISO/IEC 11801.2002 Ed2.0 标准。

③ 工作区均提供不低于六类增强型标准的模块和面板，即 ISO/IEC 11801.2002 Ed2.0 标准。

④ 垂直干线子系统光缆部分均不低于万兆多模标准，达到或超过 ITU–TG652–2005 中的 D 级指标。

⑤ 垂直干线子系统语音部分采用 3 类 UTP 大对数线缆，芯线线径为 AWG24，传输带宽，16 MHz。

⑥ 为每层预留 15% 的电话和数据点位，以便今后的扩容。

（6）建筑平面图

办公楼标准层建筑平面图如图 6-1 所示（见章后附页）。

6.2　工作区设计实验

1．总体要求

通过本节的学习，让学生掌握工作区的基本概念，基础知识，设计步骤和设计方法，了解工作区设计的主要输出成果，学习不同应用环境下工作区的设计方法和要点，从而可以进行一些一般场合的工作区设计。

2．实验目的

① 了解工作区的基本概念和基础知识。

② 掌握在设计过程中，结合需求分析、设计目标和客户需求的方法。

③ 掌握工作区设计的主要步骤，掌握设计环节的关键要点和方法。

④ 掌握常用应用场合中工作区的设计方法和特点，能够进行独立设计工作。

⑤ 具备基本的图纸识读能力，能够看懂结构难度不高的建筑平面图。

⑥ 熟悉工作区设计的输出文件，能够根据图纸编制信息点统计表。

⑦ 基本掌握画图工具，能够在建筑结构图的基础上绘制工作区，设计平面图和施工图。

⑧ 制作工作区的主要设备清单、技术指标和预算。

3．工作区的设计步骤

（1）工作区面积的确定

工作区包括办公室、写字间、作业间、技术室等需用电话、计算机终端、电视机等设施的区域和相应设备的统称。工作区面积划分表（GB 50311—2007 规定）如表 6-2 所示。

表 6-2　工作区面积划分表

建筑物类型及功能	工作区面积/m²
网管中心、呼叫中心、信息中心等终端设备较为密集的场地	3～5
办公区	5～10
会议、会展	10～60
商场、生产机房、娱乐场所	20～60
体育场馆、候机室、公共设施区	20～100
工业生产区	60～200

（2）工作区信息点的配置

一个独立的需要设置终端设备的区域宜划分为一个工作区，每个工作区需要设置一个计算机网络数据点或者语音电话点，或按用户需要设置。每个工作区信息点数量可按用户的性质、网络构成和需求来确定。常见工作区信息点的配置原则如表 6-3 所示。

表 6-3　常见工作区信息点的配置原则

工作区类型及功能	安装位置	安装数量	
		数据	语音
网管中心、呼叫中心、信息中心等终端设备较为密集的场地	工作台处墙面或者地面	1～2 个/工作台	2 个/工作台
集中办公区域的写字楼、开放式工作区等人员密集场所	工作台处墙面或者地面	1～2 个/工作台	2 个/工作台
董事长、经理、主管等独立办公室	工作台处墙面或者地面	2 个/间	2 个/间
小型会议室/商务洽谈室	主席台处地面或者台面 会议桌地面或者台面	2～4 个/间	2 个/间
大型会议室，多功能厅	主席台处地面或者台面 会议桌地面或者台面	5～10 个/间	2 个/间
＞5 000 m² 的大型超市或者卖场	收银区和管理区	1 个/100 m²	1 个/100 m²
2 000～3 000 m² 中小型卖场	收银区和管理区	1 个/30～50 m²	1 个/30～50 m²
餐厅、商场等服务业	收银区和管理区	1 个/50 m²	1 个/50 m²
宾馆标准间	床头或写字台或浴室	1 个/间，写字台	1～3 个/间
学生公寓（4 人间）	写字台处墙面	4 个/间	4 个/间
公寓管理室、门卫室	写字台处墙面	1 个/间	1 个/间
教学楼教室	讲台附近	1～2 个/间	
住宅楼	书房	1 个/套	2～3 个/套

（3）工作区信息点点数统计表

工作区信息点点数统计表简称点数表，是设计和统计信息点数量的基本工具和手段。建筑物网络综合布线信息点数量统计表如表 6-4 所示。

表 6-4 建筑物网络综合布线信息点数量统计表

| 楼层编号 | 房间或者区域编号 | | | | | | | | | | 数据点合计 | 语音点合计 | 信息点合计 |
| | 01 | | 03 | | 05 | | 07 | | 09 | | | | |
	数据	语音	数据	语音	数据	语音	数据	语音	数据	语音			
十八层	3	2	1	1	2	2	3	3	3	2	12	10	22
十七层	2	2	2	2	3	2	2	2	3	2	12	10	22
十六层	5	4		3	5	4	5	5	6	4	21	20	41
十五层	2	2	2	2	3	2	2	2	3	2	12	10	22
合计											57	50	107

第一列为楼层编号，填写对应的楼层编号，中间列为该楼层的房间号，为了清楚和方便统计，一般每个房间有两列，一列数据，一列语音。最后一列为合计数量。在点数表填写中，楼层编号由大到小按照从上往下顺序填写。

（4）概算

在初步设计的最后要给出该项目的概算，这个概算是指整个综合布线系统工程的造价概算，当然也包括工作区的造价。工程概算的计算方法公式如下：

工程造价概算=信息点数量×信息点的价格

例如：按照表 6-4 点数表统计的十五～十八层网络数据信息点数量为 57 个，每个信息点的造价按照 200 元计算时，该工程分项造价概算=57×200=11 400（元）。

按照表 6-4 点数表统计的十五～十八层语音信息点数量为 50 个，每个信息点的造价按照 100 元计算时，该工程分项造价概算=50×100=5 000（元）。

4．工作区的设计要点

（1）工作区的规模

工作区的设计首先要确定每个工作区内应安装信息插座的数量。根据相关设计规范要求，一般来说，一个工作区的服务面积可按 5～10 m² 计算，每个工作区可以设置一部电话或者一台计算机终端，或者既有电话又有计算机终端，也可以根据用户提出的要求并结合系统的设计等级确定信息插座安装的种类和数量。除了根据目前需求以外，还应考虑为将来扩充留出一定的信息插座余量。

（2）工作区信息插座的类型

信息插座必须具有开放性，即能兼容多种系统的设备连接要求。一般而言，工作区应安装足够的信息插座，以满足计算机、电话机、传真机、电视机等终端设备的安装使用。

（3）工作区信息插座安装方式设计

工作区的信息插座分为暗埋式和明装式两种方式，暗埋式的插座底盒嵌入墙体，明装式的插座直接在墙面上安装。用户可根据实际需要选用不同的安装方式以满足不同的需要。通常情况下，新建建筑物采用暗埋式安装信息插座，已有的建筑物增设综合布线系统则采用明装方式安装信息插座。有些建筑物装修或终端设备连接要求信息插座安装在地板上，这时应选择翻盖式或跳起式地面插座。

安装信息插座时应符合以下安装规范：

① 安装在地面上的信息插座应采用防水盒抗压的接线盒。

② 安装在墙面或柱子上的信息插座底部离地面的高度宜为 300 mm 以上。

③ 信息插座附近有电源插座的，信息插座应距离电源插座 300 mm 以上。

（4）信息点安装位置设计

信息点的安装位置宜以工作台为中心进行设计，如果工作台靠墙布置时，信息点插座一般设计在工作台侧面的墙面，通过网络跳线直接与工作台上的计算机连接。

如果工作台布置在房间的中间位置或者没有靠墙时，信息点插座一般设计在工作台下面的地面，通过网络跳线直接与工作台上的计算机连接。

如果是集中或者开放办公区域，信息点的设计应该以每个工位的工作台和隔断为中心，将信息插座安装在地面或者隔断上。

在大门入口或者重要办公室门口宜设计门禁系统信息点插座。在公司入口或者门厅宜设计指纹考勤机、电子屏幕使用的信息点插座。在会议室主席台、发言席、投影机位置宜设计信息点插座。在各种大卖场的收银区、管理区、出入口宜设计信息点插座。

（5）信息点主要材料

地弹插座面板一般为黄铜制造，只适合在地面安装，每只售价在 100～200 元，地弹插座面板一般都具有防水、防尘、抗压功能，使用时打开盖板，不使用时，盖好盖板与地面高度相同。

墙面插座面板一般为塑料制造，只适合在墙面安装，每只售价在 5～20 元，具有防尘功能，使用时打开防尘盖，不使用时，防尘盖自动关闭。桌面型面板一般为塑料制造，适合安装在桌面或者台面，在综合布线系统设计中很少应用。

信息点插座底盒常见的有两个规格，适合墙面或者地面安装。墙面安装底盒为长 86 mm、宽 86 mm 的正方形盒子，设置有 2 个 M4 螺孔，孔距为 60 mm，又分为暗装和明装两种，暗装底盒的材料有塑料和金属材质两种，暗装底盒外观比较粗糙。明装底盒外观美观，一般由塑料注塑。

地面安装底盒比墙面安装底盒大，为长 100 mm、宽 100 mm 的正方形盒子，深度为 55 mm（或 65 mm），设置有 2 个 M4 螺孔，孔距为 84 mm，一般只有暗装底盒，由金属材质一次冲压成型，表面电镀处理。面板一般为黄铜材料制成，常见有方型和圆型面板两种，方型的长为 120 mm、宽 120 mm。

【实验 6-1】 敞开式办公区工作区设计实验

1. 实验目的

通过本实验，让学生掌握敞开式办公区工作区设计的步骤和方法，学会进行初步的需求分析和判读图纸，并在分析和读图基础上进行工作区设计。

2. 实验要求

仔细判读建筑平面图，确定工作区的面积、信息点的配置、画出工作区信息点点数统计表、做出工程概算并利用绘图工具画出设计方案图。

3. 实验设备、材料和工具

AutoCAD 2008（或者 Visio 2003）、项目建筑平面图、Excel 等。

4. 实验步骤

以图 6-2 所示的 1211 房间敞开式办公区为例进行工作区设计实验。该敞开式办公区长

7.5 m，宽 8.5 m，面积 63.75 m^2。

设计敞开式办公区信息点布局时，必须考虑空间的利用率和便于办公人员工作，进行合理的设计，信息插座根据工位的摆放设计安装在墙面和地面。一般的敞开式办公区已经具有装修和家具设计图纸，在设计时需要密切结合装修图纸，并和用户密切沟通后确定工位设计标准和功能需求。

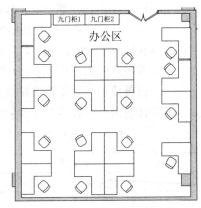

图 6-2　一个典型的敞开式办公区建筑结构图及家具设计图

（1）工作区面积的确定

一个独立的需要设置终端设备的区域宜划分为一个工作区。考虑到是敞开式办公区，信息点较为集中，根据装修和家具图纸，经与用户确认后可以设计成 17 个工作区，每个工作区约占 3.75 m^2。

（2）工作区信息点的配置

每个工作区信息点数量可按用户的性质、网络构成和需求来确定。经与用户沟通，每个工作区需要设置一个计算机网络数据点和语音电话点。整个敞开式办公区共设计 34 个信息点，其中 17 个数据点，17 个语音点。每个信息插座上包括 1 个数据、1 个语音。

（3）工作区信息点点数统计表

工作区编号首先以房间号开头，在后面接以工作区号。工作区信息点点数统计表如表 6-5 所示。

表 6-5　办公楼 12 层 1211 房间工作区信息点点数统计表

工作区编号	数　据	语　音	地插数据	地插语音	合　计
BG1211-01	1	1			2
BG 1211-02	1	1			2
BG 1211-03	1	1			2
BG 1211-04	1	1			2
BG 1211-05			1	1	2
BG 1211-06			1	1	2
BG 1211-07			1	1	2
BG 1211-08			1	1	2
BG 1211-09			1	1	2
BG 1211-10			1	1	2
BG 1211-11			1	1	2
BG 1211-12			1		2
BG 1211-13	1	1			2
BG 1211-14	1	1			2
BG 1211-15	1	1			2
BG 1211-16	1	1			2
BG 1211-17	1	1			2
合计	9	9	8	8	34

每个信息点铺设 2 根 4-UTP 超 5 类网线。

（4）信息点安装位置与安装材料

本例中，墙面的 9 个信息插座安装高度中心垂直距地 300 mm。中间 8 个信息点使用地埋式插座安装在地面。墙面的 9 个信息插座选择塑料面板，安装 86 mm 的暗装底盒。中间 8 个信息点使用黄铜制造的地埋式 120 mm 地弹插座，采用 100 mm 暗装底盒。

（5）材料清单与主要技术参数

主要材料清单与技术参数表如表6-6所示。

表 6-6　办公楼十二层 1211 房间敞开式办公区主要材料清单与技术参数表

序　　号	主要材料名称	技　术　参　数	数　　量
1	86 暗装底盒	尺寸：86 mm×86 mm×60 mm（长×宽×高）	9
2	100 暗装底盒	尺寸：100 mm×100 mm×55 mm（长×宽×高）	8
3	双口 86 面板	国标 86 型双口信息面板，白色，有防尘滑门	9
4	120 地埋双口信息插座	尺寸：122 mm×120 mm，全铜材质，弹出式面板，香槟金色，面板部分为高强度阻燃 PC 塑料	8
5	六类信息模块	支持 90° 和 45° 安装，支持 TIA/EIA 6 类标准，高强度阻燃 PC 塑料，插拔次数>2 000 次，免打线工具	34

（6）画出设计方案

典型敞开式办公区设计方案如图 6-3 所示。

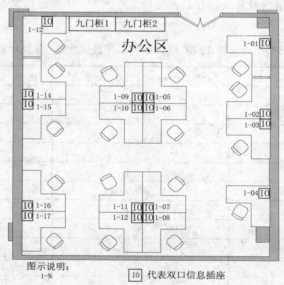

图 6-3　典型敞开式办公区工作区设计方案

【实验 6-2】　传统办公区工作区设计实验

1. 实验目的

通过本实验，让学生掌握传统办公区工作区设计的步骤和方法，学会进行初步的需求分析和判读图纸，并在分析和读图基础上进行工作区设计。

2．实验要求

仔细判读建筑平面图，确定工作区的面积、信息点的配置、画出工作区信息点点数统计表、做出工程概算并利用绘图工具画出设计方案图。

3．实验设备、材料和工具

AutoCAD 2008（或者 Visio 2003）、项目建筑平面图、Excel 等。

4．实验步骤

以图 6-4 所示的传统办公区为例进行工作区设计实验。该敞开式办公区长 7.5 m，宽 8.5 m，面积 63.75 m²。该传统办公区没有提供装修和家具设计图纸，但提供了强电设计图。

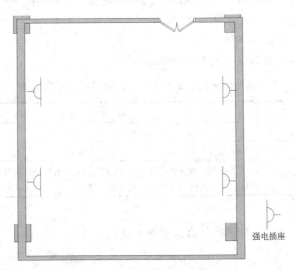

强电插座

图 6-4　传统办公区平面图（含强电插座）

设计传统办公区信息点布局时，必须考虑未来家具的布局和与强电的配合，进行合理的设计，信息点位不宜距离强电太远，否则引起将来使用和布线不便，信息插座根据摆放设计安装在墙面和地面。

（1）工作区数量和配置的确定

与用户需求沟通后的结果：本办公室工作人员为 4 人。工作职位为部长级别，每人需按照 2 部电话和 2 部计算机配置。整个办公室总共设计数据点 8 个，语音点 8 个，合计 16 个。

（2）工作区位置设计

办公家具和装修目前未定，但是强电位置已经确定，一方面考虑家具的常规布局，另外一方面靠近强电插座。常规办公位置布局为面向或背向大门位置，分东西两侧布局，由于大门位置在北面，如南北向布置会降低空间利用率。该图中强电布局已经参照常规办公位置进行东西两侧布局。

（3）工作区信息点点数统计表

工作区信息点点数统计表如表 6-7 所示。工作区编号首先以房间号开头，在后面接以工作区号。

表 6-7　办公楼 12 层 1201 房间工作区信息点点数统计表

工作区编号	数　据	语　音	合　计
BG1201-01	2	2	4
BG 1201-02	2	2	4
BG 1201-03	2	2	4
BG 1201-04	2	2	4
合计	8	8	16

（4）信息点安装位置与安装材料

所有信息点均采用 4 口面板，安装 86 mm 的暗装底盒，安装高度为中心垂直距地 300 mm。信息点安装位置与强电面板水平，距离为 300 mm。

（5）材料清单与主要技术参数

主要材料清单与技术参数表如表 6-8 所示。

表 6-8　传统式办公区主要材料清单与技术参数表

序　号	主要材料名称	技 术 参 数	数　量
1	86 暗装底盒	尺寸：86 mm×86 mm×60 mm（长×宽×高）	4
2	4 口 86 面板	86 型 4 口信息面板，白色，有防尘滑门	4
3	六类信息模块	支持 90° 和 45° 安装，支持 TIA/EIA 6 类标准，高强度阻燃 PC 塑料，插拔次数>2 000 次，免打线工具	16

（6）画出设计方案

办公楼 12 层 1201 房间工作区设计方案如图 6-5 所示。

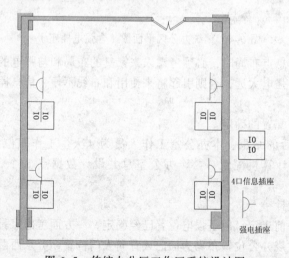

图 6-5　传统办公区工作区系统设计图

【实验 6-3】　商场工作区设计实验

1. 实验目的

通过本实验，让学生掌握商场工作区设计的步骤和方法，学会进行初步的需求分析和判读图纸，针对商场的专业需求进行调查和分析，并在分析和读图基础上进行工作区结构设计。

2. 实验要求

仔细判读建筑平面图，确定工作区的面积、信息点的配置、画出工作区信息点点数统计表、统计设备清单、做出工程概算并利用绘图工具画出设计方案图。在设计时需要考虑收银、柜台、服务台、流媒体广告、无线、移动 POS 等各方面的需求。为了适应将来商场更换装修布局的需要，需要进行充分的预留，并在开放区域设置一定的地面信息点，保证将来不会因为商场柜台布局的变动导致某些区域没有信息接口。在本实验中要针对整个楼层的所有房间进行工作区设计和计算。

3. 实验设备、材料和工具

AutoCAD 2008（或者 Visio 2003）、项目建筑平面图、Excel 等。

4. 实验步骤

以图 6-6 所示的一层商场的局部为例进行工作区设计实验。该商场局部长 58.4 m，宽 22.5 m，面积 1 314 m²。

（1）工作区数量和配置的设计原则

① 在商场四周墙壁按照每 10 m 一组信息点（包含数据和语音）的原则进行设置，如果有门隔开则单独设计。

② 在服务台和收银台按照两组信息点（包含数据和语音）的原则进行设置。

③ 在所有电梯口需配置独立的数据点以满足流媒体播放系统的要求。

④ 在大面积开放区域四角需配置独立的数据点以满足无线覆盖和移动 POS 系统接入的需要；在小面积区域需配置独立的数据点以满足无线覆盖的需要。

⑤ 在大面积开放区域承重立柱下方设计地面插座配置一组信息点满足柜台布局设计需要。

（2）工作区数量和配置数量统计

工作区编号首先以楼层和房间号开头，在后面接以工作区号。商场属于开放区域，因此没有严格的房间号。工作区信息点点数统计表如表 6-9 所示。在统计工作区信息点数的时候就可以确定材料的类型和数量，能够更加直观地显示工作区设计、用途与材料之间的对应关系。表 6-10 所示为商场办公区主要材料清单与技术参数表。

表 6-9　商场首层工作区信息点与材料统计表

工作区编号	数据 TD	语音 TP	地插数据	地插语音	用　途	信息点合计	双口面板	单口面板	86 底盒	信息模块	地面插座	地插底盒
SC01-01	1	1			柜台预留	2	1		1	2		
SC01-02	1				无线网络覆盖	1		1	1	1		
SC01-03	2	2			收银台	4	2		2	4		
SC01-04	1				流媒体广告	1		1	1	1		
SC01-05	2				触摸屏	2		2	2	2		
SC01-06	2	2			收银台	4	2		2	4		
SC01-07	1				无线网络覆盖	1		1	1	1		
SC01-08	1	1			柜台预留	2	1		1	2		
SC01-09	2	1			柜台预留 无线网络覆盖	3	1	1	2	3		

工作区编号	数据 TD	语音 TP	地插 数据	地插 语音	用　途	信息 点合 计	双口 面板	单口 面板	86 底盒	信息 模块	地面 插座	地插 底盒
SC01-10	1	1			柜台预留	2	1		1	2		
SC01-11 至 16			6	6	柜台地面预留	12				12	6	6
SC01-17、18	2	2			柜台预留	4	2		2	4		
SC01-19、20	2				无线网络覆盖	2		2	2	2		
SC01-21	2	2			收银台区域	4	2		2	4		
SC01-22	1				触摸屏	1		1	1	1		
SC01-23	1	1			空调机房	2	1		1	2		
SC01-24	1				流媒体广告	1		1	1	1		
SC01-25	1				无线网络覆盖	1		1	1	1		
总计	24	13	6	6		49	13	11	24	49	6	6

（3）信息点安装位置与安装材料

① 双口信息面板：柜台预留、收银台、空调机房的信息点均采用双口信息面板，安装 86 mm 的暗装底盒，安装高度为中心垂直距地 300 mm。信息点安装位置与强电面板水平，距离为 300 mm。

② 单口信息面板：无线网络覆盖、流媒体广告、触摸屏的信息点均采用单口信息面板，安装 86 mm 的暗装底盒，安装高度为中心垂直距地 300 mm。其中无线网络覆盖点的安装高度位于吊顶上方，中心垂直距离吊顶 300 mm。信息点安装位置与强电面板水平，距离为 300 mm。

③ 地面安装：柜台地面预留使用黄铜制造的地埋式 120 mm 地弹插座，采用 100 mm 暗装底盒。

④ 检验：在统计结束后可以根据所有材料的数量进行简单检查，以核算计算是否有失误，例如：

$$单口面板数量+双口面板数量=底盒数量$$
$$单口面板数量+双口面板数量×2=信息点数量=信息模块数量$$

根据项目的实际情况还可以自行设计一些验算方式。

（4）材料清单与主要技术参数

办公区主要材料清单与技术参数表如表 6-10 所示。

表 6-10　商场办公区主要材料清单与技术参数表

序号	主要材料名称	技　术　参　数	数　量
1	双口 86 面板	国标 86 型双口信息面板，白色，有防尘滑门	13
2	单口 86 面板	国标 86 型单口信息面板，白色，有防尘滑门	11
3	86 暗装底盒	尺寸：86 mm×86 mm×60 mm（长×宽×高）	24
4	120 地埋双口信息插座	尺寸：122 mm×120 mm，全铜材质，弹出式面板，香槟金色，面板部分为高强度阻燃 PC 塑料	6
5	100 暗装底盒	尺寸：100 mm×100 mm×55 mm（长×宽×高）	6
6	六类信息模块	支持 90° 和 45° 安装，支持 TIA/EIA 6 类标准，高强度阻燃 PC 塑料，插拔次数>2 000 次，免打线工具	49

（5）绘制设计图纸

商场工作区设计图如图 6-6 所示（见章后附页）。

【实验 6-4】 酒店工作区设计实验

1．实验目的

通过本实验，让学生掌握酒店工作区设计的步骤和方法，学会进行初步的需求分析和判读图纸，针对酒店的专业需求进行调查和分析，并在分析和读图基础上进行工作区结构设计。

2．实验要求

仔细判读建筑平面图，确定工作区的面积、信息点的配置、画出工作区信息点点数统计表、统计设备清单、做出工程概算，并利用绘图工具画出设计方案图。在设计时需要考虑各方面的需求。由于酒店的装修基本已经确定而且功能相对固定，因此需要紧密结合房间的功能布局和装修图纸进行精确设计。在本实验中要针对整个楼层的所有房间进行工作区设计和计算。

3．实验设备、材料和工具

AutoCAD 2008（或者 Visio 2003）、项目建筑平面图、Excel 等。

4．实验步骤

以图 6-7 所示的酒店 10 层的局部为例进行工作区设计实验。该酒店局部长 33.6 m，宽 19.6 m，面积约 658 m²。

（1）工作区数量和配置的设计原则

① 普通客房在卧室配置 3 个信息点：一个数据点位于桌下，为顾客提供上网服务；一个数据点位于电视机旁，用于提供 VOD 和数字电视服务；一个语音点位于床头柜下，为顾客提供电话服务。

② 普通客房在卫生间配置一个信息点，提供电话服务。

③ 套间在卧室配置 4 个信息点：一个数据点位于桌下，为顾客提供屋内无线上网服务；一个数据点位于电视机旁，用于提供 VOD 和数字电视服务；一个语音点位于床头柜下；一个语音点位于沙发边，为顾客提供电话服务。

④ 套间在书房配置两个信息点，包括一个数据和一个电话。

⑤ 套间在卫生间提供 2 个信息点，均为电话服务。

⑥ 在电梯厅配置两个信息点，数据点用于满足流媒体播放系统的要求，语音点用于该层的服务呼叫电话。

⑦ 在过道两端提供无线网络覆盖所需的信息点，只有数据点。

（2）工作区数量和配置数量统计

工作区编号首先以楼层和房间号开头，在后面接以工作区号。在统计工作区信息点数的时候就可以确定材料的类型和数量，因此可以将该统计表与安装材料统计表合并，能够更加直观地显示工作区设计、用途与材料之间的对应关系。表 6-11 所示为酒店工作区信息点与材料统计表。

（3）信息点安装位置与安装材料

① 双口信息面板：普通客房两个数据点、套间客房书房的信息点、电梯厅的信息点均采

用双口信息面板，安装 86 mm 的暗装底盒，安装高度为中心垂直距地 300 mm。信息点安装位置与强电面板水平，距离为 300 mm。

表 6-11　酒店工作区信息点与材料统计表

工作区编号	数　据	语　音	地插数据	地插语音	用　　途	信息点合计	双口面板	单口面板	86 底盒	信息模块	地面插座	地插底盒
JD1001-01		1			套房卫生间	1		1	1	1		
JD1001-02		1			套房卫生间	1		1	1	1		
JD1001-03	1	1			套房书房	2	1		1	2		
JD1001-04		1			套房卧室	1		1	1	1		
JD1001-05			1	1	套房卧室	2				2	1	1
JD1001-06		1			套房卧室	1		1	1	1		
JD1001-06		1			套房卫生间	1		1	1	1		
JD1001-01 至 JD1007-01	14				普通客房卧室	14	7		7	14		
JD1001-02 至 JD1007-02		7			普通客房卧室	7		7	7	7		
JD1001-03 至 JD1007-03		7			普通客房卫生间	7		7	7	7		
JD1008-01	1				公共区域无线	1		1	1	1		
JD1008-02 至 JD1008-04	3	3			公共区域电梯间前室	3	3		3	6		
JD1008-05		1			布草间	1		1	1	1		
JD1008-06	1				公共区域无线	1		1	1	1		
JD1008-07		1			洗杯间	1		1	1	1		
总计	20	25	1	1		44	11	23	34	47	1	1

② 单口信息面板：无线网络覆盖、客房卧室语音、客房卫生间、套房卫生间、套房卧室语音、套房厨房、布草间、洗杯间的信息点均采用单口信息面板，安装 86 mm 的暗装底盒，安装高度为中心垂直距地 300 mm。其中无线网络覆盖点的安装高度位于吊顶上方，中心垂直距离吊顶 300 mm。信息点安装位置与强电面板水平，距离为 300 mm。

③ 地面安装：套间客房卧室的两个数据点使用黄铜制造的地埋式 120 mm 地弹插座，采用 100 mm 暗装底盒。

④ 检验：在统计结束后可以根据所有材料的数量进行简单检查，以核算计算是否有失误，例如：

单口面板数量+双口面板数量=底盒数量

单口面板数量+双口面板数量×2=信息点数量=信息模块数量

根据项目的实际情况还可以自行设计一些验算方式。

（4）材料清单与主要技术参数

主要材料清单与技术参数表如表 6-12 所示。

表 6-12　酒店工作区主要材料清单与技术参数表

序　号	主要材料名称	技　术　参　数	数　量
1	双口 86 面板	国标 86 型双口信息面板，白色，有防尘滑门	11
2	单口 86 面板	国标 86 型单口信息面板，白色，有防尘滑门	23
3	86 暗装底盒	尺寸：86 mm × 86 mm × 60 mm（长 × 宽 × 高）	34
4	120 地埋双口信息插座	尺寸：122 mm × 120 mm，全铜材质，弹出式面板，香槟金色，面板部分为高强度阻燃 PC 塑料	2
5	100 暗装底盒	尺寸：100 mm × 100 mm × 55 mm（长 × 宽 × 高）	2
6	6 类信息模块	支持 90° 和 45° 安装，支持 TIA/EIA 6 类标准，高强度阻燃 PC 塑料，插拔次数>2 000 次，免打线工具	47

（5）绘制设计图纸

酒店工作区设计图如图 6-7 所示（见章后附页）。

6.3　电信间与设备间子系统设计实验

1．总体要求

通过本节的学习，让学生掌握电信间与设备间子系统的基本概念，基础知识，设计步骤和设计方法，能够进行设备间子系统的材料计算。

2．实验目的

① 了解电信间与设备间子系统的基本概念和基础知识。

② 在工作区、水平子系统设计和总体设计的基础上，掌握电信间与设备间子系统设计的主要步骤和方法。

③ 了解电信间与设备间子系统的施工规范、工艺和施工要求，结合以上要求进行设计。

④ 能够正确计算电信间与设备间子系统的材料，掌握绘制电信间与设备间子系统竣工图表的编制方法。

3．电信间与设备间子系统的基本概念

（1）弱电井的基本概念

弱电井又称为电缆竖井，是建筑物在设计时预留给弱电系统垂直布线的一个上下贯通的通道，一般而言利用建筑物的非使用空间，各楼层的弱电井上下垂直对齐，并预留出设备安装、检修的空间。通常情况下弱电井和弱电设备间的位置是统一的。弱电井在建筑物设计时就需要考虑一些综合布线的设计要求，例如水平子系统距离不超过 90 m 等，因此在大型建筑物中会考虑设计多个弱电井。

（2）电信间与设备间的基本概念

电信间和设备间它们都是一个设备集中区域，都有大量的线缆端接设备，都由交联、互联和 I/O 设备组成，都连接了综合布线的其他子系统，根据在综合布线系统中的位置不同有所区别。用户可以在电信间和设置间子系统中更改、增加、交接、扩展缆线，从而改变缆线路由。

电信间：为楼层安装配线设备和网络设备的场地，一般和弱电井在同一位置或距离很近。又称为楼层设备间、楼层配线间、楼层弱电间。电信间一边端接了该楼层水平子系统的所有线缆，一边端接垂直干线子系统在该楼层的分支线缆，两者通过交联或互联的方式连接，并进行

标识和管理，电信间的配线架称为 FD。

设备间：为整个建筑安装总配线设备和网络设备的场地，一般和主机房在同一位置或距离较近。设备间端接了所有的垂直干线，同时连接了进入建筑物的所有线缆，两者通过交联或互联的方式连接，并进行标识和管理。因为安装了主要设备，因此一般对设备间的空间、装修、供电、环境、防火、接地都有一定的要求。设备间的配线架称为 BD。

弱电井、电信间、设备间之间的关系如图 6-8 所示。

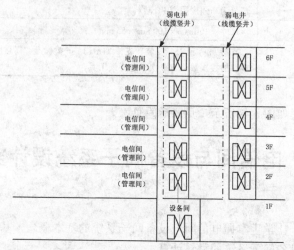

图 6-8　建筑物电信间、弱电竖井和设备间关系图

（3）电信间的主要构成和设备

电信间主要包括水平子系统的端接设备，垂直干线子系统的端接设备，网络设备以及彼此之间的直联和交联设备。配线架是设备间的主要设备，根据线缆的类型分成铜缆端接与互联设备和光缆端接与互联设备。

① 铜缆端接与互联设备。网络配线架：水平子系统的端接设备，所有的水平铜缆在电信间内都端接到配线架上，配线架均为标准 19 英寸规格，机柜安装，1U 高，主要有 24 端口和48 端口规格，接口均为 RJ-45 接口，根据线缆的类型分为非屏蔽超 5 类、非屏蔽 6 类、屏蔽超5 类，屏蔽 6 类……翻转式网络配线架的结构如图 6-9 所示。

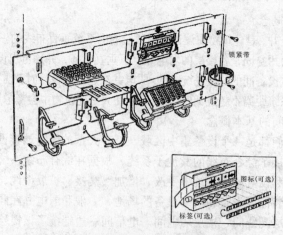

图 6-9　翻转式网络配线架结构示意图

　　语音 110 型配线架：垂直干线子系统语音部分的端接设备，通常用于语音大对数电缆两侧的端接和交联。包括鱼骨式语音 110 型配线架、110C 连接块（4 对和 5 对）、110 跳线。通常规格为 50 对、100 对和 300 对语音 110 型配线架。

　　② 光缆端接与互联设备。光纤配线架，垂直干线子系统数据部分的端接设备，通常用于光缆两侧的端接和交联。光纤配线架包括光纤面板、光纤耦合器、配线架箱、光纤尾纤、法兰盘等。

　　③ 跳线。包括从网络配线架至网络交换机的 RJ-45 网络跳线，从网络配线架至语音 110 型配线架的 RJ-11 语音跳线（又称 RJ-11 转 110 鸭嘴跳线），从光纤配线架至网络交换机的光纤跳线。

　　④ 机柜。机柜是配线架和网络设备安装的主要位置，机柜分为网络机柜和服务器机柜，网络机柜的标准规格为 600 mm（宽）×900 mm（深），内部安装环境为 19 英寸，所以通常称为 19 英寸标准机柜，机柜高度根据弱电间接入信息点的数量不同而有 2 m、1.8 m、1.5 m、1 m 等规格，2 m 高度的机柜内部提供 42U 的安装空间。服务器机柜的宽度与标准机柜相同，但是因为要安装机架式服务器长度要更长一些，规格为 600 mm（宽）×1 100 mm（深），通常用于设备间安装服务器。

　　⑤ 其他配件。包括理线环、色标、标签、底板等。

　　（4）连接方式

　　设备间设备与水平子系统和垂直干线子系统的连接方式包括两种：直联方式和交叉联接方式。两者根据配线架上连接的方式有所区别。

　　① 直联方式（数据联接方式）。互相连接方式是一种结构简单的连接方式，这种结构主要应用于数据部分的综合布线系统。水平子系统数据点的线缆被网络配线架端接后，在前面板通过 RJ-45 网络跳线连接到网络交换机上，通过跳线可以选择水平子系统的前端信息点是数据点还是语音点。垂直干线子系统的光缆被光纤配线架端接后，在前面板通过光纤跳线联接到网络交换机的光纤模块上。

　　② 交叉联接方式（语音联接方式）。交叉联接方式指水平子系统的线缆和垂直干线子系统的线缆都端接到不同的配线架或配线架的不同区域，然后通过跳线或插接线联接。水平子系统语音点的线缆被网络配线架端接后，在前面板通过 RJ-11 语音跳线连接到垂直干线子系统的 110 配线架上。

4．设备间子系统的设计要点

　　（1）电信间的设计要点

　　① 电信间位置与数量设计。电信间位置设计需要满足其所辖的所有信息点水平子系统线缆长度不超过 90 m 的限制，同时设备间内或很近的距离内具有弱电井，在信息点密集的地方考虑设计二级电信间（也称为二级交接间），将主干线缆从一级电信间延伸到二级交接间，减轻一级电信间的压力，尤其是其面积较小时。在线缆长度和信息点密度允许的前提下，也可以考虑若干个楼层设一个电信间的方案。

　　② 电信间面积的确定。电信间的面积是由建筑结构设计规定的，较难更改。如果是非承重墙，在面积实在不够的前提下，可与建筑设计方或施工方对局部墙体进行更改，扩展其面积。

　　在计算面积需求时，首先根据该设备间覆盖的工作区的总信息点数计算所需要的机柜数，然后考虑施工和维护需要的空间（机架或机柜前面的净空不应小于 800 mm，后面的净空不应小于 600 mm），结合设备间的形状进行机柜位置的布放位置设计。通常在信息点不超过 400 个的情况下，设备间所需的面积为 5 m²，超过 400 个信息点时建议在该层增加设备间或二级接线间。信息点在 100 个以下时，可以考虑不专设电信间，在楼道或竖井中明装小规格的机柜。

（2）设备间的设计要点

① 设备间的位置的确定。设备间位置应尽量建在综合布线干线子系统的中间位置，并尽可能靠近建筑物电缆引入区和网络接口（进线间），以方便建筑群干线线缆的进出。设备间通常与网络机房和语音通信机房在一起，有大量电子设备，因此尽量避免设计在水管或用水设备下方，也尽量避开变电站、空调机房等具有强电磁干扰的场合。如果网络机房与语音通信机房分开设计，则设备间也需要分开设计。

② 设备间面积的确定。设备间的主要设备有数字程控交换机、计算机等，对于它的使用面积，必须有一个通盘的考虑。目前，对设备间的使用面积有两种方法来确定：

方法一：$S = K \sum S_i$ （$i=1,2,\cdots,n$）

式中：S 为设备间使用的总面积；K 为每一个设备预占的面积，一般 K 选择 5、6 或 7 这三个数之一（根据设备大小来选择）；Σ 为求和；S_i 代表设备件（$i=1,2,\cdots,n$），n 代表设备间内共有设备总数。

方法二：$S = K \times A$

式中：S 为设备间使用的总面积；K 的意义同方法一；A 为设备间所有设备的总数。

（3）电信间与设备间的标识系统

标识是电信间与设备间有效管理的基本要求，正确明晰的标识系统能够让管理人员迅速地发现信息点、电信间配线架端口、设备间配线架端口之间的对应关系。缺少有效标识的设备间是无法进行跳接管理的。最后需要建立《工作区信息点编号表》《水平布线子系统配线架编号表》《垂直干线子系统配线架编号表》等表格。

① 标识的目标。电信间与设备间标识系统的对象包括线缆、通道（线槽/管）、空间（设备间）、端接件和接地 5 个部分，在实际工作中常用的是空间、线缆和端接件的标识，在标识中需要体现端接的区域、物理位置、编号、类别、规格等，以便维护人员在现场一目了然地加以识别。

② 信息点的命名规则。信息点按照"类型—楼号—楼层及房间号—工作区号—工作区内序号"的规则命名，例如办公楼 12 层 1201 房间 1 号工作区第 1 个信息点的编号为"XXD-BG-1201-01-01"。该编号会在以下场合用到：

- 在该信息点的面板上。
- 在该信息点的线缆的两端。
- 在配线架上对应该信息点的端口上。
- 在工作区的平面设计图中。

③ 设备间、机柜和网络配线架的命名规则：

- 设备间需要准确地命名，通常按照"类型—楼号—楼层—编号"的规则命名，例如办公楼 12 层 1 号设备间的编号为"SBJ-BG-12-01"。
- 设备间内机柜的命名规则为"类型—楼号—楼层—设备间号—机柜序号"，例如办公楼 12 层 1 号设备间 A 号机柜编号为"JG-BG-12-01-A"。

- 机柜内网络配线架的命名规则为"类型—楼号—楼层—设备间号—机柜序号—配线架号"，例如办公楼 12 层 1 号设备间 A 号机柜的第 8 个配线架编号为"PXJ-BG-12-01-A-08"。
- 网络配线架上端口编号的命名规则为"类型—楼号—楼层—设备间号—机柜序号—配线架号—端口号"，例如办公楼 12 层 1 号设备间 A 号机柜的第 8 个配线架第 20 个端口编号为"PXJDK-BG-12-01-A-08-20"。
- 垂直主干配线架及其端口命名方式与此相同，网络配线架、光纤配线架和语音配线架采用统一编号，例如光纤主干配线架编号为"GXZG-BG-12-01-A-10"表示办公楼 12 楼 1 号设备间 A 号机柜第 10 个配线架为光纤配线架。

【实验 6-5】　电信间设计实验

1. 实验目的

通过本实验，让学生掌握电信间设计的步骤和方法，学会进行初步的需求分析和判读图纸，并在工作区和水平布线子系统设计工作的基础上完成电信间的设计，规范地输出设计结果，包括设备清单、端口表。

2. 实验要求

建立工作区和信息点的规范命名表。根据工作区和水平子系统的设计结果，进行电信间水平部分的配线架设备统计和设计，建立《工作区信息点端口表》和《电信间配线架编号表》。根据垂直干线子系统的设计结果，进行垂直干线部分的光纤配线架和语音配线架设备统计。完善《电信间配线架编号表》，规划设计电信间平面布置图。

3. 实验设备、材料和工具

AutoCAD 2008（或者 Visio 2003）、项目建筑平面图、Excel、Word 等。

4. 实验步骤

以办公楼 8 层设备间为例，进行电信间的设计，假设所有办公楼楼层的布局和信息点数分布与 8 层相同。

（1）工作区端口的统一规范标识

仔细判读建筑平面图，熟悉工作区的设计结果，核对信息点总数，建立工作区和信息点的规范命名表。修改工作区的平面设计图，给每个端口进行规范命名。建立工作区信息点端口设计表，如表 6-13 所示。

表 6-13　工作区信息点端口设计表

信息点编号	类　型	备　注	信息点编号	类　型	备　注
BG0801-01-01	TP	801 中型办公室	BG0803-01-01	TP	803 中型办公室
BG0801-01-02	TD	801 中型办公室	BG0803-01-02	TD	803 中型办公室
BG0801-01-03	TP	801 中型办公室	BG0803-01-03	TP	803 中型办公室
BG0801-01-04	TD	801 中型办公室	BG0803-01-04	TD	803 中型办公室
BG0801-02-01	TP	801 中型办公室	BG0803-02-01	TP	803 中型办公室

信息点编号	类 型	备 注	信息点编号	类 型	备 注
BG0801-02-02	TD	801 中型办公室	BG0803-02-02	TD	803 中型办公室
BG0801-02-03	TP	801 中型办公室	BG0803-02-03	TP	803 中型办公室
BG0801-02-04	TD	801 中型办公室	BG0803-02-04	TD	803 中型办公室
BG0802-01-01	TP	802 中型办公室	BG0803-01-01	TP	804 董事长办公室
BG0802-01-02	TD	802 中型办公室	BG0804-01-02	TD	804 董事长办公室
BG0802-01-03	TP	802 中型办公室	BG0804-02-01	TP	804 董事长办公室
BG0802-01-04	TD	802 中型办公室	BG0804-02-02	TD	804 董事长办公室
BG0802-02-01	TP	802 中型办公室	BG0804-03-01	TP	804 休息室
BG0802-02-02	TD	802 中型办公室	BG0804-03-02	TD	804 休息室
BG0802-02-03	TP	802 中型办公室	……		
BG0802-02-04	TD	802 中型办公室	……		

工作区平面图修改为规范名称后的平面设计图如图 6-10 所示。

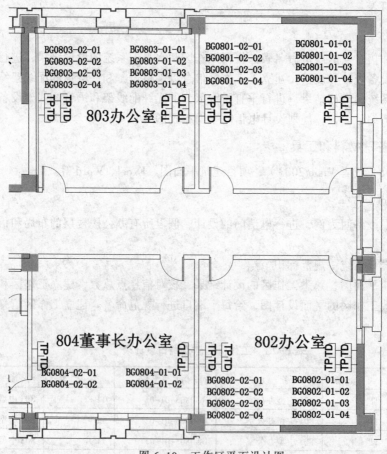

图 6-10　工作区平面设计图

（2）电信间水平子系统部分配线架设计

① 对办公楼电信间根据命名规则进行设计和编号，电信间设计表如表 6-14 所示。

表 6-14　电信间设计表

名　　称	楼　层	弱电井号	描　　述
SBJ-BG-05-01	5	1#	负责四层、五层、六层 3 层线缆的汇接和设备管理
SBJ-BG-08-01	8	1#	负责七层、八层、九层 3 层线缆的汇接和设备管理
SBJ-BG-11-01	11	1#	负责十层、十一层、十二层 3 层线缆的汇接和设备管理

② 水平布线子系统配线设备设计。根据工作区和水平子系统的设计结果，进行电信间水平子系统部分的配线架设备统计，并初步规划机柜内部的安装位置，建立水平布线子系统配线架设计表，如表 6-15 所示。办公楼 8 层的总信息点数为 102 个，按照 24 端口，网络配线架为 102/24=4.25，所以需要 5 个 24 口配线架。因为八层设备间负责 3 个楼层的水平线缆汇接，所以总计需要 15 个 24 口配线架，对这些配线架进行统一规范编号，这 15 个配线架都属于 A 号机柜。多出的端口作为系统预留电信间网络配线架端口设计表如表 6-16 所示。

表 6-15　水平布线子系统配线架设计表

楼　号	所辖楼层	名　　称	所属设备间号	描　　述
办公楼	七	PXJ-BG-08-01-A-01	SBJ-BG-08-01	八层设备间所辖七层信息点
办公楼	七	PXJ-BG-08-01-A-02	SBJ-BG-08-01	八层设备间所辖七层信息点
办公楼	七	PXJ-BG-08-01-A-03	SBJ-BG-08-01	八层设备间所辖七层信息点
办公楼	七	PXJ-BG-08-01-A-04	SBJ-BG-08-01	八层设备间所辖七层信息点
办公楼	七	PXJ-BG-08-01-A-05	SBJ-BG-08-01	八层设备间所辖七层信息点
办公楼	八	PXJ-BG-08-01-A-06	SBJ-BG-08-01	八层设备间所辖八层信息点
办公楼	八	PXJ-BG-08-01-A-07	SBJ-BG-08-01	八层设备间所辖八层信息点
办公楼	八	PXJ-BG-08-01-A-08	SBJ-BG-08-01	八层设备间所辖八层信息点
办公楼	八	PXJ-BG-08-01-A-09	SBJ-BG-08-01	八层设备间所辖八层信息点
办公楼	八	PXJ-BG-08-01-A-10	SBJ-BG-08-01	八层设备间所辖八层信息点
办公楼	九	PXJ-BG-08-01-A-11	SBJ-BG-08-01	八层设备间所辖九层信息点
……	……	……		

③ 水平线缆标识方案设计。水平线缆需要在两端都贴上标签标注其远端和近端的地址。标识方法为：p1n/p2n；p1n=近端信息点；p2n=远端机架或机柜、配线架次序和指定的端口。例如从信息点 XXD-BG0801-01-1 至配线架端口 PXJDK-BG-07-01-A-01-01 的线缆在靠近信息点侧的标签号为：

UTP6:XXD-BG0801-01-1/ PXJDK-BG-07-01-A-01-01

（3）电信间垂直干线子系统部分配线架设计

根据垂直干线子系统的设计结果，进行垂直干线部分的光纤配线架和语音配线架设备统计，规划机柜内部的安装位置，完善《电信间配线架编号表》。

表6-16　电信间网络配线架端口设计表

配线架编号	配线架端口序号	1	2	3	4	5	6	7	8	9	10	11	12	13	14	15	16	17	18	19	20	21	22	23	24
PXJDK-BG-08-01-A-01	配线架端口编号	PXJDK-BG-07-01-A-01-01	A-01-02	A-01-03	A-01-04	A-01-05	A-01-06	A-01-07	A-01-08	A-01-09	A-01-10	A-01-11	A-01-12	A-01-13	A-01-14	A-01-15	A-01-16	A-01-17	A-01-18	A-01-19	A-01-20	A-01-21	A-01-22	A-01-23	A-01-24
	房间号	801	801	801	801	801	801	801	801	802	802	802	802	802	802	802	802	803	803	803	803	803	803	803	803
	工作区信息点编号	XXD-BG08-01-01-1	801-01-2	801-01-3	801-01-4	801-02-1	801-02-2	801-02-3	801-02-4	802-01-1	802-01-2	802-01-3	802-01-4	802-02-1	802-02-2	802-02-3	802-02-4	803-01-1	803-01-2	803-01-3	803-01-4	803-02-1	803-02-2	803-02-3	803-02-4
PXJDK-BG-08-01-A-02	配线架端口编号	PXJDK-BG-07-01-A-02-01	A-02-02	A-02-03	A-02-04	A-02-05	A-02-06	A-02-07	A-02-08	A-02-09	A-02-10	A-02-11	A-02-12	A-02-13	A-02-14	A-02-15	A-02-16	A-02-17	A-02-18	A-02-19	A-02-20	A-02-21	A-02-22	A-02-23	A-02-24
	房间号	804	804	804	804	804	804	805	805	805	805	805	805	806	806	806	806	806	806	807	807	807	807	807	807
	工作区信息点编号	XXD-BG08-04-01-01	804-01-2	804-02-1	804-02-2	804-03-1	804-03-2	805-01-1	805-01-2	805-02-1	805-02-2	805-03-1	805-03-2	806-01-1	806-01-2	806-02-1	806-02-2	806-03-1	806-03-2	807-01-1	807-01-2	807-02-1	807-02-2	807-01-1	807-01-2
PXJDK-BG-08-01-A-03	配线架端口编号	PXJDK-BG-07-01-A-03-01	A-03-02	A-03-03	A-03-04	A-3-05	A-03-06	A-03-07	A-03-08	A-03-09	A-03-10	A-03-11	A-03-12	A-03-13	A-03-14	A-03-15	A-03-16	A-03-17	A-03-18	A-03-19	A-03-20	A-03-21	A-03-22	A-03-23	A-03-24
	房间号	808	808	808	808	808	808	808	808	808	808	808	808	808	808	808	808	808	808	808	808	808	808	808	808
	工作区信息点编号	XXD-BG08-08-01-03	808-01-4	808-02-1	808-02-2	808-02-3	808-02-4	808-03-1	808-03-2	808-03-3	808-03-4	808-04-1	808-04-2	808-04-3	808-04-4	808-05-1	808-05-2	808-05-3	808-05-4	808-06-1	808-06-2	808-06-3	808-06-4	808-07-1	808-07-2

① 垂直干线子系统数据配线设备设计。办公楼八层总计 102 个信息点，根据垂直干线子系统的设计结果采用 8 芯万兆光纤作为数据主干，因此需要采用 8 口光纤配线架。水平子系统的配线架已经排到 15 号，因此光纤配线架从 16 号开始。垂直布线系统在电信间是光纤配线架，在设备间也是光纤配线架，配线架编号表需要反应在设备间侧的点位情况。设备间配线架的命名为 PXJ-BG-B1-01-A-02，是办公楼设备间地下一层，设备间的编号为 1 号，A 号机柜第二个配线架的第一个端口（第一个配线架用于五层电信间）。电信间光纤配线架端口设计表如表 6-17 所示。

表 6-17　电信间光纤配线架端口设计表

配线架编号	配线架端口序号	1	2	3	4	5	6	7	8
PXJDK-BG-08-01-A-16	本地配线架端口编号	PXJDK-BG-08-01-A-16-01	A-16-02	A-16-03	A-16-04	A-16-05	A-16-06	A-16-07	A-16-08
	设备间配线架端口编号	PXJDK-BG-B1-01-A-02-01	A-02-02	A-02-03	A-02-04	A-02-05	A-02-06	A-02-07	A-02-08

② 垂直干线子系统语音配线设备设计。办公楼 8 层总计 102 个信息点，根据垂直干线子系统的设计结果采用 100 对 3 类大对数电缆作为语音主干，因此需要采用 100 对语音 110 型配线架，语音 110 型配线架按照 25 个端口为 1 行进行排列，100 对 110 型配线架的高度为 4U，水平子系统的配线架已经排到 16 号，因此语音 110 型配线架从 17 号开始。电信间的配线架称为分设备架（Intermediate Distribution Frame，IDF），设备间的配线架称为总配线架（Main Distribution Frame，MDF），光纤配线架简称为（Optical Distribution Frame，ODF）。电信间语音配线架端口设计如表 6-18 所示。

设计要点：大对数电缆的标识是采用色标体系。以 25 种主色+次色的排列组合作为一个基数，每 25 对双绞线作为一组进行区分，在该组 25 对双绞线外增加标识线。标识线也是按照 25 种颜色进行排列组合。5 种主色：白色、红色、黑色、黄色、紫色；5 种次色：蓝色、桔色、绿色、棕色、灰色。垂直布线系统在电信间是 110 型配线架，在设备间也是 110 型配线架，配线架编号表需要反映在设备间侧的点位情况。设备间配线架的命名为 PXJ-BG-B1-01-A-05，是办公楼设备间地下一层，设备间的编号为 1 号，A 号机柜第 5 个配线架的第一个端口（前面 3 个配线架用于数据主干，第 4 个配线架用于五层电信间语音主干）。

③ 垂直主干线缆标识方案设计。垂直主干线缆需要在两端都贴上标签标注其远端和近端的地址。标识方法为：p1n/p2n；p1n=近端机架或机柜、配线架次序；p2n=远端机架或机柜、配线架次序。例如从电信间配线架 PXJ-BG-08-1-A-17 至设备间配线架 PXJ-BG-B1-01-A-05 的线缆在靠近电信间的标签号为：GX: PXJ-BG-08-1-A-17/PXJ-BG-B1-01-A-05。

（4）计算机柜数量计算

15 个网络配线架，均为 1U 高度，1 个光纤配线架，为 2U 高度，1 个 100 对语音 110 型配线架，为 4U 高度，理线环总计为 12 个，高度均为 1U，总计为 15+2+4+12=33U 空间，加上预留 2 个 48 口网络交换机的空间，所以使用 1 个机柜就能满足安装要求。

表 6-18　电信间语音配线架端口设计表

配线架编号	配线架端口序号	1	2	3	4	5	6	7	8	9	10	11	12	13	14	15	16	17	18	19	20	21	22	23	24	25
PXJDK-BG-08-0-1-A-17	本地配线架端口号	PXJDK-BG-08-1-A-17-01	A-1 7-02	A-1 7-03	A-1 7-04	A-1 7-05	A-1 7-06	A-1 7-07	A-1 7-08	A-1 7-09	A-1 7-10	A-1 7-11	A-1 7-12	A-1 7-13	A-1 7-14	A-1 7-15	A-1 7-16	A-1 7-17	A-1 7-18	A-1 7-19	A-1 7-20	A-1 7-21	A-1 7-22	A-1 7-23	A-1 7-24	A-1 7-25
	标识线色标	白蓝	白桔	白绿	白棕	白灰	红蓝	红桔	红绿	红棕	红灰	黑蓝	黑桔	黑绿	黑棕	黑灰	黄蓝	黄桔	黄绿	黄棕	黄灰	紫蓝	紫桔	紫绿	紫棕	紫灰
	设备间配线架端口编号	PXJDK-BG-B1-01-A-05-01	A-0 5-02	A-0 5-03	A-0 5-04	A-0 5-05	A-0 5-06	A-0 5-07	A-0 5-08	A-0 5-09	A-0 5-10	A-0 5-11	A-0 5-12	A-0 5-13	A-0 5-14	A-0 5-15	A-0 5-16	A-0 5-17	A-0 5-18	A-0 5-19	A-0 5-20	A-0 5-21	A-0 5-22	A-0 5-23	A-0 5-24	A-0 5-25
PXJDK-BG-08-0-1-A-17	本地配线架端口号	PXJDK-BG-08-1-A-17-26	A-1 7-27	A-1 7-28	A-1 7-29	A-1 7-30	A-1 7-31	A-1 7-32	A-1 7-33	A-1 7-34	A-1 7-35	A-1 7-36	A-1 7-37	A-1 7-38	A-1 7-39	A-1 7-40	A-1 7-41	A-1 7-42	A-1 7-43	A-1 7-44	A-1 7-45	A-1 7-46	A-1 7-47	A-1 7-48	A-1 7-49	A-1 7-50
	标识线色标	白桔	白桔	白绿	白棕	白灰	红蓝	红桔	红绿	红棕	红灰	黑蓝	黑桔	黑绿	黑棕	黑灰	黄蓝	黄桔	黄绿	黄棕	黄灰	紫蓝	紫桔	紫绿	紫棕	紫灰
	设备间配线架端口编号	PXJDK-BG-B1-01-A-05-26	A-0 5-27	A-0 5-28	A-0 5-29	A-0 5-30	A-0 5-31	A-0 5-32	A-0 5-33	A-0 5-34	A-0 5-35	A-0 5-36	A-0 5-37	A-0 5-38	A-0 5-39	A-0 5-40	A-0 5-41	A-0 5-42	A-0 5-43	A-0 5-44	A-0 5-45	A-0 5-46	A-0 5-47	A-0 5-48	A-0 5-48	A-0 5-50
PXJDK-BG-08-0-1-A-17	配线架端口号	PXJDK-BG-07-01-A-17-51	A-1 7-52	A-1 7-53	A-1 7-54	A-1 7-55	A-1 7-56	A-1 7-57	A-1 7-58	A-1 7-59	A-1 7-60	A-1 7-61	A-1 7-62	A-1 7-63	A-1 7-64	A-1 7-65	A-1 7-66	A-1 7-67	A-1 7-68	A-1 7-69	A-1 7-70	A-1 7-71	A-1 7-72	A-1 7-73	A-1 7-74	A-1 7-75
	标识线色标	白桔	白桔	白绿	白棕	白灰	红蓝	红桔	红绿	红棕	红灰	黑蓝	黑桔	黑绿	黑棕	黑灰	黄蓝	黄桔	黄绿	黄棕	黄灰	紫蓝	紫桔	紫绿	紫棕	紫灰
	设备间配线架端口编号	PXJDK-BG-B1-01-A-05-51	A-0 5-52	A-0 5-53	A-0 5-54	A-0 5-55	A-0 5-56	A-0 5-57	A-0 5-58	A-0 5-59	A-0 5-60	A-0 5-61	A-0 5-62	A-0 5-63	A-0 5-64	A-0 5-65	A-0 5-66	A-0 5-67	A-0 5-68	A-0 5-69	A-0 5-70	A-0 5-71	A-0 5-72	A-0 5-73	A-0 5-74	A-0 5-75

【实验 6-6】　设备间设计实验

1．实验目的

通过本实验，让学生掌握设备间设计的步骤和方法，学会进行初步的需求分析和判读图纸，并在电信间和垂直干线子系统设计工作的基础上完成设备间的设计，规范地输出设计结果，包括设备清单、端口表和平面布局。

2．实验要求

设备间安装了整个建筑的核心信息设备，因此对运行环境有较高的要求，需要对运行环境进行设计。掌握一些重要指标的运行环境设计。设备间端接了本建筑所有的垂直主干线缆，因此需要根据所有电信间和垂直干线子系统的设计结果，进行垂直干线部分的光纤配线架和语音配线架设备统计，建立设备间配线架编号表。规划设计设备间平面布置图。

3．实验设备、材料和工具

AutoCAD 2008（或者 Visio 2003）、项目建筑平面图、Excel、Word 等。

4．实验步骤

以办公楼设备间为例，进行设备间。

（1）设备间的环境设计

设备间的安全和环境要求分为 A、B、C 三个类别。每个类别的要求如表 6-19 所示。

表 6-19　设备间安全和环境要求分级表

安 全 项 目	A 类	B 类	C 类
场地选择	有要求或增加要求	有要求或增加要求	无要求
防火	有要求或增加要求	有要求或增加要求	有要求或增加要求
内部装修	要求	有要求或增加要求	无要求
供配电系统	要求	有要求或增加要求	有要求或增加要求
空调系统	要求	有要求或增加要求	有要求或增加要求
火灾报警及消防设施	要求	有要求或增加要求	有要求或增加要求
防水	要求	有要求或增加要求	无要求
防静电	要求	有要求或增加要求	无要求
防雷击	要求	有要求或增加要求	无要求
防鼠害	要求	有要求或增加要求	无要求
电磁波的防护	有要求或增加要求	有要求或增加要求	无要求
温度（摄氏度）	夏季：22±4，冬季：18±4	12～30	8～35
相对湿度	40%～65%	35%～70%	20%～80%

① 供电设计。频率为 50 Hz、电压为 220 V 或 380 V、相数为三相五线制或三相四线制/单相三线制。设备间供电电源允许变动的范围如表 6-20 所示。

表 6-20　设备间供电电源允许变动范围表

电压变动	-5%～+5%	-10%～+7%	15%～+10%
项目	A 级	B 级	C 级
频率变动	-0.2%～+0.2%	-0.5%～+0.5%	-1～+1
波形失真率	<±5%	<±7%	<±10%

功率计算：将设备间内存放的每台设备用电量的标称值相加后，再乘以系数 1.2。从电源室（房）到设备间使用的电缆，除应符 GB 50258—1996《电气装置安装工程 1 kV 及以下配线工程施工及验收规范》中规定外，载流量应减少 50%。

② 接地设计。弱电系统单独做接地时，直流工作接地电阻一般要求不大于 4 Ω，交流工作接地电阻也不应大于 4 Ω，防雷保护接地电阻不应大于 10 Ω。单独接地时需要在建筑物及其较近的地下放置接地体，通常为串联的角钢或钢管，通过接地线接入机房或设备间。

为了获得良好的接地，推荐采用共用接地方式。共用接地方式就是将防雷接地、交流工作接地、直流工作接地等统一接到整个建筑共用的接地装置上，接地体一般利用建筑物基础内钢筋网作为自然接地体。联合接地电阻要求小于或等于 1 Ω。

③ 内部装修设计。地面采用防静电活动地板，切忌采用地毯。墙面应选择不易产生灰尘，也不易吸附灰尘的材料，例如在墙面上覆盖耐火的胶合板。顶棚下加装一层吊顶，吊顶材料应满足防火要求，一般采用轻钢龙骨安装吸音铝合金板、阻燃铝塑板等，不得采用石膏板。如果有人员办公需求，则需将办公区与设备区采用隔断进行分割，隔断可以选用防火的铝合金或轻钢作龙骨，安装 10 mm 厚玻璃或难燃双塑板。装饰材料应符合 GB 50016—2006《建筑设计防火规范》中规定的难燃材料或非燃材料，应能防潮、吸噪、不起尘、抗静电等。

④ 设备间防火设计。设备间防火等级要求如表 6-21 所示。

表 6-21　设备间防火等级设计要求表

	A 类	B 类	C 类	基本工作房间及辅助房间
耐火等级	符合 BG 50045—1995《高层民用建筑设计防火规范》一级耐火等级	符合 BG 50045—1995《高层民用建筑设计防火规范》二级耐火等级	符合 GB 50016—2006《建筑设计防火规范》二级耐火等级	符合 GB 50016—2006《建筑设计防火规范》三级耐火等级

⑤ 火灾报警和灭火设施设计。禁止使用水、干粉或泡沫等易产生二次破坏的灭火剂。设备间火灾报警和灭火设施等级要求如表 6-22 所示。

表 6-22　设备间火灾报警和灭火设施设计要求表

项目	A 类	B 类	C 类
火灾报警	烟感和温感		
卤代烷（或二氧化碳）自动灭火装置	有	可选	
卤代烷（或二氧化碳）手提灭火装置	有	有	有

⑥ 照明。设备间内在距地面 0.8 m 处，照度不应低于 200 LUX。

还应设事故照明，在距地面 0.8 m 处，照度不应低于 5 LUX。

⑦ 噪声。设备间的噪声应小于 70 dB。

如果长时间在 70～80 dB 噪声的环境下工作，不但影响人的身心健康和工作效率，还可能造成人为的噪声事故。

⑧ 电磁场干扰。设备间无线电干扰场强，在频率为 0.15～1 000 MHz 范围内不大于 120 dB。

设备间内磁场干扰场强不大于 800 A/M（相当于 10 Ω）。

（2）设备间的布线设计

设备间内有大量的线缆，包括垂直主干线缆，设备到配线架、设备之间的线缆连接。如何合理布置这些线缆，保证跳接的灵活性，保持整洁条理，是综合布线的基本要求。设备间内布线有 4 种方式，目前来说前两种方式比较常用，需要根据用户的需求进行设计考虑。

① 防静电活动地板下布线方式。活动地板一般在建筑物建成后安装敷设，目前有以下两种敷设方法：

- 正常活动地板。高度为 300～500 mm，地板下面空间较大，除敷设各种线缆外还可兼作空调送风通道。
- 简易活动地板。高度为 60～200 mm，地板下面空间小，只作线缆敷设用，不能作为空调送风通道。

两种活动地板在新建建筑中均可使用，一般用于电话交换机房、计算机主机房和设备间。简易活动地板下空间较小，在层高不高的楼层尤为适用，可节省净高空间，也适用于已建成的原有建筑或地下管线和障碍物较复杂且断面位置受限制的区域。正常活动地板适用于空调和新风系统采用下送风方式时。这种情况下成本较低（设备间一般都需要布设防静电活动地板），线缆容量大，路由自由短捷，但是未来线缆的调整、增加、维护不太方便，

② 桥架布线方式。在设备间内布设垂直和水平的桥架或梯架，所有的线缆均从弱电井开始进入桥架或梯架，再进入机柜。该方式不受建筑的设计和施工限制，线缆整洁美观，可以在建成后安装，便于施工和维护，也有利于扩建，但是总体成本较高。大型设备间和电信机房均采用这种方式，示意图如图 6-11 所示。

图 6-11　设备间桥架布线方式示意图

③ 预埋管路布线方式。这种方式是在建筑的墙壁或楼板内预埋管路，其管径和根数根据缆线需要来设计。穿放缆线比较容易，维护、检修和扩建均有利，造价低廉，技术要求不高，也是一种常用的方式。但预埋管路必须在建筑施工中进行，缆线路由受管路限制，不能变动，所以使用中会受到一些限制。

④ 地板或墙壁内沟槽。缆线在建筑中预先建成的墙壁或地板内沟槽中敷设，沟槽的断面尺寸大小根据缆线终期容量来设计，上面设置盖板保护。设计和施工必须与建筑设计和施工同时进行，在配合协调上较为复杂。沟槽方式因是在建筑中预先制成，因此在使用中会受到限制，缆线路由不能自由选择和变动。

（3）设备间的布局设计

针对网络和通信设备、配线架、机柜、强电、接地、办公、防火设备的总体情况，对设备间的内部平面布局进行设计，设计结果如图 6-12 所示。

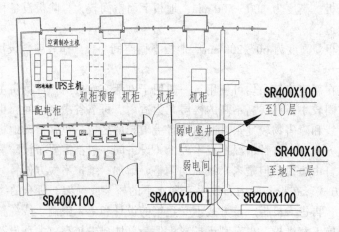

图 6-12　设备间布局平面设计图

设计要点：

① 为 UPS 系统预留合理空间，包括主机和蓄电池，同时保证与弱电系统的距离。

② 为空调制冷系统预留合理空间，包括室外主机、室内主机、新风机和风道。必须将机柜的配风能力（通常称为散热能力）以及配电能力考虑在内。

③ 保证机柜的扩展性，包括机柜内设备密度的扩展和机柜数量的扩展。

④ 为人员办公设计合理空间。

（4）设备间配线架编号设计

设计方法与电信间的垂直干线子系统数据配线和语音配线相同。

6.4　楼宇网络工程项目设计实验

1. 总体要求

通过本节的学习，让学生了解网络工程设计的主要步骤和主要设计输出成果，并了解总体设计的内容和步骤，学习一些典型应用环境下（如高层办公楼、酒店、公寓）总体设计的方法和要点，从而可以进行一些简单项目的总体设计。

2．实验目的

① 了解总体设计的重要性，了解楼宇网络工程项目总体设计的主要内容。

② 掌握在设计过程中，结合需求分析、设计目标和客户需求的方法。

③ 掌握总体设计的主要步骤，掌握楼宇网络工程项目总体设计的关键要点和方法。

④ 了解水平布线子系统、垂直干线子系统的设计方法，了解这两个子系统的详细设计方案所需要编制的输出文档。

⑤ 通过一些典型应用环境下（商场、住宅）的总体设计和子系统详细设计实验，熟练掌握各个子系统的设计原则和设计方法。

⑥ 在综合前几节实验的基础上，可以完整地进行中小型综合布线系统（单建筑体）简单环境下的总体设计和各个子系统的详细设计，并编制相应的设计文档、图纸、设备清单和预算。

3．网络综合布线工程设计一般步骤与输出

网络综合布线工程设计一般步骤与输出如表 6-23 所示。

表 6-23　网络综合布线工程设计一般步骤与输出表

步　骤	名　　称	主要工作内容	输 出 成 果
1	需求分析	掌握用户的当前用途和未来扩展需要，目的是把设计对象归类，为后续设计确定方向和重点。在研读图纸的基础上首先从整栋建筑物的用途开始进行，然后按照楼层进行分析，最后再到楼层的各个工作区或者房间，逐步明确和确认每层和每个工作区的用途和功能。在过程中需要聆听客户的需求，征询客户的意见。对建筑结构、主干路由、机房位置等关键点中可能遇到的问题与用户进行讨论	
2	研读图纸		
3	客户交流		
4	总体设计	对布线系统组成、总体网络结构、连接方式、系统主要技术指标、设备选型配置和与其他系统工程的配合等方面进行设计和制图	● 房间信息点统计表 ● 设备间统计表 ● 综合布线系统结构图 ● 计算机网络系统结构图
5	造价概算	对系统的主要材料进行数量估算，并在此基础上进行工程概算	● 主要设备与材料清单 ● 工程概算
6	详细设计	对工作区、水平、管理间、主干、设备间等各个子系统进行具体到每个信息点、每个路由、每个配线架的具体设计	● 楼层信息点平面分布图 ● 综合布线管线路由图 ● 机柜配线架信息点布局图 ● 管理间平面设计图
7	工程预算	在详细设计的基础上编制材料清单，并据此估算工程量和工程预算	● 设备与材料清单 ● 系统工程预算

具体流程图如图 6-13 所示。

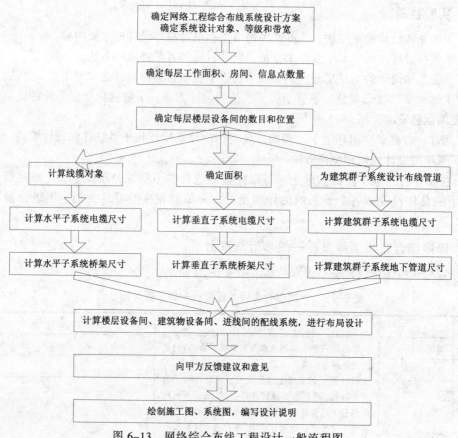

图 6-13　网络综合布线工程设计一般流程图

【实验 6-7】　高层建筑网络工程总体设计

1. 实验目的

通过本节学习，让学生掌握一般建筑网络工程总体设计的步骤和方法，学会进行初步的整体需求分析和判读图纸，并在分析和读图基础上进行系统总体结构设计。总体设计包括确认系统的设计目标和设计等级，确定系统设计原则和系统设计依据，明确设计要求，设计总体结构系统，选择各类设备的选型及配置等内容，同时还必须根据工程具体情况，进行灵活设计。最后在工作区、水平布线至系统、垂直干线至系统设计的基础上对总体设计结果进行完善和细化。在设计过程中还需要考虑到施工的难易程度，在满足技术、质保、维护等要求的前提下选择易于施工的方案。

2. 实验要求

① 了解网络工程总体设计的设计范围、设计要求、设计等级、基本原则等。

② 掌握网络工程总体设计的主要工具、常用符号、设计方法、主要步骤等。

③ 仔细判读建筑平面图，统计并编制综合布线系统点位表，根据点位表估算需要使用的楼层管理间，并根据楼宇管理间、楼层管理间的位置和数量设计整体方案，并绘制综合布线系统结构图。

3. 实验设备、材料和工具

AutoCAD 2008、项目建筑平面图、Excel 等。

4. 实验步骤

以项目办公楼为例进行高层建筑网络工程总体设计实验。

① 查阅办公楼平面图纸，并根据图纸进行功能房间统计。以办公楼标准层为例，统计房间数量如表 6-24 所示。

表 6-24　房间数量与功能统计表

楼　层	房　间　号	房　间　名　称	描　　述
八	801	办公室	56 m², 4 人中型办公室
八	802	办公室	56 m², 4 人中型办公室
八	803	办公室	56 m², 4 人中型办公室
八	804	办公室	84 m², 董事长办公室
……	……	……	……
八层总计	……	……	……

② 根据工作区设计的结果或直接计算，统计每个功能房间的信息点和语音点数量，编制信息点统计表和最终的汇总表，如表 6-25 所示。

表 6-25　房间信息点统计表

楼　层	房间号	信　息　点	语　音　点	光　纤　点	CP 集中点	描　　述
八	801	4	4	0	0	56 m², 4 人中型办公室
八	802	4	4	0	0	56 m², 4 人中型办公室
八	803	4	4	0	0	56 m², 4 人中型办公室
八	804	3	3	1	0	84 m², 董事长办公室
八	805	3	3	1	0	84 m², 总经理办公室
八	806	3	3	1	0	84 m², 副董事长办公室
八	807	2	2	0	0	28 m², 2 人小型办公室
八	808	12	12	0	1	168 m², 12 人开放办公室
八	809	4	4	0	0	56 m², 4 人中型办公室
八	810	4	4	0	0	56 m², 4 人中型办公室
八	811	8	8	0	1	112 m², 8 人开放办公室
	总计	51	51	3	2	

③ 查阅办公楼平面图纸，统计每一层弱电井的数量、位置，如表 6-26 所示。

表 6-26　弱电井统计表

楼　层	弱 电 井 号	描　　述
八	1#	位于楼层东侧，电梯间旁，803 房间与 1205 房间之间
八	2#	位于楼层西侧，电梯间旁，808 房间与 1210 房间之间
九	1#	位于楼层东侧，电梯间旁，903 房间与 1305 房间之间
九	2#	位于楼层西侧，电梯间旁，908 房间与 1310 房间之间
……	……	

④ 根据信息点统计表和平面图纸，确定楼宇管理间的数量和位置，确定所有楼层管理间的数量和位置。

根据整个楼层的长度和楼层管理间，按照设计基本原则，在保证水平线缆部分不超过 90 米的原则下，选择 1#弱电井作为该楼层的管理间。

设计要点：在统计每层信息点的数量后，需要形成整个楼宇建筑的楼层信息点统计表，包括每个楼层需要配置的信息点、语音点、光纤点和 CP 点等，同时根据该层弱电井的位置和面积，综合上下楼层综合布线点数，判定是否需要一个本楼层独立设备间，或者是与别的楼层共用设备间。根据设计要求，设备间的面积需要 5 m²，信息点的数量不宜超 400 个（详细见【实验 6-5】电信间系统设计）。配线面积为 3～5 m² 时，信息点的数量不宜超过 200 个。位置设计结果如图 6-14 所示。

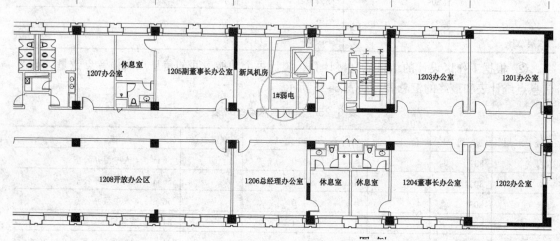

图 6-14　电信间位置设计图

在本例中，每层信息点、语音点、光纤点和 CP 点总数为 101 个，楼层水平线缆最大长度为 60 m，建筑层高为 5 m，1#弱电井的面积为 5 m²，三层信息点、语音点、光纤点和 CP 点总计为 303 个，最大线长不超过 65 m，所以可以设计为四、五、六 3 层共用 5 层设备间。因为 5 层设备间在中间，所以有助于节省用线量。经过统计和分析楼层管理间数量如表 6-27 所示。

表 6-27　设备间统计表

楼　　　层	弱电井号	描　　　述
五	1#	负责四层、五层、六层 3 层线缆的汇接和设备管理
八	1#	负责七层、八层、九层 3 层线缆的汇接和设备管理
十一	1#	负责十层、十一层、十二层 3 层线缆的汇接和设备管理

⑤ 根据以上统计结果设计综合布线系统结构图设计结果如图 6-15 所示（见章后附页）。
设计要点：

① 图 6-15 中以纵剖面的方式示意画出各个楼层的相对物理位置，每个楼层可能会有多个弱电井及其相连的设备间，需要按照相对位置进行标绘。

② 在每个电信间的位置标绘主要设备，包括分配线架（IDF）、交换机（SWITCH）和光纤连接设备（LIU），物理上使用同一个弱电井的设备间需要纵对齐。图例如图 6-16 所示。

③ 在设备间标绘主要设备，包括主配线架（MDF）和主光纤配线架（FODU）、主交换机和程控交换机等。绘制设备时必须使用规范的图形符号，保证其他技术人员和现场施工人员可以读懂。图例如图 6-17 所示。

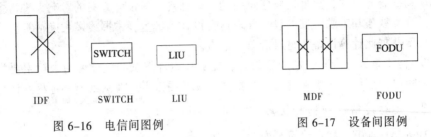

图 6-16　电信间图例　　　　　　　　图 6-17　设备间图例

④ 将主配线架和电信间的分配线架相连，标注线缆类型和数量，将主光纤配线架和楼层 LIU 相连，标注线缆类型和数量。例如标注是室外光缆，还是室内光缆，是单模光缆还是多模光缆。

⑤ 示意标绘工作区，将信息点、语音点、光纤点和 CP 点以不同的线缆类型进行表示，并标注类型和数量，用语音点（TP）、信息点（TD）、光纤点（TO）、集合点箱（CP）等表示终端设备。图例如图 6-18 所示。

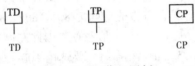

图 6-18　工作区图例

⑥ 编制设计说明，在图纸空白位置增加设计说明，重点说明特殊图形符号和设计要求。要求说明系统的总体功能和总体性能指标，主要线缆和插接件的规格和主要技术指标，主要设备间、管理间的位置和面积，主要线槽管的路由等相关信息。

⑦ 设计标题栏，包括建筑工程名称、项目名称、工种、图纸编号、设计人签字、审核人签字、审定人签字等。

【实验 6-8】　水平布线子系统设计

1. 实验目的

通过本节学习，让学生掌握水平布线子系统设计的步骤和方法，掌握水平子系统的设计输出文档，能够进行新建建筑的水平子系统设计。水平布线子系统的设计包括水平布线系统的网络拓扑结构设计、布线路由设计、管槽规格设计、线缆类型的选择、线缆长度的确定、线缆布放、材料估算和设备的配置等内容。

2. 实验要求

① 了解水平布线子系统的主要构成，了解水平布线子系统的主要步骤和设计思路，能够根据项目的总体需求，确定水平子系统的类型和规格。

② 了解水平布线子系统详细设计的主要输出文档，包括详细设计图纸、设计说明、设备清单和配置等。

③ 了解水平布线子系统设计的设计、施工的标准和规范，能够在设计过程中应用这些标准和规范。

④ 掌握水平布线子系统的设计方法，在总体掌握工作区设计方案的基础上，通过熟悉图纸和现场勘查等方式，充分理解建筑结构、设计规范对设计方案的影响，进行主干路由、主干线槽、分支线槽和末端管槽的设计并表达在设计图纸上，掌握线缆长度估算公式，能够估算线缆的长度并据此计算设备和材料清单及数量。

⑤ 初步掌握综合布线的施工工艺，能够在设计图纸和设计说明中对主要的施工工艺进行说明。能够初步估算线槽和管线的规格并表现在图纸上，在图纸上一定程度体现施工内容。

3．实验设备、材料和工具

AutoCAD 2008、项目建筑平面图、Excel 等。

4．实验步骤

以项目办公楼八层为例进行高层建筑水平布线子系统设计。

① 设计主干桥架。仔细审阅工作区和建筑总体设计的设计图纸，统计本层的线缆总量，并查找本层设备间的位置，根据图纸的观察，设计主干路由桥架的规格和主要路径。

设计要点：以办公楼八层为例，根据表的统计和工作区的设计结果，总点数为 102 个信息点，但是由于电信间位于楼道的中部，因此主干路由桥架只需要按照左边或者右边最多的线缆数量进行设计即可。根据计算，右边的房间为 801、802、803、804、806，总计信息点数为 36 个信息点，左边的房间为剩下的 66 个信息点。因此左侧主干桥架线槽就没有必要选用能容纳 102 根线缆的 150 mm×75 mm 规格，而只要选用 100 mm×75 mm 规格即可。右侧主干桥架线槽的规格为 75 mm×50 mm。

由于建筑结构相对简单，主干桥架的设计方式为沿着楼道方向东西向延伸，一直到两端房间的中部。绘制相应图纸。在绘制图纸时需要表现桥架的三通和弯头。不同规格桥架连接时要表现变径。

② 设计分支桥架。仔细审阅图纸，分析被主干桥架分割的各个区域，看是否需要设计分支桥架。一般是在信息点较为密集，且距离主干桥架较远的区域，如果每个信息点设计独立的管线路由至主干桥架，则会增加成本和施工的复杂程度，需要考虑设计分支桥架。

设计要点：仍以办公楼八层为例，在敞开式办公区 808 办公室，信息点较为密集，如果每个点设计独立的管线至主干桥架，则会大量增加管线数量，因此可以考虑设计分支桥架集中这些线缆。分支桥架呈"⌐"型与主干桥架对接。信息点数量为 16 个，使用 50 mm×25 mm 的桥架。

③ 连接信息点和桥架的管线设计。在图纸上设计所有信息点与桥架之间的管线路由和规格。为了便于施工，尽量使用统一规格的管线，这需要在节省成本和施工便利之间进行折衷设计。尽量选择节省管线的路由和规格，例如在 806 房间休息室和 804 房间休息室之间总计为 4 个信息点，可以将 804 房间信息点的线缆穿过墙壁通过 806 房间的管线接入桥架。整个办公楼选用 32 mm 管线。在图纸上标注每根管线的规格和内部线缆的规格和数量。项目总体需求要求水平部分为千兆传输要求，未做屏蔽要求，因此必须选用 6 类非屏蔽线缆。

④ 设计材料清单。

- 线量估算：测量距离设备间最近的信息点线缆长度 A=层高（从信息面板至房顶的预埋管长度）+从该信息点至设备间的水平距离+层高（从房顶至配线架）+6 m（设备间端接冗余）

测量距离设备间最远的信息点线缆长度 B=层高（从信息面板至房顶）+从该信息点至设备间的水平距离+层高（从房顶至配线架）+6 m（设备间端接冗余）

平均线缆长度=(A+B)/2×1.1（10%的备用长度）

总线缆用量（箱数）=平均线缆长度×信息点数/303 m（一箱线缆为 303 m）

- 桥架与管线估算：在图纸上量算主干桥架长度；在图纸上量算分支桥架长度；在图纸上量算所有管线的水平长度+层高（从信息面板至房顶的预埋管长度）。

设计要点：

- 线量估算：

在计算水平距离时，需完整考虑从信息点至桥架、从桥架至设备间的距离。量算时尽量使用 CAD 的测距功能，保证量算精度。

本例中 A 点为新风机房中的信息点，B 点为 810 办公室最左边的信息点。

在本例中：

$$A=4.8 \text{ m}（层高）+10.5 \text{ m}（水平距离）+4.8 \text{ m}（层高）+6=26.1 \text{ m}$$
$$B=4.8 \text{ m}（层高）+53.5 \text{ m}（水平距离）+4.8 \text{ m}（层高）+6=69.1 \text{ m}$$
$$平均线缆长度=(26.1+69.1)/2 \times 1.1 \approx 52.4 \text{ m}$$

总线缆用量=52.4×102（信息点数）/303 m=17.6箱，折合为 18 箱。

- 桥架与管线估算：

管线长度=信息点至桥架的距离估算+层高，管线需要在图纸上逐根进行量算，然后在此基础上增加 20%～25%的冗余量。

线管长度=[4.5 m（桥架上方管线的平均长度）×11（主干桥架上方管线数量）+6.6（桥架下方管线的平均长度）×8（主干桥架下方管线数量）+2.5（808 办公室内信息点管线平均长度）×6（808 办公室内信息点数量）+4.8（层高）×25（管线总数）]×1.2=285 米。

桥架长度需要在图纸上根据规格进行量算，然后在此基础上增加 10%的冗余量。桥架与管线材料估算如表 6-28 所示。

表 6-28　水平布线子系统桥架与管线材料估算表

序　　号	主要材料名称	规　　格	数　　量	单　　位
1	线缆	6 类 UTP 线缆	18	箱
2	桥架	金属，150 mm×75 mm	2.5	m
3	桥架	金属，100 mm×75 mm	48	m
4	桥架	金属，75 mm×50 mm	27	m
5	桥架	金属，50 mm×25 mm	26	m
6	桥架配件	三通、变径、弯通、堵头	5	个
7	管	金属 KBG，直径 32	285	m

⑤ 绘制水平布线子系统设计图。水平布线子系统设计平面图如图 6-19 所示(见章后附页)。

【实验 6-9】　垂直干线子系统设计

1. 实验目的

通过本节学习，让学生掌握垂直干线子系统设计的步骤和方法，掌握垂直干线子系统的设计输出文档，能够进行新建建筑的垂直干线子系统设计。垂直干线子系统的设计包括垂直布线系统的网络拓扑结构设计、布线路由设计、管槽规格设计、线缆类型的选择、线缆长度的确定、线缆布放、材料估算和设备的配置等内容。

2．实验要求

① 了解垂直干线子系统的主要构成，了解水平布线子系统的主要步骤和设计思路，能够根据项目的总体需求，确定水平子系统的类型和规格。

② 了解垂直干线子系统详细设计的主要输出文档，包括设计图纸、设计说明、设备清单和配置等。

③ 了解垂直干线子系统设计、施工的标准和规范，能够在设计过程中应用这些标准和规范。

④ 掌握垂直干线子系统的设计方法，在总体掌握各个楼层工作区、水平子系统设计方案的基础上，通过熟悉图纸和现场勘查等方式，充分理解建筑结构、设计规范对设计方案的影响，计算垂直干线子系统的线缆数量和相关材料数量，确定垂直干线子系统的布线距离和路径。

3．实验设备、材料和工具

AutoCAD 2008、项目建筑平面图、Excel 等。垂直干线子系统拓扑图如图 6-20 所示。

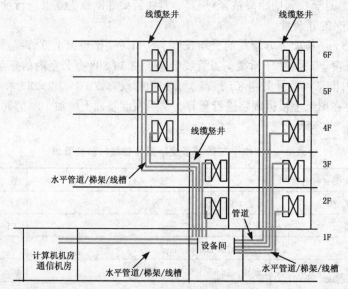

图 6-20　垂直干线子系统拓扑图

4．实验步骤

以项目办公楼为例进行高层建筑水平布线子系统设计。

① 统计所有楼层信息点数量并计算设备间信息点总数，统计结果如表 6-29 所示。

表 6-29　信息点统计总表

楼　　层	数 据 点	语 音 点	光 纤 点	CP集中点	设 备 间	设备间数据点	设备间语音点	水平子系统光纤点
12	51	51	3	2				
11	51	51	3	2	1#	153	153	9
10	51	51	3	2				

楼　层	数据点	语音点	光纤点	CP集中点	设备间	设备间数据点	设备间语音点	水平子系统光纤点
9	51	51	3	2				
8	51	51	3	2	1#	153	153	9
7	51	51	3	2				
6	51	51	3	2				
5	51	51	3	2	1#	153	153	9
4	51	51	3	2				
总计								

　　② 垂直干线子系统路径设计。由于电信间上下对齐，而且在 B1 层的设备间与设备间的弱电井上下对齐，且弱电机房（计算机机房和通信机房）与设备间重合，因此本系统垂直干线子系统只有纵向部分。层高按照 4.8 m 计算。

　　③ 垂直干线子系统线缆类型和数量设计。垂直干线子系统的语音部分：总计 3 个电信间，每个设备间语音点为 150 个，按照 30% 的冗余量进行估算，语音主干大对数电缆按照 200 对进行设计；总计 3 根 200 对大对数电缆。计算每根主干语音电缆的数量。

　　垂直干线子系统的数据部分：总计 3 个电信间，按照总体需求，主干应达到万兆传输的要求。万兆传输与距离和光纤收发模块均有密切关系，因此首先需要计算每个设备间至设备间的距离，根据该距离合理设计光缆类型和长度，光缆长度统计表如表 6-30 所示。

表 6-30　建筑物垂直干线子系统光缆长度统计表

楼　层	弱电井号	与设备间距离
十一	1#	12×4.8+6（端接冗余）+4.8（上墙距离）=68.4 m
八	1#	9×4.8+6（端接冗余）+4.8（上墙距离）=54 m
五	1#	6×4.8+6（端接冗余）+4.8（上墙距离）=39.6 m
总计		162 m

设计要点：

　　因为 1 310 nm 的光纤模块价格昂贵，850 nm 的光纤模块价格低廉，因此应该尽量选择多模传输方式。所以光缆应选择 OM3 规格的多模光缆。由于电信间的交换机可以采用堆叠或级联的方式，因此并不需要给每个交换机配置光纤端口，但是考虑到有光纤到桌面的端口以及未来扩展的需要，仍选择设计 8 芯室内多模光缆。

　　④ 垂直干线子系统设备材料类型和数量设计。垂直干线子系统设备材料类型和数量设计表如表 6-31 所示。

表 6-31　垂直干线子系统设备材料类型和数量设计表

序　号	主要材料名称	规　格	数　量	单　位
1	光缆	8 芯万兆 OM3 62.5/125 μm 光纤	180	m
2	大对数电缆	200 对 3 类大对数电缆	180	m
3	纵向主干桥架	金属，100 mm	63	m

　　⑤ 垂直干线子系统图纸设计。参考办公楼综合布线系统结构图。

【实验6-10】 大型商场综合布线系统设计

1. 实验目的

通过本节学习,让学生以大型商场为例,掌握从初步总体设计到各个子系统的详细设计到最后完善总体设计的过程,熟悉综合布线系统设计的输出文档和要求,在子系统详细设计的过程中对总体设计方案进行优化和调整。

2. 实验要求

① 充分了解用户需求,仔细阅读图纸和需求文档,掌握大型商场的建筑结构。

② 结合前面实验,能够进行综合布线系统初步总体设计。

③ 结合前面实验,能够进行规范的工作区布线详细设计。

④ 结合前面实验,能够进行规范的水平子系统布线详细设计。

⑤ 结合前面实验,能够进行规范的垂直干线子系统布线详细设计。

⑥ 结合前面实验,能够进行规范的设备间子系统布线详细设计。

⑦ 根据各个子系统的设计结果,优化、完善总体设计方案,并将总体设计方案与各子系统详细设计方案整合为一份完整的综合布线系统设计方案。

⑧ 设定商场三层建筑结构和功能区完全相同,只有首层为商场设备间和弱电机房的房间在二层和三层为其他功能用房。

3. 实验设备、材料和工具

AutoCAD 2008、项目建筑平面图、Excel 等。

4. 实验步骤

(1)大型商场综合布线系统初步总体设计

在【实验6-7】中总体设计进行了详细的点位统计(见表6-25),但是在一般工程过程中,在初步总体设计阶段只需要在估算的基础上(考虑信息点的密度和水平线缆的长度)确定设备间的位置和数量,无须进行详细点位统计。初步总体设计的方案和内容如下:

① 构成设计。大型商场综合布线系统包括工作区、水平布线子系统、电信间子系统、垂直干线子系统、商场设备间子系统。整个系统结构为星形拓扑结构,商场设备间子系统包括语音主配线架(MDF)、主光纤配线架(ODF),主干交换机、语音程控交换机、服务器、UPS等设备,均放置于商场设备间,电信间包括分配线架(IDF)和楼层交换机。在地下一层预埋网络进线管,设置独立进线间。电信间通过弱电竖井联通。

② 位置与数量设计。本大型商场建筑上预留了两个弱电间,内有纵向联通的弱电井,其中一个在1-9柱右侧E-01房间,还有一个在1-9柱左侧T-01房间。由于E-01房间的宽度只有1.6米,施工、维护均较为困难,不符合放置机柜前后预留600 mm空间的规范要求,因此选择T-01房间作为电信间。

本商场长×宽为58 m×25 m,T-01房间位于建筑的左下角,因此设计时为保证水平布线子系统线缆长度不超过90 m,因此在每层设计电信间。总计3个电信间。

本商场业务上独立管理,网络、语音均为独立子系统,因此可以考虑在商场范围内设计独立的设备间和机房,便于将来的管理和维护。在商场首层1-13柱和1-14柱之间设计面积为64 m²的商场设备间,兼做弱电机房。

③ 线缆类型设计。根据系统总体需求和实验 6-9,垂直主干线缆数据部分采用万兆多模光纤,由于距离超过 66 m,因此光纤类型为多模 50/125 μm,OM3。语音部分采用 3 类大对数电缆。

（2）大型商场综合布线系统工作区设计

过程与结果参见实验 6-3。结果包括《商场首层工作区设计图》（见图 6-6），《商场首层工作区信息点与材料统计表》

（3）大型商场综合布线系统水平子系统设计

设计方法参考实验 6-8。

① 主干桥架路由和规格设计。在首层需要设计从商场设备间到一层电信间的垂直干线子系统直通主干路由桥架；由于垂直主干线缆为大对数电缆和光缆，同时该主干桥架可以考虑作为水平布线子系统的主干桥架，因此必须考虑一定的宽度，因此规格暂定为 300 mm×150 mm 金属桥架。

② 分支桥架路由和规格设计。在商场 1-9 柱纵向有较多信息点，而且所有地面信息点的线缆都必须向 1-9 柱的墙汇接，在商场上部沿墙有较多信息点，因此分支桥架为沿 1-9 柱纵向，根据统计覆盖的信息点为 25 个左右，因此选用 75 mm×50 mm 线缆，具体路由见设计图纸。

③ 地面线槽路由和规格设计。商场地面有 6 个地面插座信息点，因此需要在地面开槽并布设金属线槽，规格为 50 mm×25 mm。地面线槽向左延伸到墙，然后从墙上的预埋管接入分支桥架。

④ 图纸设计。大型商场水平子系统的设计结果如图 6-21 所示（见章后附页）。

⑤ 水平子系统材料数量计算与统计。计算方法参考实验 6-8,设计结果如表 6-32 所示。

表 6-32 水平子系统设备材料统计表

序　号	主要材料名称	规　格	数　量	单　位
1	线缆	6 类 UTP 线缆	8	箱
2	桥架	金属，300 mm×150 mm	53	m
4	桥架	金属，75 mm×50 mm	18	m
5	桥架	金属，50 mm×25 mm	38	m
6	桥架配件	三通、变径、弯通、堵头	4	个
7	管	金属 KBG，直径 32	352	m

最远信息点为工作区 SC01-25 号信息点，距离为 71m 左右（包含上下墙距离），最短距离为工作区 SC01-03，距离为 19 m（包含上下墙距离），因此平均长度为 45 m，总线缆长度为 45（m）×49（个）=2 205 m，折合为 8 箱。

- 垂直主干桥架水平部分长度为 38 m，规格为 300 mm×150 mm。
- 垂直主干桥架垂直部分长度为 15 m，规格为 300 mm×150 mm。
- 水平分支桥架长度为 18 m，规格为 75 mm×50 mm。

末端桥架长度为 38 米，规格为 50 mm×25 mm。

（4）大型商场综合布线系统垂直干线子系统设计

垂直干线子系统的语音部分：总计 3 个电信间，每个设备间语音点为 19 个，按照 30% 的冗余量进行估算，语音主干大对数电缆按照 50 对进行设计；总计 3 根 50 对大对数电缆。计算每根主干语音电缆的长度数量，结果如表 6-33 所示。

垂直干线子系统的数据部分：总计 3 个电信间，按照总体需求主干达到万兆传输的要求。万兆传输与距离和光纤收发模块均有密切关系,因此首先需要计算每个设备间至设备间的距离，根据该距离合理设计光缆类型和长度。

表 6-33　建筑物垂直干线子系统光缆长度统计表

楼　　　层	弱电井号	与设备间距离
一	1#	38（从弱电井至商场设备间）+6（端接冗余）+4.8（上墙距离）=48.8 m
二	1#	38（从弱电井至商场设备间）+6（端接冗余）+4.8（上墙距离）+4.8 m（层高）=53.6 m
三	1#	38（从弱电井至商场设备间）+6（端接冗余）+4.8（上墙距离）+2×4.8 m（层高）=58.4 m
总计		160.8 m

（5）大型商场综合布线系统设备间子系统设计

设备间子系统包括了电信间子系统和设备间子系统，设计方法参见实验 6-5。这里体现了设计结果。

① 对商场电信间根据命名规则进行编号。商场电信间子系统设计结果如表 6-34 所示。

表 6-34　商场电信间子系统设计表

名　　　称	楼　　　层	弱电井号	描　　　述
SBJ-SC-01-01	一	T-01	负责商场首层线缆的汇接和设备管理
SBJ-SC-02-01	二	T-01	负责商场二层线缆的汇接和设备管理
SBJ-SC-03-01	三	T-01	负责商场三层线缆的汇接和设备管理

② 电信间配线设备设计。每层信息点总计为 49，按照 24 端口计算，网络配线架为 49/24=2.1，需要 3 个 24 口配线架，所以总计需要 9 个 24 口网络配线架；需要 19 个语音点，考虑冗余，因此配置 50 对语音 110 型配线架；采用 8 芯万兆多模光纤，因此需要 8 口光纤配线架，对这些配线架进行统一规范编号。多出的端口作为系统预留。格式和设计结果如表 6-35 所示。

表 6-35　商场电信间配线架设计总表

楼　　号	所辖楼层	名　　　称	所属设备间号	描　　　述
商场	一	PXJ-SC-01-01-A-01	SBJ-SC-01-01	一层设备间网络配线架 1#
商场	一	PXJ-SC-01-01-A-02	SBJ-SC-01-01	一层设备间网络配线架 2#
商场	一	PXJ-SC-01-01-A-03	SBJ-SC-01-01	一层设备间网络配线架 3#
商场	一	PXJ-SC-01-01-A-04	SBJ-SC-01-01	一层设备间光纤配线架 1#
商场	一	PXJ-SC-01-01-A-05	SBJ-SC-01-01	一层设备间语音配线架 1#
商场	二	PXJ-SC-02-01-A-01	SBJ-SC-02-01	二层设备间网络配线架 1#
商场	二	PXJ-SC-02-01-A-02	SBJ-SC-02-01	二层设备间网络配线架 2#
商场	二	PXJ-SC-02-01-A-03	SBJ-SC-02-01	二层设备间网络配线架 3#
商场	二	PXJ-SC-02-01-A-04	SBJ-SC-02-01	二层设备间光纤配线架 1#
商场	二	PXJ-SC-02-01-A-05	SBJ-SC-02-01	二层设备间语音配线架 1#
商场	三	PXJ-SC-03-01-A-01	SBJ-SC-03-01	三层设备间网络配线架 1#
商场	三	PXJ-SC-03-01-A-02	SBJ-SC-03-01	三层设备间网络配线架 2#
商场	三	PXJ-SC-03-01-A-03	SBJ-SC-03-01	三层设备间网络配线架 3#
商场	三	PXJ-SC-03-01-A-04	SBJ-SC-03-01	三层设备间光纤配线架 1#
商场	三	PXJ-SC-03-01-A-05	SBJ-SC-03-01	三层设备间语音配线架 1#

③ 电信间配线设备设计。汇总 3 个电信间的光纤配线架和语音配线架，设备总计为 1 个 72 口光纤配线架（其中 24 个端口用于对接电信间，其余端口用于扩展和入户光缆对接）和一个 200 对语音配线架。

（6）大型商场综合布线系统总体设计细化与完善

根据水平子系统、垂直干线子系统和设备间子系统的设计结果，对总体设计进行细化和完善，将具体的设备数量和规格明确，并反映在系统结构图和设计说明上，结果如图 6-22 所示（见章后附页）。

6.5 建筑群网络工程设计实验

1．总体要求

通过本节的学习，让学生掌握综合布线建筑群子系统的基本概念、基础知识、设计步骤和设计方法，能够进行简单条件下建筑群子系统的基本设计。

2．实验目的

① 了解建筑群子系统的基本概念和基础知识。

② 掌握建筑群子系统设计的主要步骤和方法，掌握建筑群子系统的施工工艺。

③ 结合建筑群的实际情况和施工工艺进行建筑群子系统的设计，学习编制建筑群子系统的设计图纸。

④ 能够正确计算建筑群子系统设计的设备材料，掌握绘制建筑群子系统图表的编制方法。

【实验 6-11】 园区内两幢建筑的建筑群子系统设计

1．实验目的

通过本实验，让学生掌握通过直埋线缆的方式进行建筑群子系统设计的步骤和方法，学会进行初步的需求分析和判读园区总平面图图纸，并在分析和读图基础上进行建筑群子系统的设计。

2．实验要求

根据商场和办公楼之间的网络要求，确定两个建筑物间的线缆类型和要求，仔细判读建筑平面图，确定合理的布线路由，在单幢建筑物系统结构图的基础上设计建筑群子系统的系统结构图，计算线缆端接所需要的材料清单。

3．实验设备、材料和工具

AutoCAD 2008（或者 Visio 2003）、项目建筑平面图、Excel 等。

4．实验步骤

（1）了解现场情况

商场和办公楼之间距离为 150 m，目前设计方案中两者之间没有预留可以连通的地下管井，但是两个建筑均有进线间接入电信运营商的管网。两幢建筑之间为绿化带和景观。

（2）确定线缆的一般参数

商场和办公楼之间铺设线缆主要为满足内部办公和通信的需求，因此需要铺设光缆和大对数电缆，并且性能参数不能低于建筑物垂直主干子系统。从距离上考虑，需要铺设万兆多模 OM3 型光纤和 3 类大对数电缆。

（3）建筑物电缆入口设计

商场和办公楼地下一层都有独立的进线间，进线间有足够的预留入户管道，并在室外留有入户结合井（手井），从手井至入户部分设计了浇筑地道和预埋多孔管道。可以考虑从两个建筑的入户结合井铺设直埋电缆。进入进线间后，在进线间通过光纤配线架和 110 配线架进行端接。

（4）地形和障碍物考虑

根据两个手井之间的地形和障碍物合理设计直埋电缆的路由。直埋电缆需要开挖 50～60 cm 深的电缆地沟，开挖完毕后还需要回填恢复，因此需要绕开建筑，尽量避免横穿马路。

（5）最终确定线缆的类型和规格

光缆选用 GYFTZA53 型松套层绞式非金属加强芯铠装阻燃光缆，为了提高防水性能，在中间填充油性防水剂，光缆内部是 24 芯万兆多模 OM3 型光纤；大对数电缆采用 HYAT53 铜芯聚烯烃茎绝缘铝塑综合填充油性护层钢带铠装室外用市内通信电缆，规格为 $200 \times 2 \times 0.5$ 即 200 对 0.5 线径的铜缆双绞线。

（6）确定设备材料清单和劳务施工成本

在确定方案后需确定设备和材料清单，结果如表 6-36 所示。

表 6-36　建筑群子系统设备与材料清单表

序　　号	主要设备名称	规　　格	数　　量	单　　位
1	线缆	室外 24 芯万兆多模光缆	200	m
2	线缆	室外 200 对大对数电缆	200	m
3	语音配线架	200 对语音 110 型配线架（含 4 对、5 对模块）	2	套
4	光纤配线架	8 口万兆多模光纤配线架（含耦合器、8 口光纤面板、光纤尾纤、法兰盘、光纤跳线）	2	套

（7）编制建筑群子系统的系统结构图

建筑群子系统系统结构如图 6-23 所示（见章后附页）。

【实验 6-12】　园区内多幢建筑的建筑群子系统设计

1．实验目的

通过本实验，让学生掌握通过地下管井网穿线缆的方式进行建筑群子系统设计的步骤和方法，学会进行初步的需求分析，判读园区总平面图图纸和地下管网图纸，并在分析和读图基础上进行建筑群子系统的设计。

2．实验要求

根据商场、办公楼、酒店和之间的网络要求，确定多个建筑物间的线缆类型和要求，仔细判读建筑平面图，确定合理的布线路由，在园区管网图的基础上绘制建筑物子系统布线示意图，计算线缆端接所需要的材料清单。

3．实验设备、材料和工具

AutoCAD 2008（或者 Visio 2003）、项目建筑平面图、Excel 等。

4．实验步骤

（1）了解现场情况

总计四幢建筑，为办公楼 1、办公楼 2、酒店和公寓，系统采用星形拓扑，整个建筑群子系统的网络接入中心在办公楼 1，目前整个园区有较为完善的通信管井网络，并且做好了入户的管道预留。

（2）确定线缆的一般参数

由于采用地下管网，因此不能采用直线最短路径，长度明显超过 300 m，需要铺设单模光纤。语音采用 3 类大对数电缆。

（3）建筑物电缆入口设计

每个建筑地下一层都有独立的进线间，进线间有足够的预留入户管道，并在室外留有入户结合井（人井），从人井至入户部分设计了浇筑地道和预埋多孔管道。进入进线间后，在进线间通过光纤配线架和 110 配线架进行端接。

（4）路由设计和绘图

办公楼 2 和公寓楼的线缆从自己的入户井出来后通过 6# 人井，到达 4# 人井，和酒店的线缆会合后通过 2# 人井到达办公楼 1 的入户井 1# 人井，最终进入办公楼 1。绘图时，在每个入户管道处，每个主路径、每个线缆汇合和分支的部分要对管道中的线缆类型和数量作出明显的标识。

（5）最终确定线缆的类型和规格

光缆选用 GYFTZA53 型松套层绞式非金属加强芯铠装阻燃光缆，为了提高防水性能在中间填充油性防水剂，光缆内部是 24 芯单模光纤；大对数电缆采用 HYAT53 铜芯聚烯烃茎绝缘铝塑综合填充油性护层钢带铠装室外用市内通信电缆，规格为 200×2×0.5，即 200 对 0.5 线径的铜缆双绞线。

（6）确定设备材料清单和劳务施工成本

在确定方案后需确定设备和材料清单。线缆长度通过管井网络的长度进行估算。统计结果如表 6-37 所示。

表 6-37　建筑群子系统设备材料清单表

序　号	主要设备名称	规　格	数　量	单　位
1	线缆	室外 24 芯单模光缆	1 660	m
2	线缆	室外 200 对大对数电缆	1 660	m
3	语音配线架	200 对语音 110 型配线架（含 4 对、5 对模块）	6	套
4	光纤配线架	8 口万兆多模光纤配线架（含耦合器、光纤面板、光纤尾纤、法兰盘、光纤跳线）	6	套

从办公楼 1 至酒店=16+70+74+56+16+20（端接）=252 m

从办公楼 1 至公寓楼=16+70+74+56+92+85+121+16+20（端接）=550 m

从办公楼 1 至办公楼 2=16+70+74+56+92+85+108+45+16+20（端接）=582 m

室外布线需要设计 20%的长度冗余。

（7）编制建筑群子系统的平面示意图

多幢建筑建筑群子系统设计平面图如图 6-24 所示（见章后附页）。

6.6 网络工程地址分配实验

1. 总体要求

通过本节的学习，让学生掌握网络工程实践中网络拓扑设计和 IP 地址规划的基本概念和设计要求，能够针对独幢建筑或园区进行逻辑网络设计。在园区逻辑拓扑设计和网络的整体 IP 地址规划的基础上，结合综合布线总体设计，思考如何进行物理网络设计。

2. 实验目的

① 了解网络拓扑和 IP 地址分配的基本概念和基础知识。

② 掌握用户需求分析的方法，理解用户管理模式和流量模式对网络拓扑的影响。

③ 掌握网络层次化设计的基本方法，能够进行简单条件下层次型的网络拓扑设计。

④ 在理解 IPv4 地址协议结构、地址掩码等概念的基础上，结合用户需求和网络拓扑，制定 IP 地址分配方案。

⑤ 了解网络综合布线结构与网络拓扑设计的联系，理解物理网络设计和逻辑网络设计的区别和联系。

3. 网络工程设计的基础概念

（1）网络工程规划与设计

网络工程规划与设计就是为计划建设的网络系统提出一套完整的设想和方案，包括网络系统的可行性研究、需求分析、总体方案设计、网络工程体系结构、网络拓扑结构、详细设计、投资预算、建立规范化文档等，它是组建计算机网络工程系统的整体规划。

网络设计是网络工程规划与设计的重要组成部分，它包括逻辑网络设计和物理网络设计部分。逻辑网络设计包括了网络拓扑设计、IP 地址和命名规则设计、路由与交换协议设计、网络安全与网络管理设计。物理网络设计包括了网络设备连接设计和设备选型设计。

（2）计算机网络拓扑

计算机网络拓扑结构是指网络中各个站点（包括网络设备和网络终端）相互连接的形式，网络拓扑抛开网络电缆的物理连接来描述网络系统的连接形式，是指网络电缆构成的几何形状，它能从逻辑上表示出交换机、路由器、网络服务器、工作站的网络配置和互相之间的连接。

常见的计算机网络拓扑结构包括星状拓扑、总线型拓扑、树状拓扑、环状拓扑、网状拓扑、混合拓扑等。

（3）层次化网络设计

层次化网络设计（或称为分层网络设计）将网络划分成不连续的层，每一层提供特定的功能，与它在整个网络中的角色对应。通过分离网络上的各种现有功能，网络设计变成模块化，这样有利于提高网络的可伸缩性和性能。典型的分层设计模型包含了 3 层：接入层、分发层（或称汇聚层）和核心层。层次化设计的拓扑如图 6-25 所示。

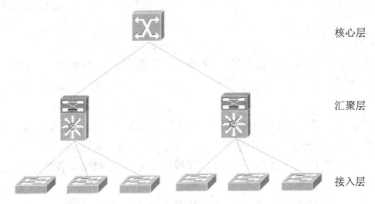

核心层

汇聚层

接入层

图 6-25　层次化网络设计拓扑

层次化设计的优势有：

① 可伸缩性。分层网络实质是一种模块化设计方法，模块化设计允许在网络扩大时直接复制设计元素，因为模块的每一个实例都是一致的，网络扩展更易于规划和实施。

② 冗余性。通过分层网络的冗余实现提高其可用性，访问层交换机连接到两个不同的汇聚层交换机，确保链路冗余，汇聚层交换机也连接到两个或更多核心层交换机，在核心交换机出现故障的情况下，确保链路始终可用。

③ 性能。避免通过低性能中间交换机传输数据来提高网络性能。数据通过汇聚交换机端口链路从访问层到分发层以近线速发送，汇聚层使用它的高性能交换机能力将数据转发给核心层，再路由到最终目的地。因为核心层和汇聚层以非常快的速度执行操作，不会造成网络带宽竞争。最终，设计良好的分层网络可以实现所有设备之间的近线速数据传输。

（4）层次化网络设计方法

① 核心层网络设计。一般大型网络设计中使用，其主要目标是提供高速的运送流量和交换数据包，该层次必须提供高可靠性和冗余性、良好的故障隔离能力和较低的时延。一般而言，核心层不执行网络策略，尽量通过路由聚合来减少核心路由表的大小。

② 汇聚层网络设计。汇聚层是核心层和接入层的边界，是路由策略执行的层次。该层隔离拓扑结构的变化并控制路由表的大小，在该层进行地址聚合或区域聚合。一般而言，在汇聚层网络设计时，将其作为部门或工作组访问单元，并在其上定义广播/多点传送域，由该层的设备提供 VLAN 间的路由，同时所有的网络安全策略执行设备都属于该层。对于中小型网络往往采用压缩设计，即汇聚层和核心层合一，核心层既完成主要的高速交换，也执行所有的路由和安全策略，网络只有两层结构。

③ 接入层网络设计。接入层提供各种接入方式和介质转换方式，并执行网络接入控制策略和其他的边缘控制功能，例如 QoS 的边缘控制。该层是网络的对外可见部分，用户与网络的连接场所。

（5）IP 地址规划与编址

根据前几章的知识可以了解到，IP 地址是一种层次化、结构化的地址编码方式，因此在网络设计时，有必要根据用户的需求，采用地域管理、业务管理等原则对整个网络 IP 地址的分配进行有条理的规划，能够支持网络随时扩容和企业业务的持续发展。园区网络地址规划应采用以业务为基础，结合区域规划，统一划分，考虑长期发展的原则，灵活使用子网、变长子网掩码 VLSM、无类域间路由 CIDR、私网地址、地址转换 NAT 等工具，采用自顶向下的思路进行设计。

（6）IP 地址规划原则

① 层次性原则。为便于网络设备的统一管理，降低网络扩展的复杂性，IP 地址应根据网络中的应用级别成块划分，为每一级别应用分配一个独立的地址段，从而形成易于管理、便于扩展的层次性结构。

② 层次性原则。即各级机构在为本系统下一级机构分配地址时，应遵循 $2n$ 的原则分配连续的地址段，从而易于路由聚合，缩减路由表的大小，提高路由算法的效率。

③ 可扩展性原则。地址分配在每一层次上都留有余量，在网络规模扩展时能保证地址聚合所需的连续性。

④ 唯一性原则。一个 IP 网络中不能有两个主机采用相同的 IP 地址。

【实验 6-13】 园区网络拓扑设计

1．实验目的

通过本实验，让学生掌握通园区网络设计的概念和方法，学会进行初步的网络需求分析，并在其基础上进行园区网络的总体设计和拓扑结构设计。

2．实验要求

分析用户的网络需求、流量模式，全面考虑网络性能、冗余性、安全性、可管理性，采用自顶向下的方法，进行网络总体设计和拓扑设计。设计园区网络的 Internet 接入方式和网络安全方案，设计园区网络的数据中心与园区网络的接口方案。

3．实验设备、材料和工具

AutoCAD 2008（或者 Visio 2003）、Excel 等。

4．实验步骤

（1）了解用户需求和总体要求

本园区总共包括 4 幢建筑：2 栋办公楼、1 栋商场+酒店的商业楼、1 栋公寓，整体归属一个集团公司进行管理。商场和酒店均有自己的独立业务管理系统，如酒店的酒店信息管理系统、商场的电子贸易系统，整个集团，包括办公、商场、酒店共用财务、ERP、OA、邮件等信息系统。公寓包括两部分：一部分是出租业务；采用酒店式管理；一部分为出售。整个园区的安防、楼宇自控、灯控等系统均采用网络化通信方式。集团有独立的数据中心，通过 VPN 的方式连接外地的子公司和分支机构。集团采用基于 IP 的统一通信解决方案，包含 IP 软交换程控交换机、IP 电话、模拟电话等多种通信方式。

（2）进行总体设计，确定园区网络总体层次结构和模块设计

因为该园区网络有多个经营主体，从整体而言又有多种不同特性的业务，例如 IP 语音和网络化弱电系统属于对网络时延和带宽要求较高的业务，ERP、财务对网络的可靠性要求很高，数据中心、VPN 等业务对网络的扩展性提出了较高的要求。这是一个对网络整体要求较高的大型园区网络，高性能、高可靠性、高冗余、高安全性兼备，因此应采用高性能的层次化设

计方案。

① 核心层。核心层作为园区的骨干网，将数据中心模块、通信中心模块、弱电管理中心模块、建筑物模块和边界分配模块相连。大量的流量会产生于各个模块之间，例如从建筑物模块至通信中心模块、从建筑物模块至弱电管理中心模块、从边界分配模块至数据中心模块，因此核心层要求尽快完成模块间流量的路由和交换，提高冗余，实现快速收敛的连通性。为满足要求，设计两台万兆核心高端路由交换机作为骨干网络的主要设备。

② 汇聚层。汇聚层作为各个子模块的核心，实施 VLAN 终结、VLAN 路由、路由策略、安全策略、QoS 策略，将各个建筑物内多业务多 VLAN 的流量，按照设定的规则进行内部转发或发送至骨干网。设计两台支持万兆上行的企业级路由交换机。核心层与汇聚层设计拓扑示意如图 6-26 所示。

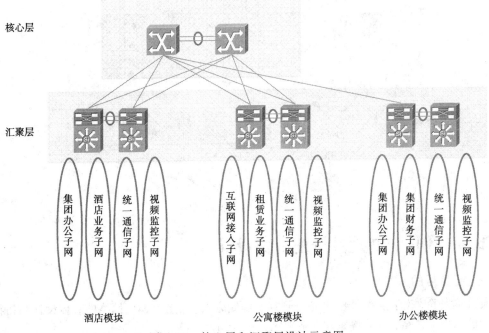

图 6-26　核心层和汇聚层设计示意图

③ 接入层。接入层设备在每个模块内部提供终端设备的接入，包括服务器、工作站、无线 AP、网络摄像机、IP 电话等。采用高端交换机提供上行链路。

④ 边界模块。边界模块提供了园区网络与外界网络的接口，包括 Internet 接入、VPN 接入等。考虑到集团网站和邮件系统，进行内外网设计，设计防火墙、VPN 网关、上网行为控制等多种安全设备。设计 DMZ 区域作为公司外网。

⑤ 数据中心模块。数据中心采用两台支持万兆上行的企业级路由交换机接入骨干网络。

（3）设计网络拓扑图

综合以上要素，设计园区网络拓扑图。设计结果如图 6-27 所示。

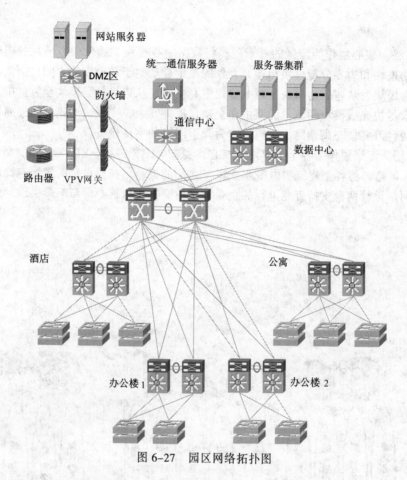

图 6-27　园区网络拓扑图

【实验 6-14】　IP 地址分配方案设计

1．实验目的

通过本实验，让学生掌握通 IP 地址规划和编制方法，学会在园区网络的总体设计和拓扑结构设计的基础上，结合用户需求和业务要求，设计园区网络。

2．实验要求

能够根据网络工程的整体情况对网络的地址空间进行合理的估算，掌握地址分配的两种划分方法，并根据网络工程的实际情况进行综合使用。能够设计出详细的地址空间划分方案，精确到每个网段。

3．实验设备、材料和工具

AutoCAD 2008（或者 Visio 2003）、Excel 等。

4．实验步骤

（1）总体设计

总体设计包括该园区网络的地址空间估算、是否采用私网地址、是否采用集中式地址管理、是采用静态地址分配还是动态地址分配、是否接入 Internet 等要素。

在本例中的大型园区网络中，由于集团进行整体管理，因此采用统一集中式地址管理方式，内部有大量信息系统、服务器、终端、IP 接入设备和应用程序，信息化程度较高，采用私有网络地址以保证足够的地址空间。

本园区建筑上按照满足 3 000 人办公、住宿的规模设计，系统包括大量的服务器、交换机、IP 接入设备等。从集团整体设计考虑，在外地有大量子公司和分公司，其 IP 地址也纳入统一设计范围，因此采用 B 类地址无法满足集团长远发展的需要，需要采用 A 类地址进行总体设计。选择地址段为 10.0.0.0 段。为了保证远程办公和 VPN 的需要，采用专线 Internet 接入，从运营商申请公网地址空间，对于上网需求采用 NAT 方式解决，将一定的固定公网 IP 分配给 VPN 网关，将一定的固定公网 IP 分配给外网网站服务器。

（2）地址分配

IP 地址分配有两种划分方法。

① 以地域和组织机构为特征的划分方法：通过层次型地址划分反应地域或组织结构，例如地址的头 10 位表示省级单位或分行，第 11~15 位表示该省级单位下管辖的市级单位或某分行下的支行，第 16~22 位表示某市级单位下管辖的区县级单位或营业厅。

② 以业务为特征的划分方法：这种方法是一种平面地址划分方法，例如地址空间中第 9~17 位业务区分空间，10.0.0.0~10.32.0.0 分配给电力调度数据通信系统网络，10.33.0.0~10.64.0.0 分配给电力综合数据通信系统网络，10.65.0.0~10.96.0.0 分配给调度生产业务系统，10.97.0.0~10.128.0.0 分配给综合业务管理系统……。

本园区网络中既有不同地域的单位，同时还有不同的业务系统，因此在设计时需要综合以上两种方法。这两种方法在综合时可以采取两种不同策略，先组织架构后业务系统（可以称为先横向后纵向），或者是先业务系统后组织架构（可称为先纵向后横向）。由于园区网络中地域特征大于业务特征，因此采取第一种策略。

① 核心层与汇聚层地址分配：

- 10.0.0.0~10.0.255.255 为网络地址（核心层的路由地址）和 Loopback 地址，子网掩码为 255.255.0.0，含 1 个 B 类网段。
- 10.1.0.0~10.3.255.255 段为预留，子网掩码为 255.252.0.0，含 3 个 B 类网段。
- 10.4.0.0~10.7.255.255 段分配给办公楼 2，子网掩码为 255.252.0.0，含 4 个 B 类网段。
- 10.8.0.0~10.11.255.255 段分配给办公楼 1，子网掩码为 255.252.0.0，含 4 个 B 类网段。
- 10.12.0.0~10.15.255.255 段分配给公寓，子网掩码为 255.252.0.0，含 4 个 B 类网段。
- 10.16.0.0~10.19.255.255 段分配给数据中心，子网掩码为 255.252.0.0，含 4 个 B 类网段。
- 10.20.0.0~10.23.255.255 段分配给融合通信中心，子网掩码为 255.252.0.0，含 4 个 B 类网段。
- 10.24.0.0~10.27.255.255 段分配给边界网络，子网掩码为 255.252.0.0，含 4 个 B 类网段。
- 10.28.0.0~10.31.255.255 段分配给酒店，子网掩码为 255.252.0.0，含 4 个 B 类网段。
- 10.32.0.0~10.63.255.255 段分配给外地各个子公司或分公司，子网掩码为 255.224.0.0，含 32 个 B 类网段。

② 业务系统地址分配。每个模块的第一个 B 类地址空间为预留空间。每个模块的第二个 B 类地址空间做如下划分，以办公楼 2 为例：

- 10.5.0.0~10.5.3.255 段分配给视频监控与安全防范系统，子网掩码为 255.255.252.0，含 4 个 C 类网段。

- 10.5.4.0~10.5.7.255 段分配给统一融合通信系统，子网掩码为 255.255.252.0，含 4 个 C 类网段。
- 10.5.8.0~10.5.11.255 段分配给集团财务与 REP 系统，子网掩码为 255.255.252.0，含 4 个 C 类网段。
- 10.5.12.0~10.5.15.255 段分配给楼宇自动化系统，子网掩码为 255.255.252.0，含 4 个 C 类网段。
- 10.5.16.0.~10.5.23.255、10.5.24.0.0~10.27.255、10.5.28.0~10.5.31.255 段均为预留空间，子网掩码为 255.255.252.0，含 12 个 C 类网段。
- 10.5.32.0.0~10.5.64.0.0 段分配给办公和 Internet 接入，作为正常办公业务网段，子网掩码为 255.255.224.0，含 32 个 C 类网段。

以酒店为例：

- 10.29.0.0~10.29.3.255 段分配给视频监控与安全防范系统，子网掩码为 255.255.252.0，含 4 个 C 类网段。
- 10.29.4.0~10.29.7.255 段分配给统一融合通信系统，子网掩码为 255.255.252.0，含 4 个 C 类网段。
- 10.29.8.0~10.29.11.255 段分配给集团财务与 REP 系统，子网掩码为 255.255.252.0，含 4 个 C 类网段。
- 10.29.12.0~10.29.15.255 段分配给楼宇自动化系统，子网掩码为 255.255.252.0，含 4 个 C 类网段。
- 10.29.16.0.~10.29.23.255 段分配给酒店自动化信息管理系统，子网掩码为 255.255.252.0，含 4 个 C 类网段。
- 10.29.24.0.0~10.29.27.255、10.29.28.0~10.29.31.255 段均为预留空间，子网掩码为 255.255.252.0，含 8 个 C 类网段。
- 10.29.32.0.0~10.29.64.0.0 段分配给办公和 Internet 接入，作为正常办公业务网段，子网掩码为 255.255.224.0，含 32 个 C 类网段。

③ 单个建筑物业务系统内部地址分配。以酒店内的办公和 Internet 接入为例：

- 10.29.0.0~10.29.0.254 段分配各服务器和各类管理主机，子网掩码为 255.255.255.0，含 1 个 C 类网段，为一个独立 VLAN。
- 10.29.1.0~10.29.1.254 段配给酒店 4~8 层，子网掩码为 255.255.255.0，含 1 个 C 类网段，为一个独立 VLAN。
- 10.29.2.0~10.29.2.254 段配给酒店 9~12 层，子网掩码为 255.255.255.0，含 1 个 C 类网段，为一个独立 VLAN。

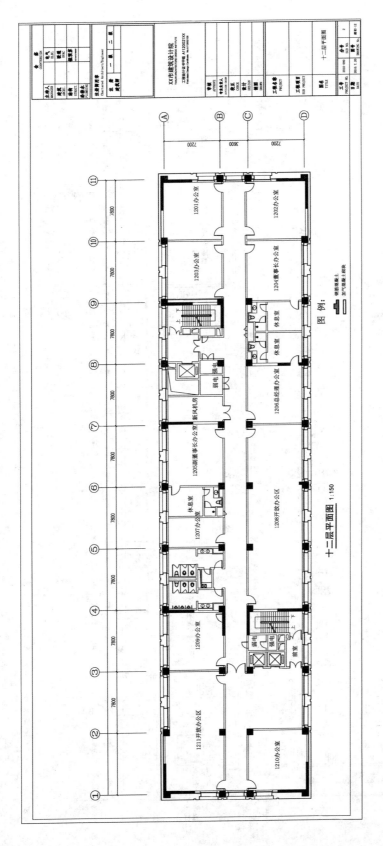

图 6-1　办公楼标准层建筑平面示意图

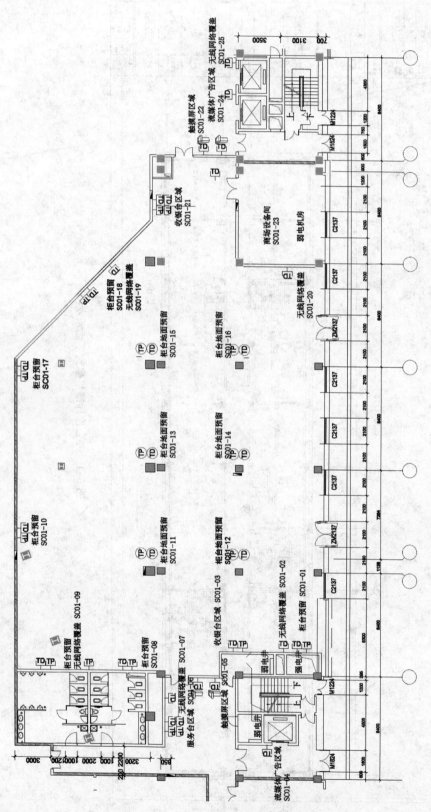

图 6-6　商场工作区设计平面图

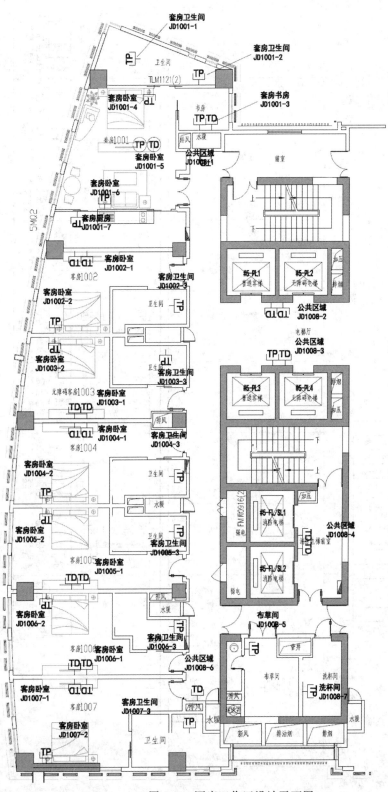

图 6-7　酒店工作区设计平面图

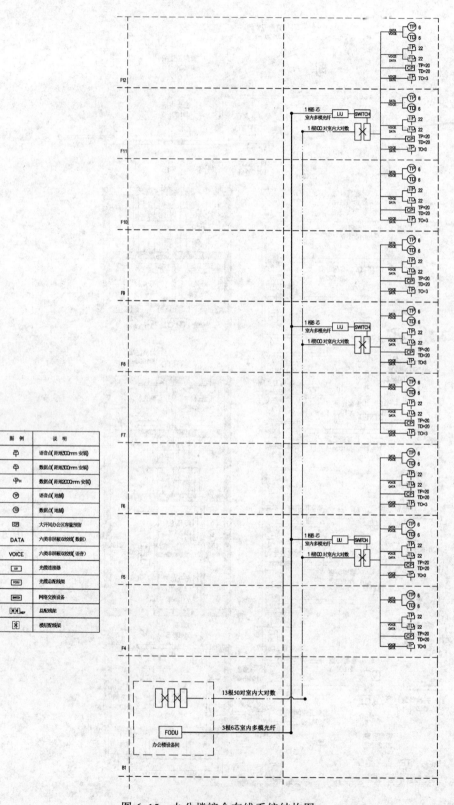

图 6-15　办公楼综合布线系统结构图

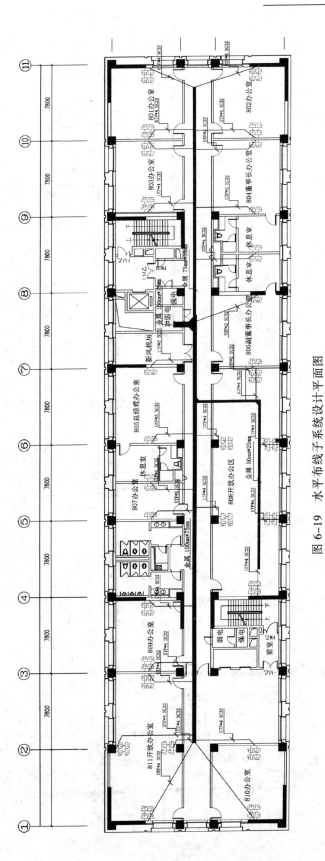

图 6-19 水平布线子系统设计平面图

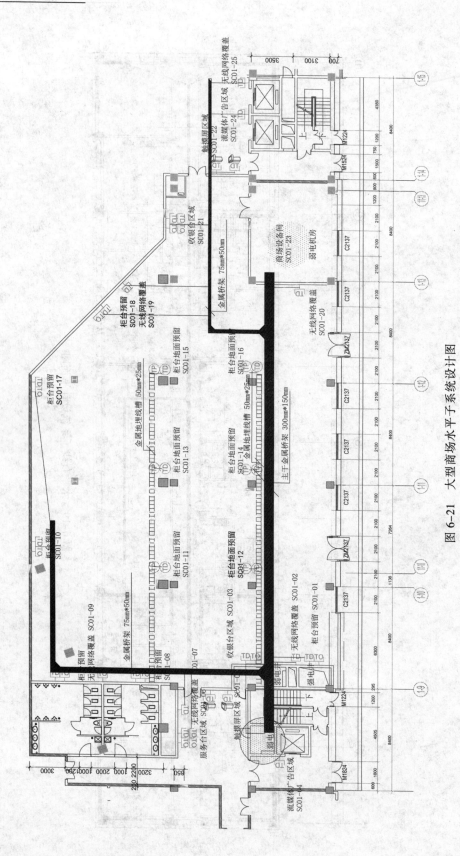

图 6-21 大型商场水平子系统设计图

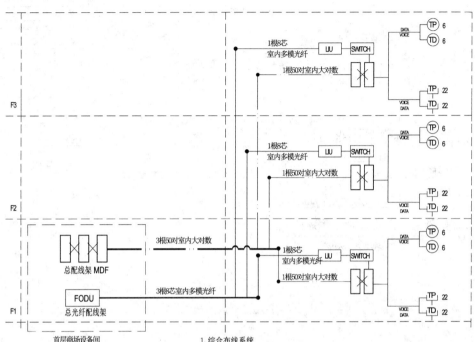

图 例	说 明
⏀TP	语音点（距地300 mm安装）
⏀TD	数据点（距地300 mm安装）
⏀TH	数据点（距地2000 mm安装）
TP	语音点（地插）
TD	数据点（地插）
CP	大开间办公区容量预留
DATA	6类非屏蔽双绞线（数据）
VOICE	6类非屏蔽双绞线（语音）
LIU	光缆连接器
FODU	光缆总配线架
SWITCH	网络交换设备
▧MDF	总配线架
▨	楼层配线架

1.综合布线系统

1.1 综合布线系统是将语音信号、数字信号的配线，经过统一的规范设计，综合在一套标准的配线系统上。

1.2 由市政引来外线电缆，进入地下一层进线间机房。进线间机房由电信部门设计，本设计仅负责总配线架以下的配线系统。

1.3 综合布线系统的基本结构是星形的，由工作区子系统、水平布线子系统、垂直子系统、楼层设备间子系统、建筑物设备间子系统组成。

1.3.1 工作区

采用六类非屏蔽端接模块，采用RJ-45单（双）口面板或地插，数据、语音点地插均采用非屏蔽RJ-45模块。出线插座采用RJ45六类，暗装，底边距地0.3 m。信息插座至终端设备采用RJ45跳线及光纤跳线。

商场柜台：每20㎡设2个信息点（1数据+1语音），大开间商业安装地面信息插座并根据面积在配线间内预留设备容量；

公共区域：考虑公共电话、无线接入及触摸查询终端信息点位的预留，无障碍公共电话安装高度距地1.0 m；

首层设置共设置语音点位个19，数据点位个30，二层三层同首层，总计设置语音点位个57，数据点位90。

1.3.2 配线子系统

配线子系统缆线采用六类非屏蔽4对双绞电缆（不超过90 m，可以支持1000 Mb/s的传输速率）。接工作区的语音配线架采用24口快接式配线架；接主干子系统的语音配线架采用110型鱼骨刺配线架；接工作区的数据配线架采用24口快接式配线架，接干线子系统的数据配线架采用光纤配线架。语音跳线采用110跳线；数据跳线采用光纤跳线及RJ45跳线。

1.3.3 干线子系统

干线子系统语音缆线采用三类室内大对数电缆，数据缆线采用8芯室内多模50/125 μm OM3 万兆光纤 语音配线架采用110型鱼骨刺配线架；数据配线架采用24口快接式配线架。语音跳线采用110跳线；数据跳线采用光纤跳线。

1.3.4 设备间

在各个楼层设置楼层设备间，在首层设置商场设备间。商场设备间兼做数据网络机房，配置主干交换机、路由器、服务器等网络设备。数据网络机房的设计由专业网络公司负责。

1.3.5 进线间

进线间设在地下一层。语音信号由市政通信管网通过1根24芯室外单模光缆引入；数据信号由市政通信管网通过1根24芯室外单模光缆引入。进线间缆线入口处预留6根φ100钢管与室外小市政通信管井相连。固定通信机房与进线间共用，设计由电信部门负责；

1.3.6 管理

对工作区、电信间、设备间、进线间的配线设备、缆线、信息插座模块等设施按一定的模式进行标识和记录。

图 6-22　大型商场总体设计图（完善后带设计说明）

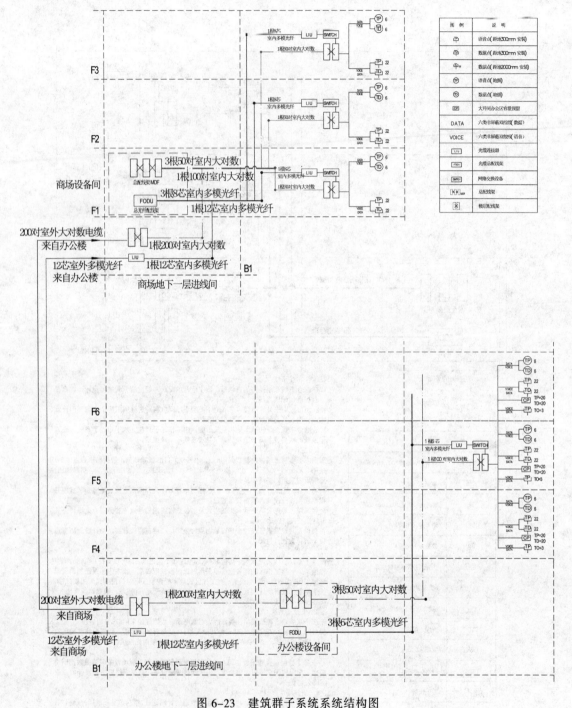

图 6-23　建筑群子系统系统结构图

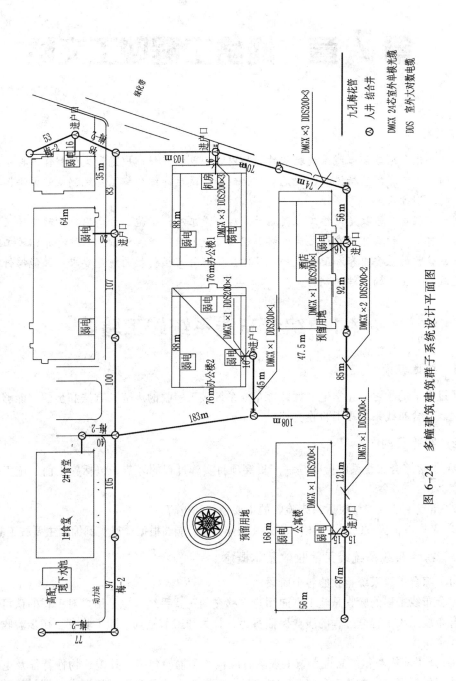

图 6-24 多幢建筑建筑群子系统设计平面图

第7章 网络工程竣工文档

本章结构

本章首先介绍综合布线系统验收的相关内容，包括流程、规范和文档制作，再介绍网络系统验收的相关内容，包括流程、规范和文档制作。最后详细介绍了系统测试的方法、指标和测试报告的编制方法。

网络工程竣工验收是网络工程实施的最后一道工序，是施工方向用户方移交的正式手续，也是用户对工程的认可，在这之后网络工程项目进入售后维护阶段。本章将介绍竣工验收的主要流程、验收的主要内容和配套文档，让学生了解并掌握验收的规范要求，并能够针对项目实例，完成验收主要的文档的制作。

7.1 综合布线系统竣工验收

1．总体要求

通过本节的学习，让学生掌握综合布线系统竣工验收的规范、方法和步骤，能够根据项目实例编制综合布线系统竣工验收文档。

2．实验目的

① 了解综合布线系统验收是一个贯穿项目实施过程的环节，包括施工前、施工过程和施工结束。

② 重点了解施工结束后系统验收的主要项目和内容。

③ 掌握竣工验收的主要文档、格式及制作方法，能够根据项目实例编制主要竣工验收文档。

3．综合布线系统竣工验收的基本概念

（1）综合布线系统验收的各个阶段

综合布线工程的验收是施工方向用户方移交的正式手续，也是用户对工程的认可。是贯穿于综合布线系统工程全过程的质量保证行为，分为开工前检查、随工验收、初步验收、竣工验收等几个阶段。

① 开工前检查：产品进入施工现场时应检查和抽检包装、外观、物性特征及电气等方面的，并应做好记录，对施工环境、工具进行入场检验。主要包括环境要求、器材检验、安全和防火要求等。

② 随工验收：在工程中为了随时考核施工单位的施工水平和施工质量，对产品的整体技术指标和质量进行跟踪了解，部分验收需要在工作过程中进行。这样可以及早发现工程质量问题，避免造成人力和器材的浪费。根据施工进度、隐蔽工程对建筑中布线系统随工验收，查验

线缆是否按设计布放及安装到指定位置，以及进行电气性能测试工作，检查通路的连通和端接的正确，并做好签证。由工地代表主管与质量监督员负责在场记录，在随工验收登记表中签字确认工程进度和工程质量。主要包括设备安装、线缆布放、桥架与线槽布放、线缆保护等方面。

③ 初步验收：对所有的新建、扩建和改建项目，都应该在完成施工调测后进行初步验收。初步验收的时间应该在原定计划的工期内进行，由建设单位组织相关单位（如设计、施工、建立和使用）参加。初步验收工作包括检查工程质量、审查竣工资料、对发现的问题提出处理意见并组织相关责任单位落实解决。

④ 竣工验收：综合布线系统接入电话交换系统、计算机网络或其他弱电系统，在试运行后的半个月内，由建设单位向上级主管部门报送竣工报告（含工程的初步预算及试运行报告），并请示主管部门接到报告后，组织相关部门按照竣工验收办法对工程进行验收。

（2）综合布线系统验收检验内容

综合布线系统验收检验应符合国家建设部颁布的《综合布线系统工程验收规范》国家标准，目前最新标准为 GB 50312—2007。主要检验项目和内容如表 7-1 所示。

表 7-1　综合布线系统验收主要项目和检查内容表

阶　段	验收项目	验收内容	验收方式
施工前检查	1. 环境要求	①土建施工情况：地面、墙面、门、电源插座及接地装置；②土建工艺：机房面积、预留孔洞；③施工电源；④地板铺设；⑤建筑物人口设施检查	施工前检查
	2. 器材检验	①外观检查；②型式、规格、数量；③电缆及连接器件电气性能测试；④光纤及连接器件特性测试；⑤测试仪表和工具的检验	
	3. 安全、防火要求	①消防器材；②危险物的堆放；③预留孔洞防火措施	
设备安装	1. 电信间、设备间、设备机柜、机架	①规格、外观；②安装垂直、水平度；③油漆不得脱落标志完整齐全；④各种螺丝必须紧固；⑤抗震加固措施；⑥接地措施	随工检验
	2. 配线模块及 8 位模块式通用插座	①规格、位置、质量；②各种螺丝必须拧紧；③标志齐全；④安装符合工艺要求；⑤屏蔽层可靠连接	
电、光缆布放（楼内）	1. 电缆桥架及线槽布放	①安装位置正确；②安装符合工艺要求；③符合布放缆线工艺要求；④接地	随工检验
	2. 缆线暗敷(包括暗管、线槽、地板下等方式）	①缆线规格、路由、位置；②符合布放缆线工艺要求；③接地	隐蔽工程随工检验
电、光缆布放（楼间）	1. 架空缆线	①吊线规格、架设位置、装设规格；②吊线垂度；③缆线规格；④卡、挂间隔；⑤缆线的引入符合工艺要求	随工检验
	2. 管道缆线	①使用管孔孔位；②缆线规格；③缆线走向；④缆线的防护设施的设置质量	隐蔽工程随工检验
	3. 埋式缆线	①缆线规格；②敷设位置、深度；③缆线的防护设施的设置质量；④回土夯实质量	
	4. 通道缆线	①缆线规格；②安装位置，路由；③土建设计符合工艺要求	
	5. 其他	①通信线路与其他设施的间距；②进线室设施安装、施工质量	随工检验

续表

阶　　段	验 收 项 目	验 收 内 容	验 收 方 式
系统测试	1．工程电气性能测试	①连接图；②长度，③衰减；④近端串音；⑤近端串音功率和；⑥衰减串音比；⑦衰减串音比功率和；⑧等电平远端串音；⑨等电平远端串音功率和；⑩回波损耗；⑪传播时延；⑫传播时延偏差；⑬插入损耗；⑭直流环路电阻；⑮设计中特殊规定的测试内容；⑯屏蔽层的导通	竣工检验
	2．光纤特性测试	①衰减；②长度	竣工检验
管理系统	1．管理系统级别	符合设计要求	竣工检验
	2．标识符与标签设置	①专用标识符类型及组成；②标签设置；③标签材质及色标	
	3．记录和报告	①记录信息；②报告；③工程图纸	
工程总验收	1．竣工技术文件 2．工程验收评价	清点、交接技术文件 考核工程质量，确认验收结果	竣工检验

可以看出，在竣工验收阶段，系统测试、竣工技术文件、管理系统是其检查重点。

（3）综合布线系统竣工技术文件

工程竣工后，施工单位应在工程验收以前，将工程竣工技术资料交给建设单位。竣工技术资料反映了项目发生、发展、完成的全部过程，并以图、文、声、像的形成进行归档。竣工技术资料需要涵盖以下内容：

- 工程说明。
- 安装工程量。
- 设备、器材明细表。
- 竣工图纸。
- 工程变更、检查记录及施工过程中，需更改设计或采取相关措施，以及建设、设计、施工等单位之间的双方洽商记录。
- 随工验收记录。
- 隐蔽工程签证。
- 工程决算。

【实验7-1】 综合布线系统竣工验收

1．实验目的

通过本实验，让学生了解综合布线系统竣工验收文档的组成部分，熟悉每个部分的文档目录，并掌握其中重要文件的格式和编制方法。

2．实验要求

了解综合布线系统竣工验收文档4个组成部分，了解交工技术文件和验收技术文件的区别；了解需要在项目实施过程中完成的检验和检查工作，并能根据项目现场情况编制填写相应的记录表；了解竣工图纸的组成，能够理解并看懂竣工图纸并检查其完整和合理性，能够将图纸与项目现场进行核对。

3．综合布线系统竣工验收文档实验步骤

（1）整理综合布线系统竣工技术文件目录

竣工技术文件一般包括交工技术文件、验收技术文件、施工管理和竣工图纸 4 个部分。

① 交工技术文件，如表 7-2 所示。

表 7-2　工程竣工交工技术文件汇总表

工程说明	工程材料报审表（附材料数量清单及厂家提供证明文件）
开工报告	工程材料报审表（附材料数量清单及厂家提供证明文件）
施工组织设计方案报审表	已安装工程量总表
开工令	重大工程质量事故报告
材料进场记录表	工程交接书（一）
设备进场记录表	工程交接书（二）
设计变更报告	工程竣工初验报告
工程临时延期申请表	工程验收终验报告
工程最终延期审批表	工程验收证明书
隐蔽工程报验申请表	

② 验收技术文件，如表 7-3 所示。

表 7-3　工程竣工验收技术文件汇总表

已安装设备清单	综合布线光纤抽检测试验收记录表
设备安装工艺检查情况表	电教平台信号线测试记录表
综合布线系统线缆穿布检查记录表	综合布线系统机柜安装检查记录表
信息点抽检电气测试验收记录表	

③ 施工管理文件，如表 7-4 所示。

表 7-4　工程竣工施工管理文件汇总表

项目联系人列表	施工进度表
管理结构	

④ 竣工图纸，如表 7-5 所示。

表 7-5　竣工图纸汇总表

综合布线系统图与设计说明	综合布线系统电信间语音配线架端口竣工图表
综合布线系统工作区及其命名施工图（各楼层）	综合布线系统设备间平面竣工图
综合布线系统信息点及水平子系统平面施工图	综合布线系统设备间机柜及配线架端口竣工图表
综合布线系统电信间网络配线架端口竣工图表	综合布线建筑群子系统平面施工图
综合布线系统电信间光纤配线架端口竣工图表	

（2）编制、整理主要综合布线系统交工技术文件

本章学习中只列出部分涉及竣工验收的文件，其他随工检验相关的文档如设备材料进场记录、隐蔽工程验收文档参考其他相关材料。本章以商场一层及其电信间作为计算对象。

① 已安装工程总量表如表 7-6 所示。

表7-6　已安装工程总量表

项目名称：天津某综合建筑网络工程（综合布线单项工程）已安装工程总量表

项目编号：

项目子系统名称：综合布线系统商场一层及其电信间（不含垂直系统）

序号	项目	单位	数量	备注
1	金属桥架，300 mm×150 mm	m	57	
2	金属桥架，75 mm×50 mm	m	20	
3	金属桥架，50 mm×25 mm	m	41	
4	金属桥架配件（三通1、变径2、弯通1、堵头1）	个	5	
5	金属KBG管，直径32	m	340	
6	六类UTP线缆	m	2 190	
7	24口网络配线架	个	3	
8	8口光纤配线架（含8口面板、耦合器8、光纤尾纤4、法兰盘1）	套	1	
9	100对110语音配线架（含4对110C模块24、5对110C模块5、安装面板1）	个	1	

记录人：　　　　　　　　监督人：　　　　　　　　日期：

注：本报告一式三份，建设单位、监理单位、施工单位各一份。

② 信息点、光纤点测试报告参见实验7-3部分

③ 综合布线系统线缆穿布检查记录表如表7-7所示。

表7-7　综合布线系统线缆穿布检查记录表

项目名称：天津某综合建筑网络工程（综合布线单项工程）线缆穿布检查记录表

项目编号：

项目子系统名称：综合布线系统商场一层（含垂直系统）

工程完成情况

序号	项目	数量	均长	备注
1	UTP六类双绞线	49	65 m	
2	万兆多模光纤	8	48 m	
3	100对3类大对数电缆	1	48 m	

检查情况

两端预留部分是否有编号		
有无线缆过度弯折情况		
线缆外皮有无破损		
槽、管内线缆松紧冗余情况		
槽、管利用率		
过线盒安装是否符合标准		

记录人：　　　　　　　　监督人：　　　　　　　　日期：

注：本报告一式三份，建设单位、监理单位、施工单位各一份。

（3）编制、整理综合主要竣工图纸

① 综合布线系统结构图与设计说明如图6-22所示。

② 综合布线系统工作区及其命名施工图（各楼层）如图6-10所示。

③ 综合布线系统信息点及水平子系统平面施工图如图6-19所示。

④ 综合布线系统电信间网络配线架端口竣工图表如表 6-16 所示。

⑤ 综合布线系统电信间光纤配线架端口竣工图表如表 6-17 所示。

⑥ 综合布线系统电信间语音配线架端口竣工图表如表 6-18 所示。

⑦ 综合布线系统设备间平面竣工图如图 6-12 所示。

⑧ 综合布线建筑群子系统平面施工图如图 6-24 所示。

7.2　网络工程系统竣工验收

1．总体要求

通过本节的学习，让学生掌握网络工程系统竣工验收的规范、方法和步骤，能够根据项目实例编制网络工程系统竣工验收文档。

2．实验目的

① 了解网络工程系统竣工验收主要针对网络设备调试、系统集成、机房工程等内容，需要与综合布线系统竣工验收区别。

② 重点了解网络工程系统竣工验收的主要项目和内容。

③ 掌握网络工程系统竣工验收的主要文档、格式及制作方法，能够根据项目实例编制主要竣工验收文档。

3．网络工程系统竣工验收的基本概念

（1）网络工程系统验收的主要内容

网络工程分为硬件工程和集成、布线工程两个部分，因此在竣工验收时也需要针对性地进行设计。网络工程系统竣工验收包括了网络设备验收、网络系统集成验收和综合布线系统验收 3 个部分，综合布线系统验收在实验 7-1 中已经做了详细的介绍。

（2）网络设备验收及其要求

对不同的设备要根据不同的要求进行软硬件设备到货验收，主要检验包括：

① 到货软硬件设备的品名、数量与订货清单一致性检验：

● 设备型号及软硬件模块型号应与合同规定的配置清单完全一致。

● 随机附件或资料应完整齐全。

● 各附件或资料应无损坏或与产品内容不配套现象。

② 到货软硬件设备的外观完好性检验：

● 设备外包装应完整，无严重变形，应为设备原包装并应各种标识齐全。

● 设备外观应无划痕、碰伤以及其他明显缺陷。

③ 到货软硬件设备通电自检检验：

● 设备应能够正常启动，期间不应有故障报错信息。

● 设备启动自检各项硬件信息，包括 CPU、内存、模块信息、软件版本等，应与合同规定的设备应有配置相符合。

● 设备启动后系统状态指示灯显示应符合设备相关技术要求。

● 网络设备需要通过直接连接 Console 端口查看。

④ 对设备的软硬件版本进行检测和记录，应与合同规定的配置清单完全一致。

（3）网络系统集成验收

网络系统集成是根据用户需求，优选各种技术和产品，运用系统集成方法，将将硬件设备、软件设备、网络基础设施、网络设备、网络系统软件、网络基础服务系统、应用软件等组织成为一体并使各部分能协调工作，成为一个完整的，运行高效、安全、可靠的网络系统的工程。网络系统集成是网络工程系统的主要工作内容。网络系统集成验收需要进行测试，并在其基础上提供网络测试报告和网络设计与配置文档。

网络测试包括单机测试和联网整体测试。网络测试通过对网络设备、网络系统及网络应用的支持进行检测，以展示和证明网络系统能够满足用户在性能、安全性、易用性和可管理性方面的需求。

① 网络单机测试的内容：

- 软硬件配置测试。设备外观完好，硬件模块、端口与配置清单完全一致，上电检测正常。通过 show version 等命令显示网络设备软硬件版本，通过 show interface 等命令检测端口状态。
- 口令保护测试。进入特权模式口令保护和远程登录用户名/口令保护模式检测。
- 远程管理测试。Telnet 到交换机上，并且使用特权密码进入特权模式进行配置及查询，或使用其他方式进行远程登录修改配置及查看信息管理。
- VLAN 功能测试。对 VLAN 的端口、VLAN 内通信、VLAN 间通信的配置和功能进行测试。
- 上联模块测试。对上联端口的配置和连通性进行测试。

② 网络联网整体功能与性能测试的内容：

- 连通性测试。中心到分支结点、中心到服务器、所有网络设备之间、PC 到服务器的连通性测试。
- 路由表测试。检测所有网络设备的路由表。
- 路由冗余测试。如果存在多条路径或冗余路由，断掉一条电路，检测交换机或路由器能否选择其他路径到达目的交换机和路由器，对路由收敛和选择规则进行测试。
- VLAN 功能测试。设置、规划以及实际需求 VLAN 对比，VLAN 内、VLAN 间功能测试。
- 广域网访问测试。所有终端均可通过防火墙进行广域网访问。
- 网管测试。通过网络管理软件，检测网络管理软件对网络拓扑、网络结点状态、网络告警与事件是否能够正确反应。
- 网络大数据流量测试。针对大数据流量进行时延测试，同时对网络协议、网络带宽、端口利用率进行统计。

③ 网络设计与配置文档

- 工程概况。
- 网络规划与设计书。
- 网络实施（施工）方案。
- 网络系统拓扑结构图。
- 设备、机柜、机架及主要部件明细表。
- 子网划分、VLAN 划分和 IP 地址分配方案。
- 交换机、路由器、服务器、防火墙等各种网络设备的配置。
- 交换机、路由器、服务器、防火墙等各种网络设备的用户名和口令。
- 设备使用说明书、操作维护手册、保修单等附件文档。

【实验 7-2】　网络工程系统竣工验收

1．实验目的

通过本实验，让学生了解网络工程系统竣工验收的流程，了解设备验收的主要内容，掌握网络工程系统竣工验收测试的主要内容，并根据测试结果编制竣工验收文档。

2．实验要求

了解网络设备验收的步骤和方法，了解网络单机测试和网络联网整体测试，了解网络功能测试和网络性能测试，掌握主要的网络测试方法，能够编制主要的网络测试报告，并依据报告编制网络工程系统竣工验收文档。

3．网络工程系统竣工验收文档实验步骤

（1）整理网络工程系统竣工技术文件目录

竣工技术文件一般包括网络设备验收文档、网络单机测试文档、网络联网整体测试文档、网络设计与配置文档 4 个部分。

① 网络设备验收文档，如表 7-8 所示。

表 7-8　网络设备验收文档表

网络设备到货开箱验收单（单个设备）
网络设备验收清单

② 网络单机测试文档，如表 7-9 所示。

表 7-9　网络单机测试文档汇总表

网络设备设备间安装验收表
网络设备单机测试验收汇总表

③ 网络联网整体测试文档，如表 7-10 所示。

表 7-10　网络联网整体测试文档汇总表

网络连通性测试验收表	网络重点端口流量统计表
网络 VLAN 功能验收表	网络协议流量统计表
冗余路由功能测试验收	大用户流量统计表
全网路由验收表	网管测试验收表
大数据流量测试表	

④ 网络设计与配置文档，如表 7-11 所示。

表 7-11　网络设计与配置文档汇总表

网络规划与设计书	VLAN 分配及 IP 地址设置
网络实施（施工）方案	网络设备配置表
网络系统拓扑结构图	网络设备用户名、口令汇总表
网络设备 IP 地址设置验收表	设备使用说明书、操作维护手册、保修单等附件文档（设备厂商提供）

（2）编制、整理综合主要网络工程系统竣工技术文件

本章学习中只列出部分主要的竣工技术文件，其他的参考其他相关材料。本章以酒店及其电信间作为计算对象。

① 网络设备到货开箱验收单，如表 7-12 所示。

表 7-12　网络设备到货开箱验收单

项目名称		编号			
设备名称	（详见表 7-13）				
生产厂家		供应商			
具体使用部门		出厂日期	见包装	出厂编号	见包装
合同号		台件数			
到货日期					
验收项目		验收记录			
1.包装是否完好(　)，是否该仪器设备原包装(　)					
2.仪器设备完好程度（有无损伤、损坏或生锈等）					
3.附件、备件是否齐全。					
4.使用说明书、技术资料是否齐全。					
5.仪器设备名称、型号规格配置是否符合要求					
6.按合同和装箱单清点所到物品是否齐全一致（如果不一致，则要说明缺少的种类以及数量）：					
7.其他（以上未注明的项目）					

主要附件及备件明细：

编号	主要附件及备件名称	数量	到货情况 是（√）否（X）
1			
2			

其他要说明的问题：

验收结论（"合格"或"不合格"）及处理意见（"同意入库"或"退货、更换、补齐、罚款"等）

授权责任工程师签字：　　　　　　用户方验收人签字：　　　　　　　　　日期：

注意：结束签字部分所有表格均有，以下省略。

② 网络设备到货验收清单，如表 7-13 所示。

表 7-13　网络设备验收清单

设备类型	设备序列号	数量	外观检测验收				产品附件验收			加电检测验收				其他说明
			外包装	标识	表面	备注	附件	资料	备注	启动	硬件信息	指示灯	备注	

③ 网络连通性测试验收表，如表 7-14 所示。

表 7-14 连通性测试验收表

验 收 项 目	发出端 IP	目的 IP	验 收 结 论	备 注
中心到分支				
中心到服务器				
网络设备间				
PC 到服务器				

④ VLAN 功能测试验收表，如表 7-15 所示。

表 7-15 VLAN 功能测试验收表

验 收 项 目		发出端 IP		目的 IP		验 收 结 论	备 注
VLAN 内	VLAN—ID1						
	VLAN—ID2						
VLAN 间		发出端		目的			
		Vlan-ID	IP	Vlan-ID	IP		

⑤ 大数据流量测试表，如表 7-16 所示。

表 7-16 大数据流量测试表

测试地点	从主机 A 至主机 B
测试目的	
测试方法	
传输结果	将 FTP 的传输结果粘贴在此处
验收结论	

⑥ 网络重点端口流量统计表，如表 7-17 所示。

表 7-17 网络重点端口流量统计表

设 备	端口 IP	时 间					24 h 最大		24 h 最小	
							流量	时间	流量	时间

⑦ 网络协议流量统计表，如表 7-18 所示。

表 7-18　网络协议流量统计表

协　议	端口 IP	时　　间		时　　间		时　　间		时　　间		24 h 最大		24 h 最小	
		带宽	%	带宽	%	带宽	%	带宽	%	带宽	时间	带宽	时间

⑧ 单机测试验收汇总表，如表 7-19 所示。

表 7-19　单机测试验收汇总表

设备名称	软硬件配置			口令保护测试		远程登录管理	VLAN 功能		上联模块测试	测试人	时间	备注
	外观	软件版本	系统端口状态	特权模式	远程登录		基本功能	显示信息				

⑨ 网络设备 IP 地址设置验收表，如表 7-20 所示。

表 7-20　网络设备 IP 地址设置验收表

安 装 位 置	设 备 名 称	IP 地址	子网掩码
酒店设备间	汇聚层交换机 1	10.29.32.1	255.255.255.0
酒店设备间	汇聚层交换机 2	10.29.32.2	255.255.255.0
酒店设备间	服务器 1–服务器 10	10.29.32.200–210	255.255.255.0
酒店 3 层设备间	接入层交换机 1	10.29.32.11	255.255.255.0
	接入层交换机 2	10.29.32.12	255.255.255.0
	接入层交换机 3	10.29.32.13	255.255.255.0
酒店 6 层设备间	接入层交换机 1	10.29.32.21	255.255.255.0
	接入层交换机 2	10.29.32.22	255.255.255.0
	接入层交换机 3	10.29.32.23	255.255.255.0
酒店 9 层设备间	接入层交换机 1	10.29.32.31	255.255.255.0
	接入层交换机 2	10.29.32.32	255.255.255.0
	接入层交换机 3	10.29.32.33	255.255.255.0

⑩ VLAN 分配及 IP 地址设置表，如表 7-21 所示。

表 7-21　VLAN 分配及 IP 地址设置表

VLAN ID	VLAN 名称	所 属 区 域	网　关	起始 IP 地址	结束 IP 地址	子网掩码
440	Jdbg–Sbj3	酒店三层设备间 –办公与外网接入	10.29.33.254	10.29.331.1	10.29.33.253	255.255.255.0
441	Jdbg–Sbj6	酒店六层设备间 –办公与外网接入	10.29.34.254	10.29.34.1	10.29.34.253	255.255.255.0

VLAN ID	VLAN 名称	所 属 区 域	网　　关	起始 IP 地址	结束 IP 地址	子网掩码
442	Jdbg-Sbj6	酒店九层设备间–办公与外网接入	10.29.35.254	10.29.35.1	10.29.35.253	255.255.255.0
451	Jdjk1	酒店监控子网 1	10.29.0.254	10.29.0.1	10.29.0.253	255.255.255.0
452	Jdjk2	酒店监控子网 2	10.29.1.254	10.29.1.1	10.29.1.253	255.255.255.0
461	Jdbas1	酒店 BAS 子网 1	10.29.12.254	10.29.12.1	10.29.12.253	255.255.255.0
462	Jdbas2	酒店 BAS 子网 2	10.29.13.254	10.29.13.1	10.29.13.253	255.255.255.0

⑪ 网络拓扑结构图如图 6-27 所示。

7.3　系 统 测 试

1. 总体要求

通过本节的学习，让学生掌握综合布线系统验收线缆测试的要求、标准和主要的技术指标。能够根据测试结果编制测试报告。

2. 实验目的

① 了解线缆测试的概念，了解测试的主要内容和关键技术指标。

② 熟悉常用的测试标准、测试仪器和测试方法。

③ 能够看懂测试结果，并独立编制测试报告。

3. 综合布线系统线缆测试的基本概念

综合布线验收测试是指用电缆、光缆测试仪对综合布线工程进行的现场验收测试。被测的对象通常有水平链路、垂直链路和骨干链路。

（1）验证测试和认证测试

综合布线工程的测试一般分为两类：验证测试和认证测试。验证测试是指在施工过程中由施工人员边施工边测试，以保证所完成的每个连接的正确性；认证测试是指对布线系统按照标准进行逐项检测，以确定布线是否能达到设计要求。其中认证测试必须是由具有相应资质的第三方中立检验机构在接受委托方的委托请求后，依照标准对布线系统工程的质量作出具有法律效应的质量判定。

（2）测试的标准

在认证测试中，最主要的就是标准，因为标准既是认证测试的方法，也是测试的评判依据。目前，制定布线标准的组织主要包括：国际标准化委员会 ISO/IEC，欧洲标准化委员会 CENELEC 和北美的工业技术标准化委员会 TIA/EIA。我国主要参考执行的是美国 TIA/EIA 568-B.2（商业建筑通信布线系统标准）和国际标准化组织 ISO/IEC 11801（用户房屋综合布线标准）。

（3）测试的对象

水平链路：被测的对象多数是电缆。又分为永久链路和信道两种测试方式。永久链路是指从用户面板插座算起到配线架插座截止的这段链路（注意，包括这两个插座在内），绝大多数的用户都要求检测永久链路并作为验收报告存档。通道（信道）是指从计算机网卡上的水晶头算起，到交换机端口的水晶头截止的这条链路（注意，不包括这两个水晶头在内）。如果一条被测链路符合测试标准中规定的各项参数的要求，则这条链路的参数测试就会被判为"合格"。垂直链路和骨干链路：光缆和大对数电缆。其中的光缆则多数采用多模光缆（基于系统成本考虑），大对数电缆的等级则一般不超过超五类（Cat5e）。光纤测试等级多以一级测试（即损衰减/长度试）为主，少量高速链路（比如 10 Gbit/s/40 Gbit/s/100 Gbit/s）会提高到二级（即损耗测试+高解析度 OTDR 测试评判）

（4）测试的对象

从测试仪的分类上又分为铜缆测试仪、光纤测试仪。各类型的线缆测试仪实现了从布线系统的设计、安装、调试、验收、故障查找、系统维护以及文档备案等诸多方面。网络测试仪的范围非常广，从用于现场一线维护工程师的手持式网络测试仪到复杂的分布式网络综合测试仪；从网络故障诊断到网络性能分析。例如福禄克公司的 DTX CableAnalyzer Series 系列电缆认证分析仪如图 7-1 所示，其主要技术指标如表 7-22 所示。

图 7-1 福禄克 Fluke DTX 1800 系列电缆认证分析仪

通过增加单模和多模光纤选件，还可以进行光纤的链路测试。

（5）测试的指标

常用的测试指标包括：

① 双绞线端接线图。接线图是验证线对连接是否正确。接线图必须遵照 EIA/TIA568A 或 568B 的定义（从信号角度讲这两种标准没有区别，唯一不同的是线的颜色标记不同）。接线图测试不仅仅是一个简单的逻辑连接测试，而是要确认链路的一端一个针与另一端相应的针连接。此外，接线图还要确认链路导线的线对是否正确，判断是否有开路、短路、反向、交错和串对 5 种情况出现。

表 7-22 福禄克 DTX 线缆测试仪技术指标

电 缆 类 型	LAN 网用屏蔽和非屏蔽双绞线（STP、FTP、SSTP 和 UTP）
标准的链路接口适配器	TIA Category 3，4，5，5e，6 和 6A：100 Ω
	ISO/IEC C 级和 D 级：100 Ω 和 120 Ω
	ISO/ IEC Class E，100 Ω ISO/ IEC Class F，100 Ω
	Cat 6A/ Class EA 永久链路适配器插头类型及寿命：屏蔽和非屏蔽电缆，TIA Cat 3，4，5，5e，6，6A 和 ISO/IEC Class C, D, E 及 EA 永久链路
	Cat 6A/ Class EA 通道适配器插头类型及寿命：屏蔽和非屏蔽电缆，TIA Cat 3，4，5，5e，6，6A 和 ISO/IEC Class C，D，E 及 EA 通道
测试标准	TIA Category 3，5e，6 依据 ANSI/TIA–568–C.2
	TIA TSB–95 标准：5 类（1000BASE-T）
	TIA/EIA–568B.2–1 标准：6 类（TIA/EIA–568B.2 附录 1）
	TIA Category 6A 依据 ANSI/TIA–568–C.2（6A 仅 DTX–1800 支持）
	TR 24750 （仅 DTX–1800 支持）
	ISO/IEC 11801 标准：C 级、D 级和 E 级
	ISO/IEC 11801 标准：F 级（仅限 DTX–1800）
	EN 50173 标准：C 级、D 级和 E 级
	EN 50173 Class EA, F（仅 DTX–1800 支持）
	ANSI TP–PMD
	10BASE5，10BASE2，10BASE–T，100BASE–TX，1000BASE–T

② 线缆长度。长度指链路的物理长度，测试长度应在测试连接图所要求的范围内。基本链路为 90 m，通道链路为 100 m。

③ 近端串绕（NEXT）"串扰"是指线缆传输数据时线对间信号的相互泄露，它类似于噪声，严重影响信号的正确传输。近端串扰是指在一条链路中，处于线缆一侧的某发送线对，对于同侧的其他相邻（接收）线对，通过电力感应所造成的信号耦合（以 dB 为单位）。近端串扰是决定链路传输能力的重要参数，近端串扰必须进行双向测试，它应大于 24 dB，值越大越好。

④ 特性阻抗。特性阻抗指布线线缆链路在所规定的工作频率范围内呈现的电阻。无论哪一种双绞线，包括六类线，其每对芯线的特性阻抗在整个工作带宽范围内应保持恒定、均匀。布线线缆链路的特性阻抗与标称值之差小于等于 20 Ω。

⑤ 衰减。衰减是指信号在线路上传输时所损失的能量。衰减量的大小与线路的类型、链路方式、信号的频率有关。例如，超 5 类线在基于信道的链路方式下，信号频率为 100 MHz 时，其最大允许衰减值为 24 dB。

⑥ 传播时延。表示一根电缆上最快线对与最慢线对间传播延迟的差异。一般要求在 100 m 链路内的最长时间差异为 50 ns，但最好在 35 ns 以内。

⑦ 回波损耗（RL）。由线路特性阻抗和链路接插件偏离标准值导致功率反射而引起回波损耗。RL 为输入信号幅度和由链路反射回来的信号幅度的差值。返回损耗对于使用全双工方式传输的应用非常重要，RL 值越大越好。

⑧ 直流环路电阻。布线线缆每个线对的直流环路电阻，无论哪种链路方式均应小于等于 30 Ω。

（6）测试报告格式

略。

【实验 7-3】　系统测试报告

1. 实验目的

通过本实验，让学生了解综合布线系统测试的主要测试标准，相应主要技术指标以及各项测试指标的正常测量值区间，学会使用网络测试仪，并编制合格的综合布线系统测试报告。

2. 实验要求

掌握一种或几种网络测试仪的使用方法，学会阅读网络测试仪输出的单点测试报告，掌握测试报告的主要技术指标判断是否符合特定标准，在单点测试报告的基础上编制综合布线系统测试报告。

3. 实验步骤

根据测试结果编制光缆和电缆测试报告。

电缆测试报告如表 7-23 所示。

光缆测试报告如表 7-24 所示。

表7-23 综合布线电缆测试报告

项目名称：天津某综合建筑网络工程综合布线系统办公楼八层		项目编号：	检验日期：年月日

信息点总数	49	其中	数据点	49	配线间数（设备间）	1	拟检验点数	49个点
			语音点					

线缆厂家型号	AMP 六类非屏蔽双绞线	模块厂家型号	AMP 六类信息模块	配线架厂家型号	AMP 24口6类配线架

测试标准	TIA/EIA568A，ISO/IEC11801标准	使用的测试仪器	FLUKE DTX 1800

设计单位		施工单位	

选点及抽检结果

序号	配线间	信息点配线架端口	长度	接线图	工作电容	绝缘电阻	近端串扰	直流电阻	回波损耗	结果
1	一层1#	XXD-BG0801-01-1 PXJDK-BG-07-01-A-01-01	65.8 m		≤5.2	5 000	60 dB	≤9.4	26.3 dB	合格
2	一层1#	XXD-BG0801-01-2 PXJDK-BG-07-01-A-01-02	78.5 m		≤5.2	5 000	82.54 dB	≤9.4	27.7 dB	合格
3	一层1#	XXD-BG0801-01-3 PXJDK-BG-07-01-A-01-03	56.3 m		≤5.4	5 000	64.2 dB	≤9.4	23.3 dB	合格
4	一层1#	XXD-BG0801-01-4 PXJDK-BG-07-01-A-01-04	22.3 m		≤5.2	5 000	72.35 dB	≤9.4	29.6 dB	合格
5	一层1#	XXD-BG0801-01-4 PXJDK-BG-07-01-A-01-04	64.4 m		≤5.2	5 000	45.33 dB	≤9.4	24.5 dB	合格
6	……									

测量人员：　　　　监视人员：　　　　记录人员：　　　　日期：

注：本报告一式三份，建设单位、监理单位、施工单位各一份。

表 7-24　综合布线光缆测试报告

项目名称: 天津某综合建筑网络工程综合布线系统办公楼八层					项目编号		检验日期: 年月日	
光纤总根数	8	其中室内	8	室外	0	拟抽检根数	5 根	
光纤厂家型号	AMP PC51MM50-6 8 芯室内多模光纤					端接设备厂家型号	TCL/PG5024-ST	
测试标准	YD/T901—2001 国际标准			使用的测试仪器	FLUKE DTX 1800 及其多模光纤模块			
设计单位				施工单位				
选点及抽检结果								
序号	起始楼层配线间编号	端止建筑配线间编号	光纤类型编号	典型插入损耗	最大回波损耗	插入损耗	回波损耗	震动	结果
---	---	---	---	---	---	---	---	---	---
1	PXJDK-BG-08 -01-A-16-01	PXJDK-BG-B1 -01-A-02-01	PC51MM50-8 8 芯室内光纤	≤0.25 dB	≤-50 dB	≤0.1 dB	≤0.2 dB	10~60 Hz 单振幅	合格
2	PXJDK-BG-08 -01-A-16-02	PXJDK-BG-B1 -01-A-02-02	PC51MM50-8 8 芯室内光纤	≤0.24 dB	≤-50 dB	≤0.1 dB	≤0.2 dB	10~60 Hz 单振幅	合格
3	PXJDK-BG-08 -01-A-16-03	PXJDK-BG-B1 -01-A-02-03	PC51MM50-8 8 芯室内光纤	≤0.251 dB	≤-50 dB	≤0.1 dB	≤0.2 dB	10~60 Hz 单振幅	合格
4	PXJDK-BG-08 -01-A-16-04	PXJDK-BG-B1 -01-A-02-04	PC51MM50-8 8 芯室内光纤	≤0.25 dB	≤-50 dB	≤0.1 dB	≤0.2 dB	10~60 Hz 单振幅	合格
5	……								

测量人员:　　　　　　监视人员:　　　　　　记录人员:　　　　　　日期:

注: 本报告一式三份, 建设单位、监理单位、施工单位各一份。

附录 A　综合布线标准

一、综合布线系统主要国际标准

当前国际上主要的综合布线技术标准有国际标准 ISO/IEC 11801：2002、北美标准 TIA/EIA 568-B 和欧洲标准 EN 50173—2007 等。

1. 国际标准 ISO/IEC 11801

《Information Technology–Generic Cabling for Customer Premises》（ISO/IEC 11801：2002）信息技术——用户建筑群的通用布缆是国际标准化组织（ISO）与国际电工委员会（IEC）、国际电信联盟（ITU）共同颁布的标准。该标准是在 1995 年第一版标准基础上的修订版，该标准还包括了相关技术勘误版本和修改件版本等。

2. 北美标准 ANSI/TIA/EIA568-B

ANSI/TIA/EIA 568-B 标准由 ANSI/TIA/EIA 568-A 标准演变而来，属于北美标准系列，在全世界一直起着综合布线产品的导向工作。新的 568-B 标准从结构上分为 3 部分：568-B1 综合布线系统总体要求、568-B2 平衡双绞线布线组件和 568-B3 光纤布线组件。

3. 欧洲标准 EN 50173—2007

欧洲标准 EN 50173（信息技术——通用布线系统）包括 EN 50173-2：2007（通用布线系统·写字楼）、EN 50173-3：2007（通用布线系统·工业建筑）、EN 50173-4：2007（通用布线系统·住宅）、EN 50173-5：2007（通用布线系统·数据中心）以及 EN 5O173-1：2007+A1：2009（普通电缆系统·一般要求）和 EN 50173-1 Bb.1：2008（支持 10GBASE-T 的电缆布线指南）等补充版本。

EN 50173 与国际标准 ISO/IEC 11801 是一致的。但是前者比后者更为严格，它强调电磁兼容性，提出通过线缆屏蔽层使线缆内部的双绞线对在高带宽传输的条件下，具备更强的抗干扰能力和防辐射能力。

二、综合布线系统主要中国标准

中国工程建设标准化协会和国家主管部门如原邮电部等从 1995 年起逐步编制、批准和发布了一些标准和规范，主要有如下一些国家标准：

1. 协会标准

① 《建筑与建筑群综合布线系统工程设计规范》（CEC S72—1995）是中国工程建设标准化协会在 1995 年颁布的我国第一部关于综合布线系统的设计规范。1997 年 4 月该组织批准实施该设计规范修订本（CEC S72—1997），并同时新制订和发布了协会推荐性标准《建筑与建筑

群综合布线系统工程施工及验收规范》（CECS 89—1997）。

② GB/T 50311—2000 和 GB/T 50312—2000 是建设部批准发布的国家推荐性标准，自 2000 年 8 月 1 日起实施。

③ 中国工程建设标准化协会于 2000 年 9 月批准实施协会推荐性标准《城市住宅建筑综合布线系统工程设计规范》（CECS 119—2000）。

④ 2008 年以来，中国工程建设标准协会信息通信专业委员会下属综合布线工作组（CTEAM）又连续发布了下列技术白皮书，以满足综合布线技术的快速发展和市场需求。

①《光纤配线系统设计与施工检测技术白皮书》（2008 年 10 月正式出版）。

②《屏蔽布线系统设计与施工检测技术白皮书》（2009 年 6 月正式出版）。

③《综合布线系统管理与运行维护技术白皮书》（2009 年 6 月正式出版）。

④《数据中心机房布线系统工程技术应用技术白皮书》（2010 年 10 月正式出版）。

⑤《家居布线系统工程技术规范》CECS119—2008。

2．行业标准

原邮电部和信息产业部从 1997 年陆续组织编制和先后批准发布了综合布线系统及有关的通信行业标准。主要有：

① 大楼通信综合布线系统（YD/T 926.1-3）（1997—1998 年），2001 年修订为 YD/T 926.1-3 —2001。

② 综合布线系统电气特性通用测试方法（YD/T 1013—1999）。

③ 数字通信用实心聚烯烃绝缘水平对绞电缆（YD/T 1019-1999），2001 年修订为 YD/ T1091 —2001。

④ 数字通信用对绞/星绞对称电缆（YD/T 83801-41994—1997）等。

⑤《住宅通信综合布线系统》（YD/T 1384—2005）。

⑥《综合布线系统工程施工监理暂行规定》（YD 5124—2005），该标准从 2006 年 10 月 1 日起实施。

3．国家标准

①《综合布线系统工程设计规范》（GB 50311—2007）和《综合布线系统工程验收规范》（GB 50312—2007），是对 2000 年颁布的原国家推荐性标准《建筑与建筑群综合布线系统工程设计规范》（GB/T 50311—2000）和原国家推荐性标准《建筑与建筑群综合布线系统工程验收规范》（GB/T 50312—2000）进行全面修订的结果，于 2007 年 10 月 1 日起实施，改成有强制性条文的国家标准。

② GB/T 50314—2006，是对 2000 年颁布的原国家推荐性标准《智能建筑设计标准》（GB/T 50314—2000）进行修订的结果，继续保持为国家推荐性标准。

三、综合布线系统其他相关标准

1．防火标准

国际上综合布线中电缆的防火测试标准有 UL 910 和 IEC 60332。其中 UL 910 等标准为加拿大、日本、墨西哥和美国所使用，UL 910 等同美国消防协会 NFPA 262：1999。UL910 标准高于 IEC 60332-J 及 IEC 60332-3 标准。

（1）国际上与综合布线系统相关的防火标准

① 美国消防协会 NFPA262：1999《空中电线和光缆的火焰和烟尘移动率的标准测试方法》。

② 英国 NES-713 燃气毒性指数测定。

③ IEC 754 第 2 章，根据 pH 值和热导率进行的非卤素测试。

④ IEC 1034 第 2 章，烟雾放射标准。

⑤ IEC 60331：1979 电缆的防火特性。

⑥ IEC 60332-1：1979 电缆火焰试验　第 1 部分：单一绝缘电线或电缆垂直式试验。

⑦ IEC 60332-2：1989 电缆火焰试验　第 2 部分：单一细小铜绝缘电线或电缆垂直式试验。

⑧ IEC 60332-3：1992 电缆在火焰条件下的试验　第 3 部分：成束电线或电缆测试。

⑨ IEC 60332-3-10：2000 电缆在火焰条件下的试验　第 3-10 部分：成束电线或电缆垂直火焰分布下燃烧试验设备（第 1.0 版）TC20。

⑩ IEC 60332-3-21：2000 电缆在火焰条件下的试验　第 3-21 部分：成束电线或电缆垂直火焰分布下燃烧试验 AF/R 类试验（第 1.0 版）TC20。

⑪ IEC 60332-3-22：2000 电缆在火焰条件下的试验　第 3-22 部分：成束电线或电缆垂直火焰分布下燃烧试验 A 类试验（第 1.0 版）TC20。

⑫ IEC 60332-3-23：2000 电缆在火焰条件下的试验　第 3-23 部分：成束电线或电缆垂直火焰分布下燃烧试验 B 类试验（第 1.0 版）TC20。

⑬ IEC 60332-3-24：2000 电缆在火焰条件下的试验　第 3-24 部分：成束电线或电缆垂直火焰分布下燃烧试验 C 类试验（第 1.0 版）TC20。

⑭ IEC 60332-3-24：2000 电缆在火焰条件下的试验　第 3-24 部分：成束电线或电缆垂直火焰分布下燃烧试验 D 类试验（第 1.0 版）TC20。

（2）国内对线缆的防火标准要求

① GB 1266.1—1990 电线电缆燃烧试验方法　第 1 部分：总则 1990/12。

② GB 1266.3—1990 电线电缆燃烧试验方法　第 3 部分：单根电线电缆水平燃烧试验方法 1990/12。

③ GB 1266.4—1990 电线电缆燃烧试验方法　第 4 部分：单根电线电缆倾斜燃烧试验方法 1990/12。

④ GB 1266.6—1990 电线电缆燃烧试验方法　第 6 部分：电线电缆耐火特性试验方法 1990/12。

⑤ GB 1266.7—1990 电线电缆燃烧试验方法　第 7 部分：电线电缆燃烧烟浓度试验方法 1990/12。

⑥ GB/T 18380.1—2001 电缆在火焰条件下的燃烧试验　第 1 部分：单根绝缘电线或电缆的垂直燃烧试验方法 2001/07。

⑦ GB/T 18380.2—2001 电缆在火焰条件下的燃烧试验　第 2 部分：单根铜芯绝缘细电线或电缆的垂直燃烧试验方法 2001/07。

⑧ GB/T 18380.3—2001 电缆在火焰条件下的燃烧试验　第 3 部分：成束电线或电缆的燃烧试验方法 2001/07。

此外，建筑物综合布线涉及的防火方面的设计标准还应依照国内相关标准：

GB 50045—1995（1997 年版）高层民用建筑设计防火规范、GBJ 16—1987《建筑设计防火规范》、GB 50222—1995《建筑室内装修设计防火规范》。

2．机房及防雷接地标准

机房及防雷接地标准可参照以下标准。

① GB 50057—1994《建筑物防雷设计规范》。

② GB 50174—1993《电子计算机机房设计规定》。

③ GB 2887—2000《计算机场地技术要求》。

④ GB 9361—1988《计算机场站安全要求》。

⑤ IEC 1024-1《防雷保护装置规范》。

⑥ IEC 1312-1《防止雷电波侵入保护规范》。

⑦ IEC 664-1《低压系统中有设备的绝缘配合》。

⑧ J-STD-607-A 的《商业建筑电信接地和接线要求》。

3．智能建筑及智能小区相关标准与规范

综合布线的应用可以分为智能大厦、办公网络和智能小区。许多布线集成项目就与智能大厦集成项目、网络集成项目和智能小区集成项目密切相关，因此，集成人员还需要了解智能建筑及智能小区方面的最新标准与规范。目前信息产业部、建设部都在加快这方面的标准起草和制订工作，已出台或正在制订中的标准与规范如下：

①《智能建筑设计标准》GB/T 50314-2000 国家推荐性标准，2000 年 10 月 1 日起施行。

②《智能建筑弱电工程设计施工图集》97X700，1998 年 4 月 16 日施行，统一编号为 GJBT-471。

③《城市住宅建筑综合布线系统工程设计规范》CECS 119—2000。

④《城市居住区规划设计规范》GB 50180—1993。

⑤《住宅设计规范》GB 50096—2011。

⑥《用户接入网工程设计暂行规定》YD/T 5032—1996。

⑦《中国民用建筑电气设计规范》JGJ/T 16—1992。

⑧《绿色生态住宅小区建设要点与技术导则》（试行）。

⑨《居住小区智能化系统建设要点与技术导则》。

⑩《居住区智能化系统配置与技术要求》。

⑪《住宅智能化系统示范小区规划设计方案申报材料、图纸的统一要求）（试行稿）。

4．家居布线标准

（1）TIA/EIA570-A（家居布线标准）

TIA/EIATR-41 委员会与美国国内标准委员会（ANSI）制定了 ANSI/TIA/EIA 570-A（家居电信布线标准）。2002 年 2 月 1 日又增加了两个附录，TIA/IEA570-A-1（安全系统家居布线）和 TIA/EIA570-A-3（家居音频布线整体解决方案）。

（2）国内家居布线相关标准

①《接入网用同轴电缆第 1 部分：同轴用户电缆一般要求》YD/T 897.1—1997。

②《接入网用同轴电缆第 2 部分：同轴配线电缆一般要求》YD/T 897.2—1997。

③《城市住宅建筑综合布线系统工程设计规范》CECS 119—2000。

5. 地方的标准和规范

① 《北京市住宅区与住宅楼房电信设施设计技术规定》DBJ 01-601—1999。

② 《上海市智能建筑设计标准》DBJ 08-47—1995。

③ 《上海市智能住宅小区功能配置试点大纲》。

④ 《深圳市建筑智能化系统等级评定方法》。

⑤ 《江苏省建筑智能化系统工程设计标准》DB 321181—1998。

⑥ 《天津市住宅建设智能化技术规程》。

⑦ 《四川省建筑智能化系统工程设计标准》DB51/T 5019—2000。

⑧ 《福建省建筑智能化系统工程设计标准》DBJ 13-32—2000。

笔记栏